Sitzungsberichte

der

mathematisch-naturwissenschaftlichen Abteilung

der

Bayerischen Akademie der Wissenschaften

zu München

1926. Heft I

Januar- bis Märzsitzung

München 1926

Verlag der Bayerischen Akademie der Wissenschaften

in Kommission des Verlags R. Oldenbourg München

Sitzungsberichte

der mathematisch-naturwissenschaftlichen Abteilung

der Bayerischen Akademie der Wissenschaften

1926

Sitzung am 16. Januar

1. Herr C. Caratéodory spricht über

Zusammenhang der Theorie der absoluten optischen Instrumente mit einem Satze der Variationsrechnung.

Es wird gezeigt, daß der Satz, nach welchem ein vollkommenes optisches Instrument das Objekt weder vergrößern noch verkleinern kann, der bisher nur unter der Voraussetzung bewiesen war, daß die Abbildung kollinear ist, von dieser Bedingung ganz unabhängig ist. (Erscheint in den Sitzungsberichten.)

2. Herr W. Wien legt vor eine Arbeit des Herrn J. Kerschbaum

Über Messungen der Leuchtdauer der Atome an Alkalimetallen, Sauerstoff und Stickstoff.

Herr Kerschbaum hat nach der Methode von W. Wien, bei welcher die in einem Kanalstrahl bewegten Atome eines Gases plötzlich in einen Raum von hoher Gasverdünnung treten, in welchem sie nicht mehr zum Leuchten angeregt werden, die Dauer des Leuchtens der Atome für die Spektrallinien von Alkalimetallen und für die Bogenlinien des Sauerstoffs und Stickstoffs gemessen. Nach den bisherigen Messungen von W. Wien hatten die Linien des Wasserstoffs, des Heliums, die Funkenlinien des Sauerstoffs und einige Quecksilberlinien alle die gleiche Leuchtdauer. Nur die ultraviolette Resonanzlinie des Quecksilbers zeigte eine fünfmal größere Leuchtdauer. Nach den Messungen von Kerschbaum haben die Bogenlinien des Stickstoffs und Sauerstoffs nahe die-

selbe Leuchtdauer wie die Resonanzlinie des Quecksilbers, während
die Leuchtdauer der Linien von Lithium und Natrium zwischen
jener Resonanzlinie und den Wasserstofflinien liegt.

(Erscheint in den Sitzungsberichten.)

3. Herr S. Finsterwalder teilt mit eine Abhandlung von
L. Föppl

Achsensymmetrisches Ausknicken zylindrischer Schalen.

Versuche von C. v. Bach und J. Geckeler haben ergeben, daß
beim Zusammendrücken kurzer dünnwandiger Hohlzylinder längs
ihrer Achse schon bei wesentlich kleineren Drucken Knickerschei-
nungen auftreten, als nach der bisher geltenden Theorie zu erwarten war. Diese Erscheinung wird aus der schon bekannten
Differentialgleichung für die elastische Verfassung eines solchen
Hohlzylinders erklärt und gezeigt, daß die übliche Theorie auf
einer unvollständigen Lösung der betreffenden Differentialgleichung
4. Ordnung aufgebaut ist.   (Erscheint in den Sitzungsberichten.)

4. Herr O. Perron legt für die Sitzungsberichte vor eine
Abhandlung des Herrn K. Weber

**Kettenbrüche mit kulminierenden und fastkulmi-
nierenden Perioden.**

Es wird ein rekurrentes Verfahren angegeben, um alle Kettenbrüche zu finden, die die Quadratwurzel aus einer ganzen Zahl
darstellen und deren Periode kulminierend oder fastkuliminierend ist.

5. Herr F. Lindemann legt für die Sitzungsberichte eine Arbeit
der Fräulein J. Kapfer vor

Über Isogonalität von Flächen.

1. Herr F. Broili sprach über einen Fund von

Pleurosaurus

aus der Gegend von Eichstätt aus den lithographischen Schiefern des oberen Jura. Derselbe konnte angesichts der sehr geringen laufenden Mittel der Staatssammlung für Paläontologie und historische Geologie nur mit Hilfe einer durch Herrn General-direktor Dr. Weithofer veranlaßten privaten Unterstützung und einer weiteren staatlichen Beihilfe für die Sammlung erworben werden. Es ist das erste vollständige 1 m 50 cm lange Skelett der Gattung, welches seine Bauchseite dem Beschauer darbietet und in wundervoller Erhaltung nicht nur den Umriß der Weich-teile, sondern auch ausgedehnte Teile der Körper- und Kopf-beschuppung zu erkennen gibt. Es wird dargelegt, daß es sich nicht, wie bisher angenommen wurde, um ein hochgradig dem Wasserleben angepaßtes Tier, sondern um eine Landform handelt. Pleurosaurus vertritt mit Acrosaurus eine selbständige Gruppe innerhalb der Tocosauria und hat mehr gemeinsame Merkmale mit den Rhynchocephalia als mit den Squamata aufzuweisen.

(Erscheint in den Abhandlungen.)

2. Herr E. Stromer trägt vor:

Weitere Bemerkungen über die ältesten bekannten Wirbeltier-Reste, besonders über die Anaspida.

Es werden die im Januar 1920 gemachten Bemerkungen vor allem auf Grund der Untersuchung von Anaspida des schottischen Obersilurs, der primitivsten aller fossilen Wirbeltiere, ergänzt. Es ergeben sich neue Gesichtspunkte bezüglich deren systema-tischer Einteilung und Einreihung, sowie Wahrscheinlichkeits-beweise dafür, daß sie zahlreiche, ungegliederte, knorpelige Vis-ceralbögen besaßen. Ferner wird betont, daß sie sich in sehr wichtigen Merkmalen von den heutigen Cyclostomen unterscheiden, denen sie anscheinend im Bau der Kiemen am ähnlichsten waren. Schließlich wird gegen die Hypothese der ursprünglichen Vier-teiligkeit aller Visceralbögen Stellung genommen.

(Erscheint in den Sitzungsberichten.)

3. Herr Erich Kaiser legte sein jetzt erscheinendes Werk Die Diamantenwüste Südwestafrikas vor, welches die Ergebnisse seiner Forschungen in der Namib Südwestafrikas und die Bearbeitung der Aufsammlungen enthält, an der sich die Herren W. Beetz, J. Boehm, R. Martin, H. Rauff, M. Storz, E. Stromer, W. Weißermel, W. Wenz, K. Willmann beteiligten.

Derselbe legte für die Sitzungsberichte vor: Der Bau der südlichen Namib. Fragen und Probleme der Geologie der Wüsten, und für die Abhandlungen: Höhenschichtenkarte der Deflationslandschaft in der Namib Südwestafrikas

---

Sitzung am 6. März

1. Herr J. Zenneck trägt vor:

1. Über die Fluorescenz-Strahlung von Thiokarmin und verwandten Stoffen.

2. Über die Erzeugung von elektrischen Schwingungen durch Asynchron-Maschinen.

2. Herr S. Finsterwalder legt vor eine Arbeit von H. Graf und R. Sauer:

Über besondere räumliche Geradenanordnungen derart, daß durch jeden Schnittpunkt gleichviele Gerade gehen.

Ausgehend von den Geradenanordnungen, welche die Kanten, die Raumdiagonalen und die Flächendiagonalen eines Systems kongruenter Würfel, die den Raum vollständig ausfüllen, bilden, werden Geradenanordnungen untersucht, die mit jenen die Art und den Grad der Verknotung gemeinsam haben, ohne daß die Gleichheit der Würfelkanten und Winkel erhalten bleibt. Nur im Falle achtfacher Verknotung ist die Geradenanordnung mit der entsprechenden Würfelanordnung projektiv verwandt. Bei sieben- bis dreifacher Verknotung ist eine weit größere Freiheit der Anordnung gegeben, wobei aber sehr charakteristische Gesetzmäßigkeiten gewahrt bleiben. (Erscheint in den Sitzungsberichten.)

3. Herr F. Broili berichtet über die Neuerwerbung eines Skeletts von Sclerocephalus aus dem unteren Rotliegenden von St. Wendel von Seite der Staatssammlung für Paläontologie und historische Geologie. Sclerocephalus gehört zu den Stegocephalen, einer im Carbon beginnenden und in der Trias erlöschenden Gruppe von Amphibien, welche vor allem durch den Besitz eines vollkommen geschlossenen Schädeldaches, durch die Entwicklung eines „Scheitelauges" und die kräftige Ausbildung eines Hautpanzers sich von den lebenden Formen unterscheiden.

Bei der Neuerwerbung handelt es sich um das 3. überhaupt bekannt gewordene Individuum von Sclerocephalus Hauseri, das an Schönheit der Erhaltung und Vollständigkeit die 2 bisher bekannten Skeletteile weit übertrifft. Der ca. 35 cm lange Rest kehrt dem Beschauer die Bauchseite zu und umfaßt den Schädel, den Brustgürtel, einen großen Teil der Vorderextremität nebst einem langen Rumpfstück und gibt wichtigen Einblick über den Bau des bisher nur von sehr wenigen Stegocephalen bekannten Schultergürtels und zeigt ausgezeichnet den aus den skulpierten Knochenplatten bestehenden Kehlbrustpanzer und das aus spindelförmigen in Reihen angeordnete Knochenstäbchen bestehende Hautskelett. (Erscheint in den Sitzungsberichten.)

bei einem absoluten Instrument das Bild immer kongruent oder symmetrisch zum Objekt und der ebene Spiegel ist das einzige optische Instrument, das man kennt, welches eine derartige Abbildung hervorruft.

Nun hat Maxwell bemerkt[1]), daß in einem Medium von variierendem Brechungsindex es sehr wohl vorkommen kann, daß alle Strahlen, die durch einen beliebigen Punkt hindurch gehen, sich wieder in einem einzigen Punkte treffen, so daß in einem derartigen Medium jedes hinreichend kleine Objekt wirklich ein stigmatisches Bild besitzt.

Maxwell hat diese Entdeckung bei Gelegenheit des Studiums der kugelförmigen Linse des Auges eines Fisches gemacht, deren Brechungsvermögen er durch folgende Formel bestimmte: bezeichnet man mit r die Entfernung eines Punktes der Augenlinse von ihrem Mittelpunkt, und mit n den Brechungsindex im betreffenden Punkt, so gilt die Gleichung

$$(1) \qquad n = \frac{2\,a\,b}{b^2 + r^2},$$

in der a und b positive Konstanten bedeuten. In den 80er Jahren des vorigen Jahrhunderts hat L. Mathiessen durch Messungen an der Augenlinse des Dorsches und anderer Fische gefunden, daß die Maxwellsche Formel (1) recht gut stimmt[2]).

Nun hat Maxwell mit Hilfe von ziemlich eleganten geometrischen Betrachtungen gefunden, daß, wenn man den ganzen Raum mit einem Medium ausfüllt, dessen Brechungsindex dem Gesetze (1) folgt, die Lichtstrahlen alle kreisförmig oder geradlinig werden und daß diejenigen unter ihnen, die von einem Punkte A des Raumes ausgehen, der vom Zentrum O des „Fischauges" verschieden ist, sämtlich wieder in einen zweiten Punkt A_1 des Raumes zusammenlaufen. Hierbei liegt O stets auf der Strecke $A A_1$ und zerlegt diese Strecke in zwei Intervalle, für welche die Relation

$$(2) \qquad A O \times O A_1 = b^2$$

---

[1]) Solution of problems, Cambr. and Dubl. math. journ., Vol. 8, 1854, p. 188—193 oder Scient. Pap. I, p. 74—79.

[2]) L. Mathiessen, Über ein merkwürdiges optisches Problem von Maxwell (F. Exners Repert. d. Phys., Bd. 24, 1888, p. 401—407).

gilt. Diese Bedingungen genügen, um sämtliche Lichtstrahlen vollständig zu charakterisieren.

4. Dieses Resultat von **Maxwell** folgt nun mit einem Schlage aus der Bemerkung, daß in der Gleichung

$$(3) \quad \begin{cases} d\sigma = \dfrac{2\,a\,b}{b^2 + r^2}\ \sqrt{d\,x^2 + d\,y^2 + d\,z^2}, \\ r^2 = x^2 + y^2 + z^2, \end{cases}$$

das Differential $d\sigma$, das die optische Länge eines Linienelements im Inneren des Maxwellschen Fischauges definiert, auch als das Linienelement der dreidimensionalen Begrenzung einer vierdimensionalen Kugel gedeutet werden kann, die stereographisch auf den Raum der x, y, z projiziert worden ist. Hierbei muß der Durchmesser der Kugel gleich $2\,a$ genommen werden und die Entfernung des Raumes der x, y, z vom Projektionszentrum gleich b. Die Extremalen des Variationsproblems, das dem Linienintegral über (3) entspricht, fallen mit den Bildern der Großkreise unserer vierdimensionalen Kugel zusammen. Diese Bilder sind aber die Kreise des Raumes der x, y, z, die zwei diametral entgegengesetzte Punkte der Kugel

$$x^2 + y^2 + z^2 = b^2$$

enthalten. Sie sind dadurch charakterisiert, daß ihre Ebene den Anfangspunkt O der Koordinaten enthält und daß die Potenz des Punktes O in Bezug auf jeden einzelnen dieser Kreise stets gleich $-\,b^2$ ist.

Jedes Paar A, A_1 von konjugierten Punkten, für welches die Beziehung (2) gilt, entspricht einem Paar von diametral entgegengesetzten Punkten unserer vierdimensionalen Kugel. Und da die Entfernung von zwei Punkten der Kugel gleich der Entfernung ihrer Gegenpunkte ist --- beide Entfernungen auf der Oberfläche der vierdimensionalen Kugel gemessen, --- so folgt für das Variationsproblem (3), daß die extremale Entfernung von zwei Punkten A, B des Raumes der x, y, z gleich der extremalen Entfernung der konjugierten Punkte A_1 und B_1 sein muß.

Hieraus folgt, daß bei der stigmatischen Abbildung, die das „Maxwellsche Fischauge" liefert, jeder Kurve, die auf dem Objekte gezeichnet ist, eine Kurve des Bildes von genau der-

Sitzungsberichte

der mathematisch-naturwissenschaftlichen Abteilung

der Bayerischen Akademie der Wissenschaften

1926

Sitzung am 16. Januar

1. Herr C. Carathéodory spricht über

Zusammenhang der Theorie der absoluten optischen Instrumente mit einem Satze der Variationsrechnung.

Es wird gezeigt, daß der Satz, nach welchem ein vollkommenes optisches Instrument das Objekt weder vergrößern noch verkleinern kann, der bisher nur unter der Voraussetzung bewiesen war, daß die Abbildung kollinear ist, von dieser Bedingung ganz unabhängig ist. (Erscheint in den Sitzungsberichten.)

2. Herr W. Wien legt vor eine Arbeit des Herrn J. Kerschbaum

Über Messungen der Leuchtdauer der Atome an Alkalimetallen, Sauerstoff und Stickstoff.

Herr Kerschbaum hat nach der Methode von W. Wien, bei welcher die in einem Kanalstrahl bewegten Atome eines Gases plötzlich in einen Raum von hoher Gasverdünnung treten, in welchem sie nicht mehr zum Leuchten angeregt werden, die Dauer des Leuchtens der Atome für die Spektrallinien von Alkalimetallen und für die Bogenlinien des Sauerstoffs und Stickstoffs gemessen. Nach den bisherigen Messungen von W. Wien hatten die Linien des Wasserstoffs, des Heliums, die Funkenlinien des Sauerstoffs und einige Quecksilberlinien alle die gleiche Leuchtdauer. Nur die ultraviolette Resonanzlinie des Quecksilbers zeigte eine fünfmal größere Leuchtdauer. Nach den Messungen von Kerschbaum haben die Bogenlinien des Stickstoffs und Sauerstoffs nahe die-

selbe Leuchtdauer wie die Resonanzlinie des Quecksilbers, während
die Leuchtdauer der Linien von Lithium und Natrium zwischen
jener Resonanzlinie und den Wasserstofflinien liegt.

(Erscheint in den Sitzungsberichten.)

3. Herr S. FINSTERWALDER teilt mit eine Abhandlung von
L. FÖPPL

Achsensymmetrisches Ausknicken zylindrischer Schalen.

Versuche von C. v. BACH und J. GECKELER haben ergeben, daß
beim Zusammendrücken kurzer dünnwandiger Hohlzylinder längs
ihrer Achse schon bei wesentlich kleineren Drucken Knickerschei-
nungen auftreten, als nach der bisher geltenden Theorie zu erwarten war. Diese Erscheinung wird aus der schon bekannten
Differentialgleichung für die elastische Verfassung eines solchen
Hohlzylinders erklärt und gezeigt, daß die übliche Theorie auf
einer unvollständigen Lösung der betreffenden Differentialgleichung
4. Ordnung aufgebaut ist.   (Erscheint in den Sitzungsberichten.)

4. Herr O. PERRON legt für die Sitzungsberichte vor eine
Abhandlung des Herrn K. WEBER

**Kettenbrüche mit kulminierenden und fastkulmi-
nierenden Perioden.**

Es wird ein rekurrentes Verfahren angegeben, um alle Kettenbrüche zu finden, die die Quadratwurzel aus einer ganzen Zahl
darstellen und deren Periode kulminierend oder fastkuliminierend ist.

5. Herr F. LINDEMANN legt für die Sitzungsberichte eine Arbeit
der Fräulein J. KAPFER vor

Über Isogonalität von Flächen.

Über den Zusammenhang der Theorie der absoluten optischen Instrumente mit einem Satze der Variationsrechnung.

Von C. Carathéodory.

Vorgelegt in der Sitzung am 16. Januuar 1926.

Inhalt.

---

1. **Einleitung.** In der folgenden Arbeit wird eine Eigenschaft der absoluten optischen Instrumente, die bisher nur für homogene isotrope Objekträume und ebensolche Bildräume bewiesen worden war, verallgemeinert. Diese Verallgemeinerung, aus der auch der analoge Satz für beliebige symmetrische Variationsprobleme entnommen werden kann, ist sogar viel einfacher und kürzer zu beweisen, als der ursprüngliche Satz selbst.

2. **Historische Übersicht.** Im Jahre 1858 hat J. C. Maxwell mit sehr elementaren Mitteln den Satz bewiesen, daß bei einem „absoluten" optischen Instrument, d. h. bei einem solchen, für welches jeder Punkt des Objektraumes ein scharfes (stigmatisches) Bild im Bildraume erzeugt, das Objekt und das Bild (in Lichtzeit gemessen) gleich groß sein müssen.[1] Bei dem Beweise

---

[1] On the general laws of optical instruments. (Quart. Journ. of pure and applied mathem. 1858, Bd. II, p. 233—244 oder Scientif. Pap. I, p. 271—285), s. bes. Prop. VIII und IX.

hat er allerdings die Größen zweiter Ordnung vernachlässigt,
so daß das Resultat zunächst nur für kleine Objekte zu gelten
schien. In seiner berühmten Arbeit über das Eikonal[1]) hat später
H. Bruns allgemein und streng bewiesen, daß bei absoluter
Abbildung das Bild dem Objekt ähnlich oder symmetrisch ist.
Dagegen hat aber Bruns nicht hervorgehoben, daß, in Lichtzeit
gemessen, Bild und Objekt gleich groß sein müssen, obgleich
diese Tatsache eine fast direkte Folge seiner Formeln ist. Diese
letzte Konsequenz hat kurz darauf F. Klein gezogen, bei Gelegenheit eines überraschend eleganten Beweises, den er für den
betreffenden Satz gegeben hat[2]). Klein benutzt bei seinen Betrachtungen die imaginären „Minimalstrahlen", die, wie er bemerkt, beim Übergang von einem Medium in das andere an der
Trennungsfläche nicht gebrochen werden. Einen ebenso einfachen
geometrischen Beweis, wie der von Klein, der aber ganz im
reellen verläuft, hat endlich H. Liebmann gefunden[3]). Nicht
nur dieser letzte Vorzug zeichnet den schönen Beweis von Liebmann aus, sondern vor Allem die Tatsache, daß nur solche
Strahlen bei seiner Konstruktion verwendet werden, die wirklich
— mag die Öffnung seines Instrumentes noch so eng sein —
dieses vollständig durchsetzen. Es ist selbstverständlich, daß
eine derartige Beschränkung der Konstruktion durchaus verlangt
werden muß[4]).

3. **Das Maxwellsche Fischauge.** Alle diese Beweise setzen
wesentlich voraus, daß sowohl der Objektraum wie auch der
Bildraum isotrop und homogen sind, so daß nach einem Satze von
E. Abbe das betrachtete absolute Instrument eine kollineare
Abbildung der beiden Räume aufeinander erzeugt. Nach dem
vorhin erwähnten Satz von Maxwell-Bruns-Klein ist dann

---

[1]) Das Eikonal (Abhandl. der Kgl. Sächs. Ges. d. Wiss., math.-phys.
Klasse, Bd. 21, 1895, s. bes. p. 370).

[2]) Räumliche Kollineation bei optischen Instrumenten (Ztschr. f. Math.
u. Phys. 1901, Bd. 46, p. 376—382 oder Gesamm. Abh., Bd. II, p. 607—612).

[3]) Der allgemeine Malussche Satz und der Brunssche Abbildungssatz
(diese Sitzungsber. 1916, p. 183—200).

[4]) Eine sehr gute Zusammenfassung der hier angeführten Ergebnisse
hat H. Boegenhold gegeben; man findet sie in der neuen dritten Auflage
des Buches von S. Czapski und O. Eppenstein, Grundzüge der optischen
Instrumente nach Abbe (Leipzig, J. A. Barth 1924), p. 213—216).

bei einem absoluten Instrument das Bild immer kongruent oder symmetrisch zum Objekt und der ebene Spiegel ist das einzige optische Instrument, das man kennt, welches eine derartige Abbildung hervorruft.

Nun hat Maxwell bemerkt[1]), daß in einem Medium von variierendem Brechungsindex es sehr wohl vorkommen kann, daß alle Strahlen, die durch einen beliebigen Punkt hindurch gehen, sich wieder in einem einzigen Punkte treffen, so daß in einem derartigen Medium jedes hinreichend kleine Objekt wirklich ein stigmatisches Bild besitzt.

Maxwell hat diese Entdeckung bei Gelegenheit des Studiums der kugelförmigen Linse des Auges eines Fisches gemacht, deren Brechungsvermögen er durch folgende Formel bestimmte: bezeichnet man mit r die Entfernung eines Punktes der Augenlinse von ihrem Mittelpunkt, und mit n den Brechungsindex im betreffenden Punkt, so gilt die Gleichung

$$(1) \qquad n = \frac{2\,a\,b}{b^2 + r^2},$$

in der a und b positive Konstanten bedeuten. In den 80er Jahren des vorigen Jahrhunderts hat L. Mathiessen durch Messungen an der Augenlinse des Dorsches und anderer Fische gefunden, daß die Maxwellsche Formel (1) recht gut stimmt[2]).

Nun hat Maxwell mit Hilfe von ziemlich eleganten geometrischen Betrachtungen gefunden, daß, wenn man den ganzen Raum mit einem Medium ausfüllt, dessen Brechungsindex dem Gesetze (1) folgt, die Lichtstrahlen alle kreisförmig oder geradlinig werden und daß diejenigen unter ihnen, die von einem Punkte A des Raumes ausgehen, der vom Zentrum O des „Fischauges" verschieden ist, sämtlich wieder in einen zweiten Punkt A_1 des Raumes zusammenlaufen. Hierbei liegt O stets auf der Strecke $A A_1$ und zerlegt diese Strecke in zwei Intervalle, für welche die Relation

$$(2) \qquad A O \times O A_1 = b^2$$

[1]) Solution of problems, Cambr. and Dubl. math. journ., Vol. 8, 1854, p. 188—193 oder Scient. Pap. I, p. 74—79.

[2]) L. Mathiessen, Über ein merkwürdiges optisches Problem von Maxwell (F. Exners Repert. d. Phys., Bd. 24, 1888, p. 401—407).

gilt. Diese Bedingungen genügen, um sämtliche Lichtstrahlen vollständig zu charakterisieren.

4. Dieses Resultat von **Maxwell** folgt nun mit einem Schlage aus der Bemerkung, daß in der Gleichung

$$(3) \qquad \begin{cases} d\sigma = \dfrac{2\,a\,b}{b^2 + r^2} \cdot \sqrt{dx^2 + dy^2 + dz^2}, \\ r^2 = x^2 + y^2 + z^2, \end{cases}$$

das Differential $d\sigma$, das die optische Länge eines Linienelements im Inneren des Maxwellschen Fischauges definiert, auch als das Linienelement der dreidimensionalen Begrenzung einer vierdimensionalen Kugel gedeutet werden kann, die stereographisch auf den Raum der x, y, z projiziert worden ist. Hierbei muß der Durchmesser der Kugel gleich $2\,a$ genommen werden und die Entfernung des Raumes der x, y, z vom Projektionszentrum gleich b. Die Extremalen des Variationsproblems, das dem Linienintegral über (3) entspricht, fallen mit den Bildern der Großkreise unserer vierdimensionalen Kugel zusammen. Diese Bilder sind aber die Kreise des Raumes der x, y, z, die zwei diametral entgegengesetzte Punkte der Kugel

$$x^2 + y^2 + z^2 = b^2$$

enthalten. Sie sind dadurch charakterisiert, daß ihre Ebene den Anfangspunkt O der Koordinaten enthält und daß die Potenz des Punktes O in Bezug auf jeden einzelnen dieser Kreise stets gleich $-b^2$ ist.

Jedes Paar A, A_1 von konjugierten Punkten, für welches die Beziehung (2) gilt, entspricht einem Paar von diametral entgegengesetzten Punkten unserer vierdimensionalen Kugel. Und da die Entfernung von zwei Punkten der Kugel gleich der Entfernung ihrer Gegenpunkte ist --- beide Entfernungen auf der Oberfläche der vierdimensionalen Kugel gemessen, --- so folgt für das Variationsproblem (3), daß die extremale Entfernung von zwei Punkten A, B des Raumes der x, y, z gleich der extremalen Entfernung der konjugierten Punkte A_1 und B_1 sein muß.

Hieraus folgt, daß bei der stigmatischen Abbildung, die das „Maxwellsche Fischauge" liefert, jeder Kurve, die auf dem Objekte gezeichnet ist, eine Kurve des Bildes von genau derselben optischen Länge entspricht. Die Abbildung ist zwar nicht mehr kollinear, sie ist aber, wie es der im § 2 erwähnte Satz verlangt, maßstäblich. Wir werden sehen, daß dies eine ganz allgemeine Erscheinung ist, und daß der Satz von Maxwell-Bruns-Klein gar nicht an kollineare Abbildungen gebunden ist.

5. **Der allgemeine Abbildungssatz.** Es sei J ein beliebiges optisches Instrument, das von einem Lichtstrahl ABA_1B_1 durchsetzt wird.

Wir setzen nicht voraus, daß der Objektraum, in dem das Stück AB unseres Lichtstrahls oder der Bildraum, in dem A_1B_1 liegt, homogen sind, so daß unser Lichtstrahl in seinem ganzen Verlauf eine doppelt gekrümmte Kurve sein kann.

Die Linienelemente des Objektraumes, die weder in ihrer Lage noch in ihrer Richtung sehr stark von einem der Linienelemente des Teiles AB unseres Lichtstrahles abweichen, d. h. diejenigen, die, wie man in der Variationsrechnung sagt, einer „engeren Nachbarschaft" von AB gehören, haben die Eigenschaft, daß jeder Lichtstrahl, der eins dieser Linienelemente enthält, ebenso wie ABA_1B_1 durch beide Pupillen des Instrumentes hindurchgeht und bis in den Bildraum gelangt; wir sagen dann, daß der Lichtstrahl im Felde des Instrumentes liegt.

Es sei γ ein sonst willkürliches Kurvenstück mit stetig variierender Tangente, durch dessen Linienelemente lauter Lichtstrahlen hindurchgehen, die im Felde unseres Instrumentes liegen. Wir wollen dann sagen, daß die Kurve γ tangential im Felde von J liegt. Es ist klar, daß jedes in γ eingeschriebene Lichtpolygon, falls nur seine Seiten hinreichend klein gewählt werden, aus lauter Lichtstrahlen besteht, die im Felde von J liegen.

6. Nach diesen vorbereitenden Betrachtungen, die uneingeschränkt gelten, nehmen wir an, daß wir ein absolutes Instrument vor uns haben. D. h. wir setzen voraus, daß alle von uns betrachteten Lichtstrahlen, wenn sie von einem Punkte A des Objektraumes ausgehen, sich in einem Punkte A_1 des Bildraumes kreuzen müssen.

Alle unser Instrument durchsetzenden Strahlen, die zwei auf diese Weise einander entsprechende Punkte A und A_1 verbinden, haben dann gleiche optische Länge zwischen diesen Punkten, wie

aus einem sehr elementaren und sehr bekannten Satz der Variationsrechnung hervorgeht. Diese optische Entfernung zwischen
einem beliebigen Punkte A des Objektraumes und seinem Bildpunkte A_1, die also von der Richtung, die der A mit A_1 ver-
bindende Strahl im Punkte A besitzt, unabhängig ist, wollen
wir mit $\varphi(A)$ bezeichnen. Wir werden gleich sehen, daß alles
darauf hinauskommt, zu zeigen, daß der Wert dieser Funktion
$\varphi(A)$ von der Wahl des Punktes A unabhängig ist.

7. Bezeichnen wir mit h die optische Entfernung zwischen
A und B und mit h_1 die optische Entfernung zwischen A_1 und B_1,
so haben wir nach der unten stehenden Figur

$$h + \varphi(B) = \varphi(A) + h_1$$

oder

(4) $$h_1 = h + \varphi(B) - \varphi(A).$$

Wir betrachten nun eine Kurve γ, die tangential im Felde
des optischen Instrumentes liegt (§ 5) und die die Punkte A und
B verbindet, und bezeichnen mit γ_1 das Bild von γ.

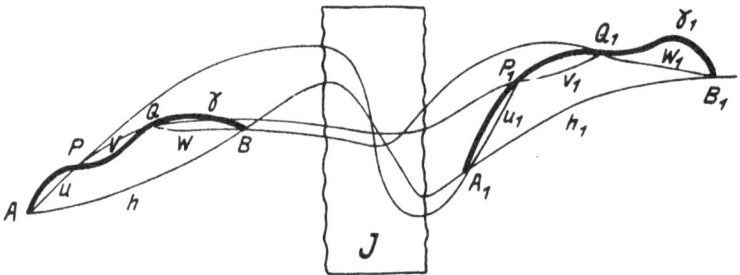

Es sei $APQB$ ein beliebiges in γ eingeschriebenes Lichtpolygon, dessen Seiten im Felde des Instrumentes liegen, und
$A_1 P_1 Q_1 B_1$ sein in γ_1 eingeschriebenes Bild. Dann haben wir,
wenn wir mit u, v, w die optischen Längen der Seiten des in γ
eingeschriebenen Polygons bezeichnen und mit u_1, v_1, w_1 die
optischen Längen der Bilder dieser Seiten, folgende Gleichungen,
die ebenso wie die Gleichung (4) gewonnen werden:

(5) $$\begin{cases} u_1 = u + \varphi(P) - \varphi(A), \\ v_1 = v + \varphi(Q) - \varphi(P), \\ w_1 = w + \varphi(B) - \varphi(Q). \end{cases}$$

Hierbei ist zu berücksichtigen, daß, da die beiden Lichtstrahlen ABA_1 und APA_1 dieselbe optische Länge haben, $\varphi(A)$ dieselbe Bedeutung in (4) und in der ersten der Gleichungen (5) hat; genau ebenso sieht man ein, daß die Werte von $\varphi(P)$, $\varphi(Q)$, $\varphi(B)$ in jeder der beiden Gleichungen (4) oder (5), in der sie vorkommen, dieselbe Zahl darstellen. Durch Addition der Gleichungen (5) erhält man also

$$(6) \qquad u_1 + v_1 + w_1 = u + v + w + \varphi(B) - \varphi(A),$$

eine Relation, die besagt, daß die Differenz der optischen Längen des in γ eingeschriebenen Lichtpolygones und seines Bildes gleich $\varphi(B) - \varphi(A)$ ist. Diese Eigenschaft, die unabhängig von der Seitenzahl der eingeschriebenen Polygone ist, kann durch Grenzübergang auf die optischen Längen der Kurven γ und γ_1 übertragen werden und wir erhalten auf diese Weise den

Satz 1. Für jedes absolute optische Instrument, das die Punkte eines Objektraumes $\Re$ scharf auf die Punkte eines Bildraumes $\Re_1$ abbildet, besteht zwischen den optischen Längen L und L_1 einer beliebigen tangential im Felde des Instruments liegenden Kurve γ und ihres Bildes γ_1 die Relation

$$(7) \qquad L_1 = L + \varphi(B) - \varphi(A);$$

hierbei bedeuten $\varphi(A)$ und $\varphi(B)$ die optischen Entfernungen der Endpunkte A und B von γ von den Endpunkten A_1 und B_1 von γ_1.

8. Der Satz, den wir im Auge haben, wird also bewiesen sein, wenn es gelingt, zu zeigen, daß $\varphi(A) = \varphi(B)$ ist.

Dazu bemerken wir, daß die optischen Längen L und L_1 von γ bzw. γ_1 durch Integrale längs dieser Kurven dargestellt werden können; man kann schreiben:

$$(8) \qquad L = \int_\gamma F(x, y, z, \dot{x}, \dot{y}, \dot{z})\, dt,$$

$$(9) \qquad L_1 = \int_{\gamma_1} F_1(x_1, y_1, z_1, \dot{x}_1, \dot{y}_1, \dot{z}_1)\, dt.$$

Hierbei sind die beiden Kurven γ und γ_1 mit Hilfe eines Parameters t dargestellt und die Funktionen F und F_1 sind homogen erster Ordnung in $\dot{x}$, $\dot{y}$, $\dot{z}$ bzw. in $\dot{x}_1$, $\dot{y}_1$, $\dot{z}_1$. Diese

letzte Bedingung hat bekanntlich zur Folge, daß der Wert der
Integrale (8) und (9) unabhängig von der Wahl des Parameters t ist.
Die beiden Funktionen F und F_1 können dabei ganz verschieden
voneinander sein; nach unseren Voraussetzungen kann z. B. sehr
wohl der Objektraum $\Re$ kristallinisch, der Bildraum $\Re_1$ isotrop sein.

Die (stigmatische) Abbildung der beiden Räume $\Re$ und $\Re_1$
aufeinander werde nun durch die Beziehungen

$$(10) \qquad x_1 = \xi\,(x, y, z), \quad y_1 = \eta\,(x, y, z), \quad z_1 = \zeta\,(x, y, z)$$

dargestellt. Setzt man

$$(11) \qquad \frac{d\xi}{dt} = \frac{\partial\xi}{\partial x}\,\dot{x} + \frac{\partial\xi}{\partial y}\,\dot{y} + \frac{\partial\xi}{\partial z}\,\dot{z}$$

und ähnliche Gleichungen für $\dfrac{d\eta}{dt}$ und $\dfrac{d\zeta}{dt}$, und führt die Bezeichnung ein

$$(12) \qquad \Phi\,(x, y, z, \dot{x}, \dot{y}, \dot{z}) = F_1\left(\xi, \eta, \zeta, \frac{d\xi}{dt}, \frac{d\eta}{dt}, \frac{d\zeta}{dt}\right),$$

so kann man das Kurvenintegral (9) über γ_1 durch ein Kurvenintegral über γ ersetzen und statt (9) schreiben:

$$(13) \qquad L_1 = \int\limits_{\gamma} \Phi\,(x, y, z, \dot{x}, \dot{y}, \dot{z})\,dt.$$

Mit Hilfe von (8) und (13) nimmt also die Gleichung (7)
die Gestalt an:

$$\int\limits_{\gamma} (\Phi - F)\,dt = \varphi\,(B) - \varphi\,(A).$$

Diese letzte Gleichung bedeutet aber, daß der Wert eines
Kurvenintegrals über $(\Phi - F)$ nur von den Endpunkten A, B,
nicht aber von der Gestalt der Kurve γ abhängt. Die
Kurve γ ist zwar nicht ganz willkürlich: sie muß tangential im
Felde des Instrumentes liegen. Dies hindert uns aber keineswegs,
zu schließen, daß die erste Variation des Kurvenintegrals über
$(\Phi - F)$ identisch verschwinden muß und daß daher der Ausdruck $(\Phi - F)$ selbst das vollständige Differential einer Funktion
$\psi\,(x, y, z)$ ist. Wir können also schreiben

$$(14) \qquad \Phi - F = \psi_x\,\dot{x} + \psi_y\,\dot{y} + \psi_z\,\dot{z}.$$

9. Ist das Medium des Objektraumes $\mathfrak{R}$ isotrop, so besitzt die Funktion F die Gestalt

$$(15) \qquad F(x, y, z, \dot{x}, \dot{y}, \dot{z}) = f(x, y, z) \sqrt{\dot{x}^2 + \dot{y}^2 + \dot{z}^2};$$

in diesem Falle stellt für feste x, y, z die Gleichung $F = 1$ im Raume der $\dot{x}$, $\dot{y}$, $\dot{z}$ eine Kugel dar. Ist $\mathfrak{R}$ kristallinisch, so muß man die Funktion (15) durch eine kompliziertere ersetzen, derart, daß im Raume der $\dot{x}$, $\dot{y}$, $\dot{z}$ durch die Gleichung $F = 1$ eine Fresnelsche Strahlenfläche dargestellt wird[1]). In allen Fällen haben wir aber die Relation

$$(16) \qquad F(x, y, z, -\dot{x}, -\dot{y}, -\dot{z}) = F(x, y, z, \dot{x}, \dot{y}, \dot{z}).$$

(Die Relation (16) würde nur dann nicht mehr gelten, wenn der Objektraum $\mathfrak{R}$ sich unter dem Einflusse eines merkbaren Magnetfeldes befindet.)

Genau ebenso können wir annehmen, daß dieselbe Identität auch für die Funktion F_1 stattfindet; nach den Gleichungen (10), (11) und (12) können wir aber dann schreiben:

$$(17) \qquad \Phi(x, y, z, -\dot{x}, -\dot{y}, -\dot{z}) = \Phi(x, y, z, \dot{x}, \dot{y}, \dot{z}).$$

Ersetzen wir also in (14) die Größen $\dot{x}$, $\dot{y}$, $\dot{z}$ durch $-\dot{x}$, $-\dot{y}$, $-\dot{z}$, so erhalten wir, wegen (16) und (17)

$$\Phi - F = -(\psi_x \dot{x} + \psi_y \dot{y} + \psi_z \dot{z})$$

und durch die Vergleichung dieser letzten Gleichung mit (14)

$$(18) \qquad \Phi = F.$$

Aus dieser letzten Gleichung folgt nun nicht nur für die tangential im Felde liegenden Kurven γ, sondern für jede Kurve C überhaupt, die ein Bild C_1 besitzt, daß die optischen Längen der beiden Kurven einander gleich sind:

Satz 2. Für jedes absolute optische Instrument ist die optische Länge einer Kurve C, deren Punkte im Felde des Instrumentes liegen, gleich der ihres Bildes.

Dies ist aber die Verallgemeinerung des Satzes von Hamilton-Bruns-Klein, die wir im Auge hatten.

10. **Die stigmatische Abbildung von Flächen.** Von einem zweidimensionalen Flächenstück S wollen wir sagen, daß es

---

[1]) Siehe z. B. P. Drude, Lehrbuch der Optik (Leipzig, Hirzel, 1900), p. 303.

tangential im Felde eines Instrumentes J liegt, wenn
man durch jeden Punkt P von S mindestens einen Lichtstrahl
hindurchlegen kann, der erstens die Fläche S berührt und zweitens
das Instrument J durchsetzt.

Wir wollen nun annehmen, daß zwar J kein absolutes Instrument ist, daß aber jeder Punkt des Flächenstückes S ein
scharfes punktförmiges Bild besitzt. Es sei jetzt γ ein beliebiges
Kurvenstück, das erstens auf S und zweitens tangential im Felde
unseres Instrumentes liegt; man bezeichne mit A, B die Endpunkte von γ, mit L die optische Länge dieses Kurvenstückes
und mit L_1 die optische Länge seines Bildes. Dann kann man
genau wie im § 7 beweisen, daß die Gleichung

$$L_1 = L + \varphi(B) - \varphi(A)$$

besteht.

Die Abbildung zwischen S und seinem Bilde S_1 kann man
ausdrücken, indem man S und S_1 mit Hilfe von zwei Parametern
u, v derart darstellt, daß ein Punkt P von S und sein Bild P_1
auf S_1 demselben Punkte der Parameterebene der u, v entsprechen.
Dann werden die Kurvenstücke γ und γ_1 derselben Kurve C in
der uv-Ebene entsprechen und die optischen Längen dieser Kurvenstücke können durch Kurvenintegrale längs C dargestellt werden.
Wir werden also schreiben können:

$$L = \int_C \Phi(u, v, \dot{u}, \dot{v})\, dt, \qquad L_1 = \int_C \Phi_1(u, v, \dot{u}, \dot{v})\, dt.$$

Wir können jetzt ähnlich wie im § 8 schließen, daß $(\Phi - \Phi_1)$
ein vollständiges Differential, also von der Form $(\chi_u \dot{u} + \chi_v \dot{v})$ ist;
dann folgt wieder aus

$$\begin{cases} \Phi(u, v, -\dot{u}, -\dot{v}) = \Phi(u, v, \dot{u}, \dot{v}), \\ \Phi_1(u, v, -\dot{u}, -\dot{v}) = \Phi_1(u, v, \dot{u}, \dot{v}), \end{cases}$$

daß $\Phi = \Phi_1$ ist. Wir haben m. a. W. den

Satz 3. Wird ein Flächenstück S, das tangential im
Felde eines Instrumentes J liegt, Punkt für Punkt auf
ein Flächenstück S_1 des Bildraumes stigmatisch abgebildet, so hat jede beliebige Kurve auf S dieselbe optische Länge wie ihr Bild auf S_1. Die beiden Flächenstücke S und S_1 können also (optisch) aufeinander abgewickelt werden.

11. Dieses letzte Resultat, das neu zu sein scheint, ist um so merkwürdiger, als es durchaus an die Bedingung gebunden ist, daß S tangential im Felde von J liegt. Es ist nämlich seit langem bekannt[1]), daß man die Strahlen des Objektraumes derart mit den Strahlen des Bildraumes verbinden kann, daß erstens die Bedingung von Malus besteht und daß zweitens zwei gegebene Flächen (die aber nicht tangential im Felde liegen) ganz willkürlich aber stigmatisch aufeinander abgebildet werden. Es ist daher notwendig, den Grund dieser scheinbaren Diskrepanz zu untersuchen. Wir wollen dabei wegen der größeren Übersichtlichkeit voraussetzen, daß Bild- und Objektraum homogen und isotrop sind.

Wir bezeichnen wieder mit S und S_1 die beiden Flächen, die stigmatisch aufeinander abgebildet werden sollen, und definieren diese Abbildung selbst, indem wir wiederum festsetzen, daß durch die Gleichungen

$$(19) \qquad x = x(u, v), \qquad y = y(u, v), \qquad z = z(u, v),$$

$$(20) \qquad x_1 = x_1(u, v), \qquad y_1 = y_1(u, v), \qquad z_1 = z_1(u, v),$$

jedem Punkte der uv-Ebene, innerhalb eines gewissen Gebietes, zwei entsprechende Punkte von S und S_1 zugeordnet worden sind.

Nach Voraussetzung soll also ein Lichtstrahl, der durch den Punkt (19) des Objektraumes hindurchgeht und die Richtungskosinus p, q, r mit den positiven Achsen bildet, nach seinem Durchgang durch das Instrument in einen Strahl des Bildraumes übergehen, der den Punkt (20) enthält und die Richtungskosinus p_1, q_1, r_1 mit den positiven Achsen eines Achsenkreuzes des Bildraumes einschließt. Hierbei sind die Größen p_1, q_1, r_1 Funktionen von p, q, r, u, v, die man, wie schon längst bekannt, mit Hilfe des Malusschen Satzes explizite berechnen kann.

12. Zu diesem Zwecke bezeichnen wir mit $\varphi(u, v)$ die optische Entfernung des Punktes (19) von S von seinem Bild-

---

[1]) Siehe z. B. Bruns, a. a. O., p. 371—75. Zwar hat E. Abbe gelegentlich behauptet, daß eine stigmatische Abbildung von zwei Flächenstücken aufeinander nur angenähert möglich ist (Ges. Abh., Bd. I, p. 216), aber schon 1890 hat M. Thiesen treffend bemerkt, daß die Behauptung Abbes, aus der Verwechselung von zwei verschiedenen Winkeln entstanden ist (Berl. Sitzungsber. 1890, 2, p. 812).

punkte (20) und mit n bzw. n_1 die Brechungsindizes der beiden Räume $\Re$ und $\Re_1$. Ferner betrachten wir auf einem Lichtstrahl, der durch das Instrument hindurchgeht, die beiden Punkte

$$(21) \quad X = x + \lambda \cdot p, \quad Y = y + \lambda q, \quad Z = z + \lambda r,$$

$$(22) \quad X_1 = x_1 + \lambda_1 p_1, \quad Y_1 = y_1 + \lambda_1 q_1, \quad Z_1 = z_1 + \lambda_1 r_1,$$

wobei λ und λ_1 zwei Parameter bedeuten. Die optische Entfernung ϱ der beiden Punkte (21) und (22), von denen der erste im Objekt-, der zweite im Bildraume liegt, ist nun gegeben durch die Gleichung

$$(23) \quad \varrho = \varphi(u, v) + n_1 \lambda_1 - n \lambda.$$

Wir setzen nun für p, q, r, λ beliebige Funktionen von u und v ein und bestimmen λ, durch die Bedingung, daß die Größe ϱ in (23) eine Konstante sein soll. Dann werden die Koordinaten der Punkte (21) und (22) bestimmte Funktionen von u, v sein und diese Punkte selbst bestimmte Flächen $\mathfrak{F}$ und $\mathfrak{F}_1$ beschreiben. Der Malussche Satz besagt nun, daß jedesmal, wo die Funktionen von u, v, die wir für p, q, r, λ eingesetzt haben, die Eigenschaft haben, daß die Normalen von $\mathfrak{F}$ in jedem Punkte die Komponenten p, q, r besitzen, gleichzeitig die Normalen von $\mathfrak{F}_1$ die Komponenten p_1, q_1, r_1 haben müssen. Es soll m. a. W. aus $\Sigma p\, dX = 0$ die Relation $\Sigma p_1\, dX_1 = 0$ folgen.

Nun erhält man aus der Differentiation von (21), wenn man die Relationen

$$(24) \quad p^2 + q^2 + r^2 = 1 \quad \text{und} \quad p\, dp + q\, dq + r\, dr = 0$$

berücksichtigt,

$$\Sigma p\, dX = \Sigma p\, dx + \lambda \Sigma p\, dp + d\lambda \Sigma p^2 = \Sigma p\, dx + d\lambda.$$

Die Bedingung $\Sigma p\, dX = 0$ ist also gleichwertig mit der Relation

$$d\lambda = -(p\, dx + q\, dy + r\, dz)$$

und ebenso findet man, daß die Bedingung $\Sigma p_1\, dX_1 = 0$ äquivalent ist mit der Relation

$$d\lambda_1 = -(p_1\, dx_1 + q_1\, dy_1 + r_1\, dz_1)$$

Endlich folgt aus (23), wenn man $\varrho = $ konst setzt,

$$d\varphi + n_1\, d\lambda_1 - n\, d\lambda = 0.$$

Der Malussche Satz ist daher äquivalent mit folgender Relation:

$$n_1\,(p_1\,dx_1 + q_1\,dy_1 + r_1\,dz_1) = n\,(p\,dx + q\,dy + r\,dz) + d\varphi.$$

Diese Gleichung ist aber nur eine Abkürzung für die zwei folgenden

$$(25)\quad \begin{cases} n_1\left(p_1\dfrac{\partial x_1}{\partial u} + q_1\dfrac{\partial y_1}{\partial u} + r_1\dfrac{\partial z_1}{\partial u}\right) = n\left(p\dfrac{\partial x}{\partial u} + q\dfrac{\partial y}{\partial u} + r\dfrac{\partial z}{\partial u}\right) + \dfrac{\partial \varphi}{\partial u}, \\[2mm] n_1\left(p_1\dfrac{\partial x_1}{\partial v} + q_1\dfrac{\partial y_1}{\partial v} + r_1\dfrac{\partial z_1}{\partial v}\right) = n\left(p\dfrac{\partial x}{\partial v} + q\dfrac{\partial y}{\partial v} + r\dfrac{\partial z}{\partial v}\right) + \dfrac{\partial \varphi}{\partial v}, \end{cases}$$

die zusammen mit

$$(26)\qquad\qquad p_1^2 + q_1^2 + r_1^2 = 1$$

uns erlauben, die Größen p_1, q_1, r_1 als Funktionen von p, q, r, u, v auszurechnen.

13. Um die geometrischen Folgen der Gleichungen (25) zu erfassen, wollen wir die Parameter u, v und die beiden Achsenkreuze der x, y, z und der x_1, y_1, z_1 so wählen, daß diese Gleichungen für ein bestimmtes Paar entsprechender Punkte eine möglichst einfache Gestalt erhalten. Dazu bemerken wir, daß bekanntlich in jedem Punkte A von S mindestens zwei aufeinander senkrecht liegende Linienelemente gefunden werden können, die in zueinander orthogonalen Linienelementen von S_1 abgebildet werden. Wir können also ohne Beeinträchtigung der Allgemeinheit von vornherein voraussetzen, daß die Parameterkurven $u =$ konst und $v =$ konst sich auf beiden Flächen S und S_1 senkrecht schneiden. Hierauf können wir die x- und die y-Achse parallel zu den Richtungen der beiden Parameterkurven in einem Punkte A von S wählen und eine entsprechende Lage für das Achsenkreuz der x_1 y_1 z_1 gegenüber den Parametern von S_1 im Bildpunkte A_1 von A annehmen. Dann verschwinden in (25) die acht Größen

$$\frac{\partial y}{\partial u},\ \frac{\partial z}{\partial u},\ \frac{\partial x}{\partial v},\ \frac{\partial z}{\partial v},\ \frac{\partial y_1}{\partial u},\ \frac{\partial z_1}{\partial u},\ \frac{\partial x_1}{\partial v},\ \frac{\partial z_1}{\partial v}$$

und diese Gleichungen nehmen die einfache Gestalt an

$$(27)\qquad\qquad \alpha\,p_1 = p + a, \qquad \beta\,q_1 = q + b.$$

Man überzeugt sich leicht, daß die Parameter α, β das Vergrößerungsverhältnis der beiden Flächen (in Lichtzeit gemessen) in der Richtung der Kurven $v =$ konst bzw. $u =$ konst bedeuten und daß a und b den ersten Ableitungen von $\varphi(u, v)$ proportional sind.

14. Die Gleichungen (27) erlauben sehr leicht die Bedingungen dafür aufzustellen, daß die Strahlen im Objekt- und im Bildraume, die einander entsprechen, beide reell seien. Dafür nämlich, daß der Strahl mit den Richtungskomponenten p_1, q_1, r_1 reell sei, muß die Gleichung (26) erfüllt sein, woraus folgt $p_1^2 + q_1^2 \leq 1$, oder wegen (27)

$$(28) \qquad \frac{(p + a)^2}{\alpha^2} + \frac{(q + b)^2}{\beta^2} \leq 1;$$

ebenso findet man, daß

$$(29) \qquad p^2 + q^2 \leq 1$$

sein muß.

Das betrachtete Instrument läßt also höchstens dann Lichtstrahlen durch, wenn in der pq-Ebene die Ellipse, deren Fläche durch (28) definiert wird, mit dem Kreise (29) innere Punkte gemeinsam hat.

Die Lichtstrahlen, die durch das Instrument hindurchgehen und gleichzeitig beide Flächen S und S_1 in den einander entsprechenden Punkten A und A_1 berühren, sind Punkten der pq-Ebene zugeordnet, die gleichzeitig auf den Rändern der Flächenstücke (28) und (29) liegen. Falls also nicht $a = b = 0$ und gleichzeitig $\alpha = \beta = 1$ ist, gibt es nur höchstens vier derartige Strahlen. Es kann aber vorkommen, daß kein einziger reeller Strahl dieser Art existiert.

Für ein Paar konjugierter aplanatischer Punkte auf der Achse eines rotationssymmetrischen Instrumentes müssen z. B. wegen der Symmetrie die beiden Ovale (28) und (29) konzentrische Kreise sein, die also keinen reellen Schnittpunkt besitzen; man muß in diesem Falle haben: $a = b = 0$ und $\alpha = \beta \neq 1$. Statt der Gleichungen (27) hat man dann

$$(30) \qquad \alpha p_1 = p, \qquad \alpha q_1 = q,$$

d. h. Gleichungen, aus denen das berühmte Sinusgesetz von E. Abbe unmittelbar folgt.

15. Wir sind jetzt im Stande, den Zusammenhang unseres Satzes 3 mit den bekannten Resultaten über die stigmatische Abbildung zweier Flächen S und S_1 aufeinander vollkommen zu übersehen. Liegt nämlich S tangential im Felde des Instruments (§ 9), so gibt es durch jeden Punkt A von S unendlich viele Strahlen, die gleichzeitig S und S_1 berühren. Nach dem vorigen Paragraphen muß dann die Ellipse (28) identisch mit dem Einheitskreise (29) sein, woraus $a = b = 0$ und $\alpha = \beta = 1$ folgt.

Aus der ersten Bedingung entnimmt man in Übereinstimmung mit unserem Resultat des § 10, daß die Ableitungen φ_u und φ_v verschwinden und daß $\varphi(u, v) = \varphi(A)$ konstant ist. Die zweite Bedingung $\alpha = \beta = 1$ besagt aber, daß das Vergrößerungsverhältnis in Lichtzeit gemessen für zwei aufeinander senkrechte Richtungen und daher für jede mögliche Richtung gleich Eins ist. Hiermit haben wir aber den Satz 3 für isotrope und homogene Objekt- und Bildräume mit Hilfe der Theorie des Eikonals nochmals bewiesen.

16. **Die stigmatische Abbildung von isotropen Räumen.** Der Satz 2 des § 9 führt unter der Voraussetzung, daß die beiden Medien im Objektraum $\Re$ und im Bildraume $\Re_1$ isotrop — aber nicht notwendig homogen — sind, zu einigen bemerkenswerten Folgerungen. Bezeichnet man nämlich, wie im § 9 mit $f(x, y, z)$ und $f_1(x_1, y_1, z_1)$ die Brechungsindizes der beiden Räume in zwei mittelst der stigmatischen Abbildung einander entsprechenden Punkten und mit ds und ds_1 zwei entsprechende Linienelemente von $\Re$ und $\Re_1$ durch diese selben Punkte, so folgt aus unserem Abbildungssatze

$$f_1(x_1, y_1, z_1)\, ds_1 = f(x, y, z)\, ds.$$

Das Verhältnis $ds_1 : ds$ der aufeinander abgebildeten Linienelemente ist mithin in jedem Punkte unabhängig von ihrer Richtung, woraus ohne weiteres folgt, daß die stigmatische Abbildung der beiden Räume aufeinander konform sein muß.

Nun gibt es einen bekannten Satz der Differentialgeometrie. den Liouville zuerst gefunden und bewiesen hat[1]), nach welchem

---

[1]) Note VI der von Liouville herausgegebenen 5. Auflage von Monge „Feuilles d'Analyse appliquées à la géométrie" (Paris 1850) s. auch F. Klein, Einleit. in die höhere Geometrie (autogr. Vorles., Göttingen 1892—93), p. 378 ff.

jede konforme Abbildung von dreidimensionalen Gebieten aufeinander entweder mit einer Kollineation identisch ist, die jede Figur
in eine ähnliche transformiert oder mit einer Transformation durch
reziproke Radien, oder endlich mit einer Transformation, die aus
diesen beiden zusammengesetzt ist. Wir haben demnach den

Satz 4. Jede stigmatische Abbildung von zwei isotropen Räumen aufeinander, die durch ein absolutes
optisches Instrument hervorgerufen wird, ist entweder
eine Ähnlichkeitstransformation oder eine Transformation durch reziproke Radien oder endlich eine Transformation, die durch eine Transformation durch reziproke Radien und eine darauf folgende Ähnlichkeitstransformation dargestellt werden kann.

17. Das Maxwellsche Fischauge (§§ 3 und 4) ist ein Beispiel
einer stigmatischen Abbildung, wie sie aus dem letzten Satze folgt.
Man kann leicht zeigen, daß die Abbildung des Raumes auf sich
selbst, die durch das Fischauge geleistet wird, die einzige Abbildung ist, bei der jeder Punkt des unendlichen Raumes $\Re$ (mit
Ausnahme des Zentrums O) ein einziges scharfes Bild besitzt.
Denn unter den Transformationen, die im Satze 4 aufgezählt sind,
gibt es keine andere, die involutorisch ist (d. h. bei der das Bild
von A_1 wiederum A ist) und keine Doppelpunkte besitzt.

Es wäre aber ein Irrtum, hieraus allein schließen zu wollen,
daß das Gesetz für den Brechungsindex, das eine derartige stigmatische Abbildung hervorruft, notwendig der Gleichung (1) des
§ 3 genügen muß. Aus der Gestalt der Abbildung des Raumes
in sich kann man nämlich nur schließen, daß die Lichtstrahlen
geschlossene Kurven sein müssen, die durch die besagte Abbildung in sich selbst transformiert werden, nicht aber, daß sie
kreisförmig sein müssen. Könnte man letzteres beweisen, so hätte
man wohl auch Aussicht, schließen zu können, daß der Brechungsindex (1) des § 3 der einzige ist, bei dem der ganze Raum stigmatisch auf sich selbst abgebildet wird. Das „Problem des Fischauges" ist die Übertragung auf den drei-dimensionalen Raum einer
Frage, die Herr W. Blaschke für geschlossene Flächen gestellt
hat, die aber noch nicht beantwortet worden ist[1]).

---

[1]) W. Blaschke, Vorlesung über Differentialgeometrie I (Berlin,
Springer 1921), 1. Aufl., § 86, p. 155—158.

18. Wenn man beachtet, daß das Bild eines Lichtstrahls, der im Felde des Instrumentes liegt, mit der Verlängerung des Lichtstrahls selbst zusammenfällt, so sehen wir, wegen des Satzes 4, daß die Lichtstrahlen im Bildraume Kreise oder gerade Linien sein müssen, wenn die Lichtstrahlen des Objektraumes diese Eigenschaft haben. Eine Anwendung dieser Überlegung ist folgende:

Den Objektraum wird man normalerweise als homogen und isotrop annehmen. Man könnte aber versucht sein, eine stigmatische Abbildung dadurch zu erzwingen, daß man den Bildraum isotrop, aber von veränderlichem Brechungsindex annimmt. Wie wenig dabei zu gewinnen ist, zeigt folgender Satz, der aus den vorhergehenden Überlegungen und den Eigenschaften der Transformation durch reziproke Radien unmittelbar folgt:

Satz 5. Ist der Objektraum homogen und isotrop, so muß dafür, daß eine stigmatische Abbildung überhaupt möglich sei, der Bildraum entweder dieselbe Eigenschaft haben, oder eine derartige Verteilung des Brechungsvermögens aufweisen, daß alle Lichtstrahlen, die ihn durchsetzen, die Gestalt von Kreisen haben, die sämtlich durch einen und denselben Punkt des Raumes hindurchgehen.

19. **Anwendung auf die Variationsrechnung.** Es ist fast selbstverständlich, daß die Beweise der §§ 7—10 sofort auf beliebige symmetrische Variationsprobleme in Räumen von beliebig vielen Dimensionen übertragen werden können. Hierbei nennen wir ein Variationsproblem symmetrisch, wenn der Wert des Kurvenintegrals

$$\int F(x_i, \dot{x}_i)\, dt$$

unabhängig ist vom Sinne, in dem man die Integration über die gegebene Kurve ausführt, was dann und nur dann stattfindet, wenn die Relation

$$F(x_i, -\dot{x}_i) = F(x_i, \dot{x}_i)$$

identisch besteht.

Um unsere Sätze zu übertragen, müssen wir voraussetzen, daß wir zwei „miteinander gekoppelte" Variationsprobleme haben, d. h. daß wir eine kanonische Transformation zwischen den kanonischen Veränderlichen der beiden Variationsprobleme kennen, durch welche das eine dieser Variationsprobleme in das andere übergeführt wird[1]).

Durch diese Koppelung werden bekanntlich die Extremalen der beiden Variationsprobleme eindeutig aufeinander bezogen. Wenn nun die Extremalen des ersten Problems, die durch einen Punkt A des Raumes $\mathfrak{R}$ hindurchgehen, durch diese Zuorduung übergeführt werden in Extremalen des zweiten Problems, die sich alle in einem und demselben Punkt A_1 des Raumes $\mathfrak{R}_1$ kreuzen, und wenn dies immer der Fall ist, sobald A sich auf einer zweidimensionalen Fläche S befindet, die „tangential im Felde der Koppelung" liegt, so sind alle Voraussetzungen erfüllt, um einen Satz zu beweisen, der unserem Satze 3 des § 10 so vollständig analog ist, daß wir ihn nicht einmal auszusprechen brauchen.

Ähnliche Sätze scheinen sogar zu gelten, wenn man gekoppelte symmetrische Variationsproble mit Differentialgleichungen als Nebenbedingungen betrachtet; die Verhältnisse sind aber in diesem letzten Falle komplizierter und ich begnüge mich deshalb mit einer Andeutung dieser Möglichkeit.

---

[1]) S. z. B. Riemann-Weber, Differential- und Integralgleichungen der Mechanik und Physik (7. Auflage, Braunschweig, Vieweg 1925, p. 198).

Über Messungen der Leuchtdauer der Atome an Alkalimetallen, Sauerstoff und Stickstoff.

Von **H. Kerschbaum.**

Vorgelegt von W. Wien in der Sitzung am 16. Januar 1926.

A. Methode.

a) Die Berechnung der Leuchtdauer der Atome.

Über Messungen der Leuchtdauer der Atome an den Elementen Wasserstoff, Helium, Stickstoff, Sauerstoff und Quecksilber hat W. Wien [1]) Ergebnisse veröffentlicht. Folgende Methode wurde von W. Wien zur Messung der Leuchtdauer verwendet. Es wurde der Kanalstrahl des zu untersuchenden Elementes plötzlich aus einem Raum hohen Druckes (dem Druck des Entladungsraums) in einen Raum (Beobachtungsraum) sehr niedrigen Druckes gebracht. Der Kanalstrahl hörte dort, da er nicht mehr zum Leuchten erregt wurde, bald zu leuchten auf. Der Strahl wurde mit einem spaltlosen Spektrographen aufgenommen und der Schwärzungsabfall der Linie, den man auf der Platte erhielt, ausphotometriert. W. Wien stellte fest, daß die zeitliche Abnahme der Lichtemission durch eine e-Funktion dargestellt werden kann, durch

$$e^{-2a\frac{y}{v}}$$

v ist die Geschwindigkeit des Kanalstrahlteilchens, y die vom Kanalstrahl zurückgelegte Weglänge, $2a$ die Dämpfungskonstante. T die mittlere Leuchtdauer ist

$$T = \frac{1}{2a}$$

---

[1]) Ann. d Physik 60, S. 597, 1919, 66. S. 229, 1920, 73 S. 483, 1924.

Der Schwärzungsabfall der Kanalstrahllinie wurde verglichen mit
dem einer Vergleichslinie, die auf derselben Platte unter den
gleichen Bedingungen wie die Linie des Kanalstrahles (gleicher
Spektrograph, gleiche Belichtungszeit, gleiche Entwicklung) aufgenommen wurde. Der Schwärzungsabfall der Vergleichslinie, die
durch ein Geißlerrohr oder das kontinuierliche Band des Spek-
trums einer Lampe erzeugt wurde, wurde durch einen keilförmigen
Absorptionstrog hervorgerufen und berechnet sich als e-Funktion

$$e^{-k\gamma y};$$

k ist der Absorptionsindex der Flüssigkeit pro cm Flüssigkeits-
schicht, $\gamma = tg\,\beta$, β ist der Keilwinkel des Troges, y eine bestimmte Weglänge von einer gegebenen Grenze ab gerechnet.
Durch Variation von k wurde erreicht, daß die Schwärzungskurve
des Vergleichsspektrums der Kurve der Kanalstrahllinie annähernd
gleich wurde. Da die Anordnung der Aufnahmen so gewählt
wurde, daß die Weglängen y einander gleich waren, konnte
man setzen

Kanalstrahlschwärzung = Vergleichslichtschwärzung.

$$e^{-2a\frac{y}{v}} = e^{-k\gamma y}$$

Daraus errechnet sich die mittlere Leuchtdauer der Atome

$$T = \frac{1}{2\,a} = \frac{1}{k\,\gamma\,v}$$

b) Die experimentelle Methode.

In der vorliegenden Arbeit wurde die experimentelle Anordnung, die von W. Wien[1]) eingehend beschrieben wurde, fast
ohne Änderung übernommen. Es wurde versucht, die Ungenauig-
keit auszuschalten, die in der getrennten Aufnahme des Kanalstrahles einmal für die Ausmessung des Schwärzungsabfalles, dann
für die Dopplerverschiebungsaufnahmen zur Errechnung der Geschwindigkeit lag. Der Beobachtungsraum wurde so geändert,
daß die Möglichkeit bestand, durch eine Spiegelanordnung zu
gleicher Zeit mit der Aufnahme des abklingenden Strahles die
Dopplerverschiebungsaufnahme herzustellen. Die hohe Spannung

---

1) Ann. d. Phys. 60. S. 597, 1919, 66. S. 229, 1920.

16—20 000 Volt, die langen Belichtungszeiten und die verwendeten farbenempfindlichen Platten ermöglichten bei N_2 und O_2 auch die Ausmessung der Bogenlinien dieser Elemente. Die Aufnahmen wurden sowohl bei Gleichstrom, den eine Stabili-Voltanlage von Siemens & Halske lieferte[1]), als auch bei durch zwei Ventilröhren gleichgerichtetem Wechselstrom eines Starkstrominduktors durchgeführt. Der Druck im Beobachtungsraum, gemessen an einem Mac Leod, betrug etwa 0,0002—0,0006 mm Hg Druck. Zwei große Steinheilsche Spektrographen mit je drei schweren Flintprismen dienten zur Aufnahme des abklingenden Kanalstrahles und der Dopplerverschiebung.

c) Die Herstellung von Alkalikanalstrahlen.

Da die Versuche mit Hilfe der bisher verwendeten Methoden [von Gehrke und Reichenheim[2]), Aston[3]), Dempster[4])] Strahlen der Alkalimetalle herzustellen wegen der Inkonstanz, der geringen Intensität und der kurzen Dauer der erhaltenen Strahlen fehlschlugen, wurde eine neue Anordnung benutzt, deren Ausarbeitung durch eine Methode von F. W. Aston[5]) angeregt wurde. In ein gewöhnliches Kanalentladungsrohr wurde durch einen Schliff ein Stahlzylinder bis etwa 3—4 cm vor die Kathode gebracht. Der Stahlzylinder lief in einem Hartglasrohr so, daß der Rand des Zylinders mit dem Rand des Glasrohres abschloß. Der 4 cm lange Stahlzylinder, dessen Durchmesser 6 mm betrug, war auf einer Länge von etwa $3\frac{1}{2}$ cm ausgebohrt. Dieser Zylinder wurde mit den durch Erhitzen vom Kristallwasser befreiten Chloriden des Lithium, Natrium und Kalium gefüllt. Legte man an die Kanalstrahlanode nun Spannung, so wurde zunächst ein Stromdurchgang durch die Verunreinigungen (H_2, O_2) ermöglicht, die aus den Salzen herauskamen. Nach 10—15 Minuten bei einem Strom von 10—12 Mi. Amp. waren die Verunreinigungen verdampft und es stieg die Spannung plötzlich auf einen bestimmten

---

[1]) Die Stabili-Voltanlage verdankt das Phys. Inst. der Notgemeinschaft der deutschen Wissenschaft.
[2]) Ann. 25, 1908, 33. S. 760, 1910.
[3]) Phil. Mag. 42, S. 436, 1921.
[4]) Phys. Rev. 9, 1918, 11. S. 316, 1918.
[5]) Phil. Mag. 47. S. 885, 1924.

Wert. In dem Rohre entstanden jetzt Kathodenstrahlen, die auf das Salz auftrafen und es zum Verdampfen brachten. Da durch die starke Erwärmung des Zylinders auch die Glaswand des Entladungsrohres auf einer Länge von 10 cm, von der mit Wasser gekühlten Kathode ab gerechnet, stark erwärmt wurde, erhielt sich ein Teil des entstehenden Metalldampfes in der Röhre. In dem Raum des Entladungsrohres, in dem das größte Spannungsgefälle herrscht, war also ständig Metalldampf vorhanden und so entstand ein heller Alkalikanalstrahl. Da, bedingt durch die Wärmeleitungsverhältnisse, die Kathodenstrahlen immer nur Schicht um Schicht des Zylinders erwärmten und zum Verdampfen brachten, blieb vom Einsetzen des Gleichgewichtszustandes ab, die Dampfbildung und somit auch die Entladungsspannung angenähert konstant. Ein Zylinder in der oben angegebenen Größe lieferte einen konstanten hellen Alkalikanalstrahl, während der Dauer von 1—1¹/₂ Stunden bei Verwendung von LiCl. Bei Natrium und Kalium war die Dauer etwas kürzer. Der Kanalstrahl des Lithium ist rot, der des Natrium gelb, des Kalium weißblau. Die Dauer der Aufnahmen betrug beim abklingenden Strahl für die Rot- und Gelbaufnahmen 5—6 Stunden, für die Aufnahmen im blauen Spektralgebiet 3—4 Stunden. Die Spannung, die sich bei dem benutzten und oben angegebenen Abstand des Zylinders von der Kathode einstellte, betrug etwa 15000 Volt. Der Strom 8—10 Mi. Amp. Füllgase (H_2, N_2, O_2) wurden nicht eingeführt.

An der Glaswand kondensierte sich stets ein Teil des Metalldampfes. Der Beschlag, der sich bildete, scheint ein kolloidaler Metallniederschlag zu sein. Seine Farbe war bei Lithium violett, Natrium tiefblau, Kalium weißblau.

B. Ergebnisse.

Die Messung des Schwärzungsabfalles wurde an folgenden Linien der verschiedenen Elemente durchgeführt.

Wasserstoff H_β 4861 Å
Lithium   6708 Å H. S. m = 2
               6103 Å I. N. S. m = 3
               4603 Å I. N. S. m = 4
Natrium die Doppellinie 5889 Å H. S. m = 2
               4500 Å I. N. S. m = 7

Sauerstoff	Bogenlinie	Funkenlinie
	6158 Å H. S. m = 3	467 $\mu\mu$
	4368 Å I.N.S. m = 4	459 „
		441 „
		435 „
		419 „
Stickstoff	Bogenlinie	Funkenlinie
	661,0 $\mu\mu$	533,5 $\mu\mu$
	411,3 „	500,5 „
	410,5 „	443,0 „
		399,0 „

a) Die Ergebnisse der Geschwindigkeitsmessungen an Li, Na, N, O.

Die Ergebnisse der Geschwindigkeitsberechnungen aus der Dopplerverschiebung (Mittelwerte) ergaben sich für die einzelnen Elemente wie folgt:

Elemente		v
H_2		$3,03 \cdot 10^7$
Li		$1,86 \cdot 10^7$
Na		$1,05 \cdot 10^7$
N	F	$3,30 \cdot 10^7$
	B	$1,30 \cdot 10^7$
O	F	$2,94 \cdot 10^7$
	B	$1,01 \cdot 10^7$

b) Die Ergebnisse der Abklingungsaufnahmen an Li, Na, N und O.

Für das Produkt aus Keilwinkel γ und Absorptionsindex k ergaben sich die Mittelwerte:

Elemente		$k\gamma$
H_2		1,83
Li		0,83
Na		2,61
N	F	2,25
	B	0,82
O	F	2,22
	B	0,67

So ergibt sich das Gesamtergebnis für die Dämpfungskonstante $2a$ und T die mittlere Leuchtdauer der Atome, wie es in folgender Tabelle zusammengestellt ist. In dieser Tabelle wurden auch die Messungen, die W. Wien ausgeführt hat, aufgenommen. Mit Messung I sind die Ergebnisse von W. Wien bezeichnet, mit Messung II die in dieser Arbeit festgestellten.

c) Tabelle des Gesamtergebnisses.

Element		Messung I		Messung II	
		$2a$	T	$2a$	T
Wasserstoff . . .		$5,4 \cdot 10^7$	$1,85 \cdot 10^{-8}$	$5,54 \cdot 10^7$	$1,81 \cdot 10^{-8}$
Helium		$5,42 \cdot 10^7$	$1,84 \cdot 10^{-8}$	—	—
Lithium		—	—	$1,54 \cdot 10^7$	$6,5 \cdot 10^{-8}$
Stick- stoff	Funkenlinie	$\overset{O}{\underset{H}{H}}\sim H$	—	$7,4 \cdot 10^7$	$1,35 \cdot 10^{-8}$
	Bogenlinie	—	—	$1,06 \cdot 10^7$	$9,45 \cdot 10^{-8}$
Sauer- stoff	Funkenlinie	$6,55 \cdot 10^7$	$1,53 \cdot 10^{-8}$	$6,54 \cdot 10^7$	$1,53 \cdot 10^{-8}$
	Bogenlinie	—	—	$0,67 \cdot 10^7$	$14,9 \cdot 10^{-8}$
Natrium		—	—	$2,7 \cdot 10^7$	$3,7 \cdot 10^{-8}$
Queck- silber	Linie 4353Å	$5,5 \cdot 10^7$	$1,82 \cdot 10^{-8}$	—	—
	Linie 2536Å	$1,92 \cdot 10^7$	$9,8 \cdot 10^{-8}$	—	—
			$\sim 1 \cdot 10^{-7}$		

d) Besprechung der Werte.

Es ist zu bemerken, daß unter den Linien eines einzelnen Elementes und einer bestimmten Liniengruppe dieses Elementes gleichgültig, welcher Serie die untersuchten Linien angehörten, eine Änderung der Leuchtdauer nicht festgestellt werden konnte.

Kalium konnte vorerst noch nicht in den Kreis der Untersuchungen gezogen werden, da die blaue K-Linie 404 $\mu\mu$ von den benutzten Spektrographen schon zu stark absorbiert wurde. Messungen mit Quarzspektrographen sollen später durchgeführt werden.

Eine theoretische Deutung der erhaltenen Werte aus der Quantentheorie oder der klassischen Theorie zu geben, ist heute noch unmöglich. Es ist in diesem Zusammenhange nicht unwichtig, auf Messungen der Leuchtdauer hinzuweisen, die von Hanle[1]) und Ellet und Wood[2]) nach einer ganz anderen Methode ausgeführt wurden. Aus der magnetischen Beeinflussung der Resonanzfluoreszenz, d. h. aus der Größe der Drehung der Polarisationsebene gemessen an der Resonanzlinie 2536 Å des Quecksilbers (Hanle) und der D_2-Linie des Na (Ellet und Wood) wurde unter Berücksichtigung der anomalen Zeemannaufspaltung der betreffenden Linie die Leuchtdauer der erregten Atome berechnet.

Für die Linie 2536 Å des Quecksilbers ergab sich der Wert
$$T = 1 \cdot 10^{-7}.$$
Für die D_2-Linie des Natrium ergab sich der Wert $T = 1,35 \cdot 10^{-8}$.

Der Wert von Hanle steht mit dem Wert, den W. Wien aus seinen Messungen an der Resonanzlinie des Hg erhielt, in guter Übereinstimmung. Wie die Differenz der Werte für die D_2-Linie des Natriums

$T = 1,35 \cdot 10^{-8}$ von Ellet und Wood

$T = 3,7 \ \cdot 10^{-8}$ max. $\pm 0,5$ wie oben angegeben

zu deuten ist, ist vorerst nicht zu ersehen. Daß diese Differenz nur auf Meßungenauigkeit beruht, ist kaum anzunehmen. Vielleicht ist die Erklärung nicht unrichtig, die sich aus einer Deutung der Leuchtdauer von J. Palacios[3]) ergäbe, daß bei den beiden Beobachtungen jeweils eine andere Leuchtdauer im Zustande des Atoms gemessen wird.

---

[1]) Ztschr. f. Phys. 30. 93, 1924.

[2]) Journal of Opt. Soc. America, 10, S. 427, 1925.

[3]) J. Palacios: Ann. de la Sociedad Espanola de Fisica y Quimica XXIII, S. 259, 1925.

Achsensymmetrisches Ausknicken zylindrischer Schalen.

Von **Ludwig Föppl** in München.

Vorgelegt von S. Finsterwalder am 16. Januar 1926.

Einleitung.

Die Veranlassung zur vorliegenden Arbeit gaben Versuche, die Herr Dr. Geckeler der Firma Carl Zeiß in Jena im Frühjahr 1925 im mechanisch-technischen Laboratorium der Technischen Hochschule München über das achsensymmetrische Ausknicken dünnwandiger Hohlzylinder aus Messing angestellt hat. Er kam dabei zu dem Resultat, daß die bisher in der Literatur bekannte theoretische Formel für das Ausknicken solcher Hohlzylinder mit den Experimenten nicht übereinstimmt, sondern daß die theoretische Knicklast das Mehrfache der wirklichen beträgt. Dabei zeigten die von der Firma Zeiß mit aller Sorgfalt hergestellten Hohlzylinder beim Ausknicken eine vollkommen achsensymmetrische Gestalt, wie dies bei der Theorie vorausgesetzt wird. Ein ähnlicher großer Unterschied zwischen der experimentellen und theoretischen Knicklast besteht auch bei den Versuchen, die C. v. Bach[1]) an dünnwandigen Hohlzylindern aus Flußeisen durchgeführt hat. Es ergab sich damit die Forderung einer genauen Nachprüfung der Grundlagen, auf denen die bisherige Theorie aufbaut. Wie die vorliegende Arbeit zeigen wird, ist die Differentialgleichung vierter Ordnung, die für das achsensymmetrische Ausknicken dünnwandiger Hohlzylinder schon seit längerem bekannt ist[2]), vollkommen in Ordnung. Sie wird hier nochmals

---

[1]) C. v. Bach, Festigkeitslehre, 7. Aufl., 1917, S. 202.
[2]) S. Timoschenko, Zeitschrift f. Mathem. u. Physik 1910, S. 378 ff. R. Lorenz, Zeitschrift d. Vereins deutscher Ingenieure 1908, S. 1706.

abweichend vom üblichen Weg in § 1 abgeleitet. Von den beiden
wesentlich verschiedenen Lösungen dieser Differentialgleichung
wurde bisher nur die eine Lösung, nämlich $\sin a\,x$ bzw. $\cos a\,x$
der Berechnung der Knicklast zu Grunde gelegt, während die
andere, nämlich $e^{-a\,x} \sin \beta\,x$ bzw. $e^{-a\,x} \cos \beta\,x$ gar nicht in Betracht gezogen wurde. Wir werden sehen, daß diese letztere
Lösung für das Ausknicken von Hohlzylihdern wesentlich ist und
daß sich die große Unstimmigkeit zwischen Experiment und
Theorie damit beheben läßt.

§ 1.
Ableitung der Differentialgleichung.

Wir setzen voraus, daß die Abmessungen des Hohlzylinders
so gewählt sind, daß das Ausknicken vor Überschreiten der Proportionalitätsgrenze des auf Druck beanspruchten Materials eintritt. Wie später näher begründet wird, erreicht man diese Voraussetzung um so eher, je größer das Verhältnis $r : h$ zwischen
dem mittleren Radius r und der Wandstärke h des Hohlzylinders ist.
Bei den Versuchen von Bach wurde z. B. ein Hohlzylinder aus
Flußeisen von den Abmessungen $r = 1{,}7$ cm; $h = 0{,}02$ cm verwendet, so daß $r : h = 85$ beträgt. Bei den Versuchen von
Dr. Geckeler wurde unter anderen ein Hohlzylinder aus Messing
von den Abmessungen $r = 9{,}55$ cm, $h = 0{,}323$ cm verwendet, so
daß sich $r : h = 296$ berechnet. Damit ein seitliches Ausknicken
des Hohlzylinders als Ganzes ausgeschlossen ist, darf die Zylinder-
höhe im Vergleich zum Durchmesser nicht zu groß gewählt
werden. Jedenfalls kommt ein derartiges Ausweichen, dem die
Eulersche Knicklast entsprechen würde, nicht in Frage, so lange
die Höhe des Zylinders nicht um das Vielfache größer als der
Durchmesser ist. Wir wollen den Eulerschen Knickfall hier aus-
schließen. Ferner sei noch vorausgesetzt, daß durch sorgfältige
Bearbeitung der Hohlzylinder möglichst gleichmäßige Wandstärke h
erreicht ist und daß auch alle anderen Vorbedingungen für den
Versuch so genau erfüllt sind, daß jede Unsymmetrie nach Möglichkeit vermieden wird.

Bringen wir den Hohlzylinder achsial unter eine Druckpresse, so wird sich offenbar vor dem Ausknicken ein Längsspannungszustand einstellen, mit der Druckspannung $\sigma_l = \dfrac{P}{2\pi r h}$, wenn P die gesamte Drucklast bedeutet. Der gedrückte Hohlzylinder wird sich dabei etwas erweitern, so daß sich sein Radius um eine Größe

$$\delta = \frac{1}{m} \cdot \frac{P}{2\pi h \cdot E} \qquad (1)$$

vergrößert, worin $1:m$ die Poissonsche Verhältniszahl bedeutet. Hierbei ist allerdings zu beachten, daß durch die Reibung an den Druckplatten die Durchmesservergrößerung des Randes entweder ganz unmöglich ist oder wenigstens nur teilweise erfolgt. Für das Ausknicken der Zylinderschalen ist dies von Wichtigkeit. Um allen Möglichkeiten gerecht zu werden, wollen wir den Einfluß der Reibung an den Druckplatten dadurch zum Ausdruck bringen, daß wir als Grenzbedingung für den Rand vorschreiben, daß er um $\varkappa \cdot \delta$ gegenüber der Mitte der Zylinderschale zurückbleibt, wobei $\varkappa$ irgend eine Zahl zwischen 0 und 1 bedeuten kann; $\varkappa = 0$ entspricht dabei der vollkommenen Vernachlässigung der Reibung an den Druckplatten, so daß die ganze Zylinderschale eine gleichmäßige Vergrößerung des Radius r um δ erfährt, während $\varkappa = 1$ dem anderen Grenzfall entspricht, daß sich der Rand infolge der Reibung überhaupt nicht ausdehnen kann. In diesem letzteren Fall wird sich eine Verbiegung der Zylinderschale in der Nähe des Randes einstellen, die aber längs der Erzeugenden des Zylinders rasch abklingt, wie wir das später noch im Einzelnen sehen werden.

In Abb. 1 ist der Meridian der Zylinderschale im ausgeknickten bzw. verbogenen Zustand gezeichnet, wobei die Ordinaten w des Meridians von dem Radius $r + \delta$ aus nach außen hin positiv gerechnet werden. Am Rand $x = 0$ wirkt auf einen Streifen, der zum Zentriwinkel $d\varphi$ gehört, die Drucklast $P \cdot \dfrac{d\varphi}{2\pi}$ und

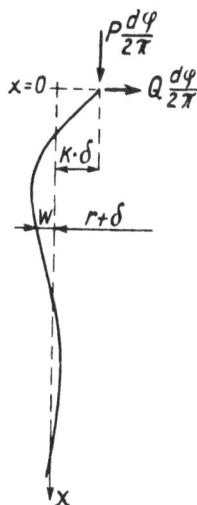

Abb. 1

infolge der Reibung der Druckplatte eine Reibungskraft $Q \cdot \dfrac{d\varphi}{2\pi}$, die ein Zurückbleiben des Randes um $\varkappa \cdot \delta$ gegenüber den mittleren Teilen der Zylinderschale bewirkt. Die Größe von Q ist dabei zunächst unbekannt. Wegen der Achsensymmetrie genügt es, sich auf einen Streifen vom Zentriwinkel $d\varphi$ zu beschränken. Wäre überall $w = 0$, so würde die Zylinderschale nur die Längsspannung σ_l aufnehmen. Infolge der Abweichung w von der x-Achse treten aber noch Tangentialspannungen σ_t hinzu, die für positives w Zugspannungen, für negatives w Druckspannungen sind. Der Zusammenhang zwischen w und σ_t geht aus folgender Überlegung hervor, wobei jetzt immer r statt $r + \delta$ geschrieben werden soll. Es ist einerseits $\varepsilon_t = \dfrac{w}{r}$ und andererseits $\varepsilon_t = \dfrac{\sigma_t}{E}$, so daß sich der folgende Zusammenhang zwischen den Tangentialspannungen und der Ausweichung w ergibt:

$$\sigma_t = \frac{w}{r}\, E. \tag{2}$$

Wir können den betrachteten Streifen als einen auf Knicken beanspruchten Stab ansehen, der am einen Ende mit $P\dfrac{d\varphi}{2\pi}$ achsial und $Q\dfrac{d\varphi}{2\pi}$ normal beansprucht wird und außerdem entlang der Stabachse eine Belastung senkrecht zur Stabachse von der Intensität

$$q = \sigma_t \cdot h\, d\varphi \tag{3}$$

aufzunehmen hat.

Wir wollen gleich den allgemeinsten Fall heranziehen, daß am Schalenrand noch ein Einspannmoment $M_0\dfrac{d\varphi}{2\pi}$ infolge einer Einspannung herrscht.

Die Gleichung der elastischen Linie lautet dann:

$$EJ\frac{d^2 w}{dx^2} = -\left[\frac{P}{2\pi}\,d\varphi\cdot(w+\varkappa\cdot\delta)+\int_{\xi=0}^{\xi=x} q(\xi)(x-\xi)\,d\xi+\frac{Q}{2\pi}\,d\varphi\cdot x+\frac{M}{2\pi}\,d\varphi\right]; \tag{4}$$

durch einmalige Differentiation nach x ergibt sich daraus:

$$EJ\cdot\frac{d^3 w}{dx^3} = -\left[\frac{P}{2\pi}\,d\varphi\cdot\frac{dw}{dx}+\int_{\xi=0}^{\xi=x} q(\xi)\,d\xi+\frac{Q}{2\pi}\,d\varphi\right]$$

und durch nochmalige Differentiation nach x:

$$EJ \cdot \frac{d^4 w}{dx^4} = - \left[\frac{P}{2\pi} d\varphi \cdot \frac{d^2 w}{dx^2} + q(x) \right].$$

Mit Berücksichtigung von Gl. (2) und (3) und indem man

$$J = \frac{r h^3}{12} d\varphi \qquad (5)$$

einsetzt, ergibt sich

$$E \frac{r h^3}{12} \cdot \frac{d^4 w}{dx^4} + \frac{P}{2\pi} \cdot \frac{d^2 w}{dx^2} + E \frac{h}{r} \cdot w = 0. \qquad (6)$$

Dies ist die bekannte Differentialgleichung für das achsensymmetrische Ausknicken von Hohlzylindern, die unter der Voraussetzung gilt, daß beim Ausknicken des Zylinders die Proportionalitätsgrenze des Materials nirgends überschritten ist. In Gl. (6) ist P als Drucklast angenommen.

Es sei hier auf zwei Sonderfälle der Gl. (6) hingewiesen. Wächst der Radius r des Zylinders über alle Grenzen, so wird $r \, d\varphi = b$ eine endliche Größe und ebenso $\frac{P}{2\pi} d\varphi = P'$. Gl. (6) vereinfacht sich alsdann zu:

$$E \frac{b h^3}{12} \cdot \frac{d^4 w}{dx^4} + P' \cdot \frac{d^2 w}{dx^2} = 0,$$

die nach zweimaliger Integration auf die gewöhnliche Differentialgleichung für den auf Knicken beanspruchten Stab führt.

Der andere Sonderfall betrifft die nicht oder kaum biegungssteife zylindrische Haut. Ist nämlich die Wandstärke h außerordentlich klein, so daß $E \frac{r h^3}{12} \approx 0$ (z. B. dünnes Papier), so vereinfacht sich Gl. (6) zu:

$$\frac{P}{2\pi} \cdot \frac{d^2 w}{dx^2} + E \frac{h}{r} \cdot w = 0.$$

Man kann diese Gleichung ohne weiteres aus der Differentialgleichung der Seilkurven ableiten. Wie man aus der Lösung dieser Gleichung entnehmen kann, tritt eine sehr enge Fältelung ein, sobald die zylindrische Haut achsial gedrückt wird. Dieser Sonderfall läßt schon erkennen, wie wichtig es ist, sich über die vorausgesetzte Größenordnung der maßgebenden Größen genauen Aufschluß zu geben. Um diese für die weitere Untersuchung grundlegende Frage gleich jetzt zu erledigen, gehen wir von der Voraussetzung aus, daß bis zum Eintritt des Zusammenknickens des Hohlzylinders nirgends die Proportionalitätsgrenze des Materials überschritten wird; d. h. es muß die folgende Ungleichung bestehen:

$$\frac{P}{2\pi rh} < \sigma_p, \tag{7}$$

wenn mit σ_p die Proportionalitätsgrenze bezeichnet wird. Nun gilt für die meisten Materialien: $\sigma_p : E \approx 1 : 1000 \ll 1$, d. h. $\sigma_p : E$ ist klein von 1. Ordnung. Wir nennen eine Größe, die höchstens $1 : 1000$ einer anderen Größe ist, klein von nächst höherer Ordnung. Auf Grund dieser Definition der Größenordnung folgt aus Ungleichung (7):

$$\frac{P}{2\pi rhE} \ll 1, \tag{8}$$

d. h. $\frac{P}{2\pi rhE}$ ist klein von 1. Ordnung, da diese Zahlengröße kleiner als $1 : 1000$ ist.

Dagegen ist die Größe $\frac{P}{2\pi h^2 E}$, die aus der letzten Zahl durch Multiplikation mit $r : h$ gewonnen wird, wegen der Größe dieses Faktors im allgemeinen nicht als klein von 1. Ordnung anzusehen, sondern als endliche Größe.

Letzteres erkennt man auch aus der Differentialgleichung (6). Dividiert man nämlich Gl. (6) durch $Eh\sqrt{\frac{h}{r}}$, so erhält man:

$$\frac{1}{12}(\sqrt{rh})^3 \cdot \frac{d^4w}{dx^4} + \frac{P}{2\pi Eh^2}\sqrt{rh} \cdot \frac{d^2w}{dx^2} + \frac{w}{\sqrt{rh}} = 0. \tag{9}$$

Aus dieser Darstellung sieht man zunächst, daß die für das Ausknicken des Zylinders maßgebende Zylinderabmessung $\sqrt{rh}$ ist, im Vergleich zu der w als klein von 1. Ordnung anzusehen ist. Die Größen $\frac{w}{\sqrt{rh}}$, $\sqrt{rh} \cdot \frac{d^2w}{dx^2}$ und $(\sqrt{rh})^3 \cdot \frac{d^4w}{dx^4}$ sind dimensionslos und untereinander von gleicher Größenordnung, wie sich mit Hilfe der Lösung der Differentialgleichung zeigen ließe; ebenso sind die Koeffizienten dimensionslos und alle von gleicher Größenordnung, wenn wir nicht einen Sonderfall vor uns haben. Daraus folgt, daß auch $\dfrac{P}{2\pi h^2 E}$ als endliche Größe anzusehen ist. Da aber dieser Ausdruck aus der in Ungleichung (8) auftretenden, unendlich kleinen Größe $\dfrac{P}{2\pi r h E}$ durch Multiplikation mit $r:h$ gewonnen wird, so muß dieses Verhältnis sehr groß sein als Voraussetzung für die Gültigkeit unserer Entwicklungen.

§ 2.
Lösung der Differentialgleichung.

Die bisher dem Knickvorgang zu Grunde gelegte Lösung der Differentialgleichung (6) lautet:

$$w = A \sin \alpha x + B \cos \alpha x. \tag{10}$$

Durch Einsetzen ergibt sich für α^2:

$$\alpha^2 = \frac{3P}{\pi r h^3 E} \pm \sqrt{\left(\frac{3P}{\pi r h^3 E}\right)^2 - \frac{12}{r^2 h^2}}. \tag{11}$$

Damit eine reelle Lösung für α möglich ist, muß

$$\left(\frac{3P}{\pi r h^3 E}\right)^2 \geqq \frac{12}{r^2 h^2}$$

oder

$$P \geqq \frac{2\pi}{\sqrt{3}} E h^2 \tag{12}$$

sein. Wir wollen den kritischen Wert für die Knicklast als „Knicklast nach Timoschenko" und mit P_t bezeichnen:

$$P_t = \frac{2\pi}{\sqrt{3}} \cdot E h^2. \tag{13}$$

Wie schon in der Einleitung erwähnt, ist der experimentell gefundene Wert der Knicklast nur ein kleiner Bruchteil von P_t. Beim Druck P_t müßte die Meridiankurve des Zylinders in eine Sinuskurve ausknicken, mit der Wellenlänge $\lambda = \dfrac{2\pi}{\alpha_t}$, wobei $\alpha_t = \dfrac{\sqrt{12}}{\sqrt{rh}}$ wird.

Gl. (6) hat aber noch folgende Lösung:

$$w = e^{-\alpha x}(a \sin \beta x + b \cos \beta x). \tag{14}$$

Durch Einsetzen in die Differentialgleichung findet man mit der Abkürzung $z = \dfrac{P}{P_t}$:

$$\left. \begin{aligned} \alpha &= \frac{\sqrt{3}}{\sqrt{rh}}\sqrt{1-z}, \\[2ex] \beta &= \frac{\sqrt{3}}{\sqrt{rh}} \cdot \sqrt{1+z} \end{aligned} \right\} \tag{15}$$

und die Wellenlänge:

$$\lambda = \frac{2\pi}{\beta} = \frac{2\pi}{\sqrt{3}}\frac{\sqrt{rh}}{\sqrt{1+z}}.$$

Es fragt sich, ob ein Ausknicken des Hohlzylinders nach einer gedämpften Sinuskurve, wie sie durch Gl. (14) dargestellt wird, möglich ist und wie groß in diesem Fall die Knicklast ist. Ein Blick auf die Ausdrücke für α und β zeigt zunächst, daß $P \leq P_t$ sein muß, damit α reell ist.

Für $P = P_t$ oder $z = 1$ wird $\alpha = 0$ und $\beta = \dfrac{\sqrt{12}}{\sqrt{rh}}$; d. h. die neue Lösung geht in die Timoschenko'sche über.

Auf den Sonderfall $P = 0$ sei hier hingewiesen. Er entspricht der auf Biegung durch die Randkräfte Q bzw. das Einspannmoment M_0 beanspruchten Zylinderschale. In diesem Fall würden α und β einander gleich und zwar $\alpha = \beta = \dfrac{\sqrt{3}}{\sqrt{rh}}$ sein.

Die in Gl. (14) noch unbestimmten Integrationskonstanten a und b ergeben sich aus den Grenzbedingungen am Rand $x = 0$. Hier ist nämlich $w_0 = -\varkappa \delta$ und ferner $\left(\dfrac{d^2 w}{dx^2}\right)_0 = 0$, wenn wir kein Einspannmoment M_0 annehmen. Wegen

$$\left. \begin{aligned} w &= e^{-\alpha x}(a \sin \beta x + b \cos \beta x), \\[1.5ex] \frac{dw}{dx} &= e^{-\alpha x}[-(a\alpha + b\beta)\sin \beta x + (a\beta - b\alpha)\cos \beta x], \\[1.5ex] \frac{d^2 w}{dx^2} &= e^{-\alpha x}[(a(\alpha^2 - \beta^2) + 2b\alpha\beta)\sin \beta x + (-2a\alpha\beta + \\ &\qquad\qquad\qquad + b(\alpha^2 - \beta^2))\cos \beta x] \end{aligned} \right\} \tag{16}$$

wird
$$w_0 = b = - \varkappa\,\delta,$$
$$\left(\frac{d^2 w}{d x^2}\right)_0 = - 2\,a\,\alpha\,\beta + b\,(\alpha^2 - \beta^2) = 0.$$

Mit der Abkürzung $\dfrac{P}{P_t} = z$ wird

$$\delta = \frac{1}{m}\,\frac{P}{2\,\pi\,h\,E} = \frac{h}{m\,\sqrt{3}}\cdot z$$

und damit

$$b = - \varkappa\,\frac{h}{m\,\sqrt{3}}\cdot z;$$

$$a = b\cdot\frac{\alpha^2 - \beta^2}{2\,\alpha\,\beta} = \varkappa\,\frac{h}{m\,\sqrt{3}}\,\frac{z^2}{\sqrt{1 - z^2}}\,.$$

Die Lösung lautet folglich:

$$w = \varkappa\cdot\frac{h}{m\,\sqrt{3}}\cdot z\cdot e^{-\alpha x}\left(\frac{z}{\sqrt{1 - z^2}}\cdot\sin\beta x - \cos\beta x\right). \quad (17)$$

Wegen des Faktors $e^{-\alpha x}$ klingt die Randstörung w sehr rasch ab. Voraussetzung für die Gültigkeit der Lösung nach Gl. (17) ist eine Länge des Hohlzylinders, die groß ist gegenüber $\sqrt{rh}$, so daß sich eine große Zahl von Einzelwellen ausbildet, die aber sehr schnell abklingen, so daß im Abstand einiger Wellenlängen vom Rand $w \approx 0$ wird, d. h. sich der normale Längsspannungszustand σ_l ausbildet.

Die bisherige Lösung nach Gl. (17) stellt noch kein Ausknicken der Zylinderschale dar, sondern eine Randstörung, die von der Achsiallast P und der Randkraft Q herrührt. Immerhin unterscheidet sich diese Lösung von der Lösung für die reine Verbiegung einer Schale dadurch, daß das Gleichgewicht an der deformierten Schale zum Ausdruck gebracht worden ist, wie es sonst nur bei Stabilitätsuntersuchungen nötig ist. Es ist aus diesem Grunde zweckmäßig, für diese Art der Verformung einen besonderen Namen zu prägen. Ich will sie mit „Stemmen" oder „Verstemmen" bezeichnen.

Daß das Verstemmen der Zylinderschale wesentlich von der Randkraft Q abhängig ist, geht aus dem Faktor $\varkappa$ in Gl. (17) hervor. Es ließe sich ein Versuch ausführen, bei dem zwischen

der Platte der Druckmaschine und dem Zylinderrand eine sehr
nachgiebige Zwischenlage verwendet wird, die dem seitlichen Ausdehnen des Zylinderrandes keinen großen Widerstand entgegen-
setzt, so daß Q und damit der Faktor $\varkappa$ sehr klein wird. Trotzdem wird w an einzelnen Stellen groß, wenn wir uns $z = 1$ d. h.
mit P der Timoschenko'schen Knicklast P_t nähern.

Die Größe von Q ergibt sich aus

zu
$$E \cdot \frac{r\,h^3}{12} \cdot \left(\frac{d^3 w}{d x^3}\right)_0 = -\frac{Q}{2\,\pi}$$

oder
$$Q = \varkappa \cdot \frac{E}{m} \cdot \frac{\pi \sqrt[4]{3}}{3} h^2 \sqrt{\frac{h}{r}} \cdot \frac{z}{\sqrt{1-z}} \qquad (18\,\mathrm{a})$$

$$\frac{Q}{P_t} = \varkappa \cdot \frac{1}{m} \cdot \frac{1}{2\sqrt[4]{3}} \sqrt{\frac{h}{r}} \cdot \frac{z}{\sqrt{1-z}} \qquad (18\,\mathrm{b})$$

oder schließlich durch Multiplikation mit $\dfrac{P_t}{P} = \dfrac{1}{z}$:

$$\frac{Q}{P} = \varkappa \cdot \frac{1}{m} \cdot \frac{1}{2\sqrt[4]{3}} \sqrt{\frac{h}{r}} \cdot \frac{1}{\sqrt{1-z}} \,. \qquad (18\,\mathrm{c})$$

Legt man das Coulombsche Reibungsgesetz zu Grunde, so
bedeutet $Q : P = \nu$ den Reibungskoeffizienten ν für gleitende
Reibung. Da $\sqrt{\dfrac{h}{r}}$ eine kleine Zahl ist, so ist für Werte von z,
die nicht gerade nahe an $z = 1$ gelegen sind, der Faktor von $\varkappa$
in Gl. (18 c) eine sehr kleine Zahl; d. h. im allgemeinen kann
kein Gleiten des Randes eintreten, wenn nicht besondere Vorkeh-
rungen getroffen werden, wie z. B. eine Zwischenlage aus sehr
nachgiebigem Material. Wir sehen aus dieser Überlegung, daß
beim normalen Druckversuch an einem dünnwandigen Hohlzylinder
mit $\varkappa = 1$ zu rechnen ist, so lange man sich nicht der Timoschenko'schen Knicklast, die $z = 1$ entspricht, nähert.

Da das Ausknicken aber tatsächlich schon viel früher eintritt, so kommt dieser Fall nicht in Betracht. Auf Grund dieser
Überlegungen werden wir uns nunmehr dem Ausknicken der
Zylinderschale zuwenden, wobei wir $\varkappa = 1$, d. h. Unnachgiebig-
keit des Randes voraussetzen.

§ 3.

Ausknicken der Zylinderschale durch Verstemmen.

Wir gehen von der Lösung nach Gl. (17) aus. Mit zunehmendem Wert z wächst w und damit die Biegungsbeanspruchung, die sich infolge des Verstemmens der Schale dem Längsspannungszustand aus σ_l und σ_t überlagert. Es fragt sich, an welcher Stelle die größte Beanspruchung der Schale auftritt. Jedenfalls wird die Stelle, an der die größte positive Ausbauchung w_m erfolgt, mit am stärksten beansprucht. Diese Stelle ergibt sich aus der Bedingung, daß dort $\dfrac{dw}{dx} = 0$ ist; folglich bestimmt sich die Abszisse x_m, die zu dem maximalen Wert w_m gehört, als kleinste Wurzel der transzendenten Gleichung:

$$\operatorname{tg} \beta x_m = \frac{a\beta - b\alpha}{a\alpha + b\beta} = -\sqrt{\frac{1+z}{1-z}}. \tag{19}$$

Ferner ist

$$\sin \beta x_m \sqrt{\frac{1+z}{z}}; \quad \cos \beta x_m = -\sqrt{\frac{1-z}{z}};$$

und damit erhält man

$$\frac{w_m}{h} = \varkappa \cdot \frac{z}{m\sqrt{6}} \cdot \frac{z}{\sqrt{1-z}} \cdot e^{-\sqrt{\frac{1-z}{1+z}}\left(\pi - \operatorname{arctg}\sqrt{\frac{1+z}{1-z}}\right)}. \tag{20}$$

Darin ist noch auf Grund der Überlegungen des vorigen Paragraphen $\varkappa = 1$ einzusetzen.

In Abb. 2 ist

$$m \cdot \frac{w_m}{h} = \frac{1}{\sqrt{6}} \cdot \frac{z}{\sqrt{1-z}} \cdot e^{-\sqrt{\frac{1-z}{1+z}}\left(\pi - \operatorname{arctg}\sqrt{\frac{1+z}{1-z}}\right)} = f(z) \tag{21}$$

graphisch dargestellt. Man erkennt aus der Kurve, daß w_m bei wachsendem z stark zunimmt, sobald $z = \frac{1}{2}$ überschritten ist.

An der Stelle w_m setzt sich der Spannungszustand aus drei Anteilen zusammen: die Druckspannung $\sigma_l = \dfrac{P}{2\pi r h}$ in Richtung der Achse, ferner die Zugspannung $\sigma_t = \dfrac{w_m}{r} E$ und schließlich die Biegungsspannung, die an der Innenwand eine Druckspannung ist:

$$f(z) = m \cdot \frac{W_m}{h}$$

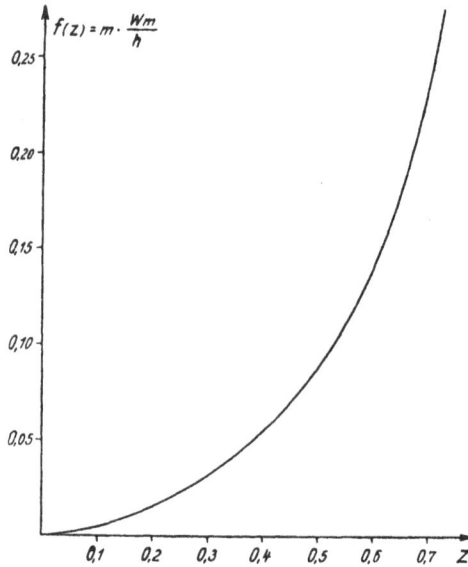

$$(\sigma_b)_m = \frac{M_m}{W} = \frac{6 \cdot M_m}{r\,h^2}, \tag{22}$$

wobei sich das Biegungsmoment M_m berechnet aus

$$M_m = -EJ\left(\frac{d^2 w}{d x^2}\right)_m = EJ e^{-a\,x_m} \sin \beta\,x_m\,(a\,(a^2 - \beta^2) + 2\,b\,a\,\beta)$$

oder nach einfacher Umrechnung:

$$M_m = \frac{1}{2\sqrt{3}}\,E\,h^2 \cdot w_m \tag{23}$$

und damit

$$(\sigma_b)_m = \sqrt{3} \cdot E \cdot \frac{w_m}{r}. \tag{24}$$

Berechnet man für die betrachtete Stelle die reduzierte Spannung, so findet man dafür

$$\sigma_{\text{red}} = \sigma_t + (\sigma_b)_m + \frac{1}{m}\,\sigma_t. \tag{25}$$

Eigentlich hätte vor $\frac{1}{m}\,\sigma_t$ das negative Zeichen gehört.
Wegen des positiven Zeichens müssen wir die Zugspannung σ_t in

der letzten Gleichung zu den Druckspannungen σ_l und $(\sigma_b)_m$ additiv hinzufügen.

Es sei nun als Bedingung für das Ausknicken die naheliegende Annahme zu Grunde gelegt, daß σ_{red} gleich der Proportionalitätsgrenze σ_p des betreffenden Materials wird, so daß die Bedingung für das Ausknicken lautet:

$$\sigma_p = \frac{P}{2\,\pi\,r\,h} + \left(\sqrt{3} + \frac{1}{m}\right) \frac{r}{w_m} \cdot E$$

oder nach Einführung von $z = \dfrac{P}{P_l}$:

$$\frac{r}{h} \cdot \frac{\sigma_p}{E} = \frac{z}{\sqrt{3}} + \frac{1}{m}\left(\sqrt{3} + \frac{1}{m}\right) \cdot f(z), \qquad (26)$$

worin $f(z)$ durch Abb. 2 oder durch Gl. (21) dargestellt wird.

Um die vorliegende Theorie am Experiment zu prüfen, wollen wir ihr Ergebnis, das durch Gl. (26) zum Ausdruck kommt, mit den bisher vorliegenden Versuchen vergleichen. C. v. Bach hat Rohre aus Flußeisen von den Abmessungen $r = 1,7$ cm, $h = 0,02$ cm ausgeknickt und hat dabei einen durchschnittlichen Wert von $P_k = 420$ kg als Knicklast erhalten.

Setzen wir in Gl. (26)

$$\frac{r}{h} = 85; \quad \frac{\sigma_p}{E} = \frac{2400}{2\,200\,000} = \frac{1}{920}; \quad m = \frac{10}{3}$$

ein, so liefert die Gleichung (26), die sich durch Probieren an Hand der Abbildung 2 leicht lösen läßt: $z = 0,15$ oder

$$P_k = 0,15 \cdot P_l = 0,15 \cdot \frac{2\,\pi}{\sqrt{3}} \cdot 2\,200\,000 \cdot 0,0004 = 480 \text{ kg}.$$

Die Theorie liefert einen etwas größeren Wert als der Versuch, was darauf zurückgeführt werden muß, daß jede Störung der Symmetrie, die sich beim Versuch nicht ganz vermeiden läßt, die Knicklast herabdrückt.

Herr Dr. Geckeler hat bei seinen Versuchen mit Messingrohren ungefähr $z = 0,25$ gefunden.

Setzt man in Gl. (26): $\sigma_p = 800$ at; $E = 1\,000\,000$ at und $m = 3$ ein, was den durchschnittlichen Werten von Messing entspricht, so ergibt sich bei der Zylinderschale mit $r = 9,45$ cm,

$h = 0,032$ cm, also $r : h = 296$ aus Gl. (26) der Wert $z = 0,35$; also auch etwas größer als nach dem Versuch, was zum Teil auf die unvermeidlichen Versuchsfehler, zum Teil aber wohl auch auf die recht unzuverlässigen Werte von σ_p, E und m, die der Rechnung zu Grunde liegen, zurückzuführen ist.

Man kann jedenfalls sagen, daß die vorliegende Theorie die Versuchsergebnisse recht gut wiedergibt. Auch die Stelle, wo sich beim Ausknicken der erste Wulst bildet, stimmt mit der errechneten Stelle von w_m gut überein.

Eigentlich müßte man die Stelle der stärksten Beanspruchung aus der Bedingung ableiten, daß dort $\pm E \dfrac{J}{W} \dfrac{d^2 w}{d x^2} - \dfrac{1}{m} \dfrac{w}{r} E$ zum Maximum wird, wobei der Quotient $J : W$ aus Trägheitsmoment und Widerstandsmoment des Querschnittes $h/2$ ist. Die genaue Berechnung zeigt aber, daß sich namentlich für die hier in Betracht kommenden Werte von z, die der Berechnung der Knicklast zu Grunde liegende Gl. (26) kaum merklich ändert, so daß man sie beibehalten kann.

Zum Schluß sei darauf hingewiesen, daß mit der vorliegenden Arbeit noch nicht die Frage des elastischen Ausknickens einer dünnwandigen Zylinderschale erklärt ist, wenn durch geeignete Vorrichtungen ein Wert von $\varkappa$, der sehr viel kleiner als 1 ist, erreicht wird. Es sei hier bemerkt, daß sich diese Frage durch Berücksichtigung ∞ kleiner Glieder zweiter Ordnung lösen läßt. Ich will die theoretische Lösung, die ich fertig vorliegen habe, aber erst nach der Ausführung von entsprechenden Versuchen bekannt geben. Die Versuche sind im mechanisch-technischen Laboratorium der Technischen Hochschule München in Vorbereitung.

Kettenbrüche mit kulminierenden und fast-kulminierenden Perioden.

Von **K. Weber**, Freiburg i. B.

Vorgelegt von O. Perron in der Sitzung am 16. Januar 1926.

---

§ 1.

Die Sätze von Thomas Muir.

Über Kettenbrüche mit kulminierenden und fastkulminierenden Perioden sind folgende zwei, von Th. Muir herrührende Sätze bekannt[1]:

I. Wenn der regelmäßige Kettenbruch

$$[\lambda,\ \varepsilon_0\,\varepsilon_1\,\ldots\,\varepsilon_n,\ \lambda,\ \varepsilon_n\,\ldots\,\varepsilon_1,\ \varepsilon_0,\ 2\,\lambda]$$

mit kulminierender Periode die Quadratwurzel aus einer ganzen Zahl D sein soll, so müssen die Teilnenner des Kettenbruchs $[\varepsilon_0\,\varepsilon_1\,\ldots\,\varepsilon_n]$ die Gleichung befriedigen:

$$1) \qquad\qquad 2\,A_{n-1} = B_n.$$

Ist dies der Fall, so besteht die notwendige und hinreichende Bedingung darin, daß λ die Form hat:

$$2) \qquad \lambda = x \cdot A_n - (-1)^n \cdot A_{n-1} \cdot B_{n-1},$$

wo x eine ganze Zahl bedeutet. Dann ist

$$3) \qquad D = \lambda^2 + 4\,x \cdot A_{n-1} - (-1)^n \cdot 2 \cdot B_{n-1}^2.$$

Mit $\dfrac{A_n}{B_n}$ wird der Näherungsbruch n^{ter} Ordnung bezeichnet.

---

[1] Vgl. O. Perron, Die Lehre von den Kettenbrüchen, § 27, S. 112/113.

II. Wenn der Kettenbruch

$$[\lambda,\ \overline{\varepsilon_0,\ \varepsilon_1,\ \ldots\ \varepsilon_n,\ \lambda-1,\ \varepsilon_n\ \ldots\ \varepsilon_1,\ \varepsilon_0,\ 2\,\lambda}]$$

mit fastkulminierender Periode die Quadratwurzel aus einer ganzen Zahl D ($\neq 8,12$) sein soll, so müssen die Teilnenner des Kettenbruches $[\varepsilon_0,\ \varepsilon_1,\ \ldots\ \varepsilon_n]$ die Gleichung befriedigen:

$$4)\qquad\qquad 2\,A_{n-1} = B_n + A_n.$$

Ist dies der Fall, so besteht die notwendige und hinreichende Bedingung darin, daß λ die Form hat:

$$5)\qquad\qquad \lambda = \frac{1 + (2\,x + 1)\,A_n}{2} - (-1)^n\,A_{n-1}\cdot B_{n-1}.$$

Dann ist

$$6)\qquad\qquad D = \lambda^2 + (2\,x + 1)\,B_n - (-1)^n\cdot 2\cdot B_{n-1}^2.$$

Die Zahlen D, deren Quadratwurzeln kulminierende oder fastkulminierende Perioden besitzen, haben noch die Eigenschaft, daß sie durch die quadratische Form $x^2 - (-1)^n\cdot 2\,y^2$ dargestellt werden können. Das Problem, dessen Lösung bisher noch nicht gegeben worden ist, besteht nun darin, einmal alle Kettenbrüche zu finden, welche den Bedingungsgleichungen 1) und 4) genügen und ferner die Darstellung der Zahlen D durch die Form $x^2 - (-1)^n\cdot 2\,y^2$ anzugeben.

Im folgenden wird eine Lösung des Problems durchgeführt und zugleich gezeigt, wie eng die behandelten Fragen mit der Theorie der binären, quadratischen Formen der Determinante $\varDelta = \pm 2$ verknüpft sind.

Die Bedingungsgleichungen 1) und 4) lassen sich leicht auf eine einzige Kongruenz zurückführen, welche die Grundlage für alle weiteren Betrachtungen liefert.

Für den Kettenbruch $[\varepsilon_0\ \varepsilon_1\ \ldots\ \varepsilon_n]$ gilt die Beziehung:

$$A_n\cdot B_{n-1} - A_{n-1}\cdot B_n = (-1)^{n+1}.$$

Schreibt man

$$A_{n-1}\cdot B_n = (-1)^n + A_n\cdot B_{n-1}$$

und multipliziert mit 2, so erhält man bei Benützung von 1) oder 4) die Kongruenz:

$$7)\qquad\qquad B_n^2 \equiv (-1)^n\cdot 2\ (\mathrm{mod}\ A_n).$$

Es gilt auch die Umkehrung:

Zwei Zahlen A_n und B_n, welche die Kongruenz 7) erfüllen, bestimmen einen Kettenbruch $[\varepsilon_0\,\varepsilon_1 \ldots \varepsilon_n]$, für den die Gleichung 1) oder 4) gilt, je nachdem B_n gerade oder ungerade ist.

§ 2.
Die Kongruenz $a_1^2 \equiv 2 \pmod{p_1}$.

Wir untersuchen den Zusammenhang der beiden Zahlen a_1 und p_1 in der Kongruenz

$$1) \qquad a_1^2 \equiv 2 \pmod{p_1} \qquad \left. \begin{array}{l} a_1 \equiv 0 \\ p_1 \equiv 1 \end{array} \right\} \pmod 2,$$

wo $0 < a_1 < p_1$ sein soll. Betrachten wir die Kettenbruchentwicklung

$$2) \qquad \frac{p_1}{a_1} = [\varepsilon_0,\,\varepsilon_1,\, \ldots\, \varepsilon_n], \quad \text{wo } n \text{ gerade sein soll,}$$

so wird die Aufgabe gestellt, die Beziehungen zwischen den Teilnennern ε_i des Kettenbruchs zu finden.

Wir setzen

$$[\varepsilon_0,\, \varepsilon_1,\, \ldots,\, \varepsilon_n] = \frac{A_n}{B_n}, \qquad [\varepsilon_1,\, \ldots,\, \varepsilon_n] = \frac{A_{n-1,1}}{B_{n-1,1}},$$

$$3) \qquad \begin{array}{ll} A_n = p_1, & A_{n-1} = b_1, \\ B_n = a_1, & B_{n-1} = p_2. \end{array}$$

Dann ist $\overline{A_n \cdot B_{n-1} - A_{n-1} \cdot B_n = (-1)^{n+1}} = -1$ oder

$$4) \qquad a_1 \cdot b_1 = 1 + p_1 \cdot p_2.$$

Außerdem ist bekanntlich

$$5) \qquad \left\{ \begin{array}{l} [\varepsilon_{n-1},\, \varepsilon_{n-2},\, \ldots,\, \varepsilon_2,\, \varepsilon_1] = \dfrac{B_{n-1}}{B_{n-2}}, \\[2mm] [\varepsilon_{n-1},\, \varepsilon_{n-2},\, \ldots,\, \varepsilon_2] \quad = \dfrac{B_{n-2,1}}{B_{n-3,1}} \end{array} \right.$$

und wir setzen

$$6) \qquad \begin{array}{ll} B_{n-1} = p_2, & B_{n-2,1} = b_2, \\ B_{n-2} = a_2, & B_{n-3,1} = p_3. \end{array}$$

Wegen der bekannten Formel

$$B_{n-1} \cdot B_{n-3,1} - B_{n-2} \cdot B_{n-2,1} = (-1)^{n-1} = -1$$

ist dann

7) $$a_2 b_2 = 1 + p_2 p_3.$$

Wegen $\qquad a_1 \equiv 0 \pmod 2$ kann man setzen:
$$a_1 = 2 b_1'.$$

Aus 1) wird dabei

$$a_1 \cdot b_1' \equiv 1 \pmod{p_1}.$$

Der Vergleich mit Gleichung 4) ergibt

$$b_1' = b_1,$$

weil die Kongruenz $a_1 \cdot x \equiv 1 \pmod{p_1}$ nur eine positive Lösung kleiner als p_1 hat. Somit gilt für die Kette 2):

8) $$a_1 = 2 b_1.$$

Aus dieser Gleichung folgt eine Beziehung zwischen ε_n und ε_0. Wegen 3) und 8) ist

$$B_n = 2 \cdot A_{n-1} \text{ oder}$$
$$\varepsilon_n \cdot B_{n-1} + B_{n-2} = 2 \varepsilon_0 B_{n-1} + 2 B_{n-2,1}.$$

Mit Benützung von 6) folgt hieraus:

9) $$\varepsilon_n \cdot p_2 + a_2 = 2 \varepsilon_0 \cdot p_2 + 2 b_2.$$

Multipliziert man 9) mit a_2, so hat man

$$a_2^2 = a_2 (2 \varepsilon_0 - \varepsilon_n) \cdot p_2 + 2 a_2 b_2 \text{ und wegen 7)}$$
$$a_2^2 = a_2 (2 \varepsilon_0 - \varepsilon_n) p_2 + 2 + 2 p_2 p_3, \text{ daher:}$$

10) $\qquad a_2^2 \equiv 2 \pmod{p_2}.$

Satz: Aus der Kongruenz $a_1^2 \equiv 2 \pmod{p_1}$ folgt für $a_1 = 2 b_1$ die andere $\qquad a_2^2 \equiv 2 \pmod{p_2}$,

wobei $a_2 | < | a_1$ und $p_2 < p_1$ ist.

Multipliziert man 9) mit b_2 und berücksichtigt 7), so ist

$$\varepsilon_n \cdot b_2 \cdot p_2 + a_2 b_2 = 2 \varepsilon_0 b_2 p_2 + 2 b_2^2,$$

11) $$\begin{cases} 2 b_2^2 = 1 + p_2 \cdot [b_2 (\varepsilon_n - 2 \varepsilon_0) + p_3], \\ 2 b_2^2 \equiv 1 \pmod{p_2}. \end{cases}$$

Die lineare Kongruenz

$$b_2 x \equiv 1 \pmod{p_2}$$

hat wegen 7) und 11) die beiden positiven Lösungen a_2 und $2 b_2$. Weil $a_2 < p_2$, so kann man setzen:

$$2 b_2 = a_2 + k \cdot p_2.$$

Es sind nur 2 Fälle möglich:

α) $k = 0$. Dann ist

$$2 b_2 = a_2,\ \text{d. h. auch } a_2 \text{ ist gerade.}$$

Zieht man jetzt die Gleichung 7) von der ersten Gleichung 11) ab, so ergibt sich links Null, und man erhält:

$$\varepsilon_n = 2\,\varepsilon_0.$$

β) $k = 1$. In diesem Fall ist

$$2 b_2 = a_2 + p_2.$$

Jetzt ist a_2 ungerade, da p_2 stets ungerade ist.

Aus Gl. 7) und 11) folgt aber jetzt:

$$\varepsilon_n = 2\,\varepsilon_0 + 1.$$

Der Fall $2 b_2 = a_2 + k \cdot p_2$, wo $k > 1$, ist unmöglich, weil sich sonst $b_2 > p_2$ ergäbe.

Aus $B_{n-1} = \varepsilon_1 \cdot B_{n-2,1} + B_{n-3,2}$ oder wegen 6)

$$p_2 = \varepsilon_1 \cdot b_2 + B_{n-3,2}$$

folgert man für den Fall

$$2 b_2 = a_2 + p_2 \ \text{ d. h.}$$
$$2 b_2 = a_2 + \varepsilon_1 \cdot b_2 + B_{n-3,2},$$

daß $\varepsilon_1 < 1$ sein muß. Daher ist $\varepsilon_1 = 1$.

Ergebnis: Besteht für 2 positive, ganze Zahlen $a_1 < p_1$ die Kongruenz

$$a_1^2 \equiv 2 \pmod{p_1}, \ \text{wo} \ \begin{array}{c} a_1 \equiv 0 \\ p_1 \equiv 1 \end{array} \pmod{2} \ \text{ist,}$$

so ergibt sich aus dem Kettenbruch

$$\frac{p_1}{a_1} = [\varepsilon_0, \varepsilon_1, \ldots, \varepsilon_{n-1}, \varepsilon_n]$$

die neue Kongruenz

$$a_1^2 \equiv 2 \pmod{p_2},$$

wobei a_2, p_2 durch die Formel definiert sind:

$$\frac{p_2}{a_2} = [\varepsilon_{n-1}, \varepsilon_{n-2}, \ldots, \varepsilon_2, \varepsilon_1].$$

Ist a_2 eine gerade Zahl, so ist $\varepsilon_n = 2\varepsilon_0$;

ist a_2 eine ungerade Zahl, so ist $\varepsilon_n = 2\varepsilon_0 + 1$

und zugleich ist $\varepsilon_1 = 1$.

Der Kettenbruch für $\frac{p_2}{a_2}$ enthält 2 Elemente weniger als der für $\frac{p_1}{a_1}$.

Es bleibt noch der Fall zu behandeln

$$a_1^2 \equiv 2 \pmod{p_1}, \qquad a_1 \equiv 1 \pmod{2}.$$

Da wir p_1 stets als ungerade annehmen, so ist $(p_1 - a_1)$ eine gerade Zahl. Man kann den Kettenbruch für $\frac{p_1}{p_1 - a_1}$ aus demjenigen für $\frac{p_1}{a_1}$ ableiten.

Sei $\qquad \dfrac{p_1}{p_1 - a_1} = [\beta_0, \beta_1, \ldots, \beta_{m-1}, \beta_m].$

Dann besteht nach dem Vorigen jedenfalls eine der beiden Gleichungen $\beta_m = 2\beta_0$ oder $\beta_m = 2\beta_0 + 1$.

Für ε_0 und ε_n sind nur 2 Fälle möglich:

1. $\varepsilon_0 > 1$ $\varepsilon_n = 1$. In diesem Fall ist

$$\frac{p_1}{p_1 - a_1} = [1, \varepsilon_0 - 1, \varepsilon_1, \ldots, \varepsilon_{n-2}, \varepsilon_{n-1} + 1].$$

2. $\varepsilon_0 = 1$ $\varepsilon_n = 1$. Jetzt ist

$$\frac{p_1}{p_1 - a_1} = [\varepsilon_1 + 1, \varepsilon_2, \ldots, \varepsilon_{n-2}, \varepsilon_{n-1} + 1].$$

In beiden Fällen ist $\varepsilon_n = 1$.

§ 3.
Abbau und Aufbau der Ketten.

Liegt die Kongruenz vor

$$a_1^2 \equiv 2 \ (\text{mod } p_1) \text{ mit der } (n+1)\text{-gliedrigen Kette}[1]$$

$$\frac{p_1}{a_1} = [\varepsilon_0, \varepsilon_1, \ldots, \varepsilon_{n-1}, \varepsilon_n], \ n \text{ gerade},$$

so gelangt man zur Kongruenz

$$a_2^2 \equiv 2 \ (\text{mod } p_2) \text{ mit der } (n-1)\text{-gliedrigen Kette}$$

$$\frac{p_2}{a_2} = [\varepsilon_{n-1}, \varepsilon_{n-2}, \ldots, \varepsilon_2, \varepsilon_1].$$

Ist jetzt a_2 gerade, so kann man in derselben Weise eine $(n-3)$-gliedrige Kette bestimmen

$$\frac{p_3}{a_3} = [\varepsilon_2, \varepsilon_3, \ldots, \varepsilon_{n-3}, \varepsilon_{n-2}], \text{ wobei wieder:}$$

$$a_3^2 \equiv 2 \ (\text{mod } p_3).$$

Ist aber a_2 ungerade, so bildet man:

$$\frac{p_2}{p_2 - a_2} = [\beta_0, \beta_1, \ldots, \beta_{m-1}, \beta_m],$$

wo jetzt $(p_2 - a_2)$ wieder gerade ist, und bestimmt

$$\frac{p_3}{a_3} = [\beta_{m-1}, \beta_{m-2}, \ldots, \beta_2, \beta_1].$$

Da in diesem Falle, wie in § 2 gezeigt, $\varepsilon_1 = 1$ ist, so kann m nicht größer sein als $(n-1)$. Die neue Kette $\frac{p_3}{a_3}$ hat dann höchstens $(n-3)$ Glieder. Man erkennt, daß durch Fortsetzung des Verfahrens die Gliederzahl der Ketten immer kleiner wird, bis man schließlich zu einer eingliedrigen Kette kommt. Es soll dieses Verfahren als **Abbau** der gegebenen Kette $\frac{p_1}{a_1}$ bezeichnet werden, und wir können somit den Satz aussprechen:

---

[1] Statt „Kettenbruch" sagen wir kürzer „Kette".

Der Abbau der Kette

$$\frac{p_1}{a_1} = [\varepsilon_0, \varepsilon_1, \ldots, \varepsilon_{n-1}, \varepsilon_n]$$

führt stets auf eine eingliedrige Kette.

Wir haben daher noch zu untersuchen, welche eingliedrigen Ketten möglich sind.

Sei $\frac{p}{a} = [\varepsilon]$ eine eingliedrige Kette mit der Eigenschaft

$$a^2 \equiv 2 \ (\mathrm{mod}\ p).$$

Aus $p = \varepsilon$, $a = 1$ folgt:

$$1^2 \equiv 2 \ (\mathrm{mod}\ \varepsilon);$$

also ist $\varepsilon = 1$.

Es gibt somit nur e i n e eingliedrige Kette von der verlangten Eigenschaft:

$$\frac{p}{a} = [1], \ \text{also}\ p = 1, \ a = 1.$$

Man kann nun auch umgekehrt verfahren und aus einer gegebenen Kette $\frac{p}{a}$ eine neue herleiten mit größerer Gliederzahl.

Sei $\frac{p}{a} = [\varepsilon_0, \varepsilon_1, \ldots, \varepsilon_{n-1}, \varepsilon_n]$, $a^2 \equiv 2 \ (\mathrm{mod}\ p)$.

Ist $a \equiv 0 \ (\mathrm{mod}\ 2)$, so ist die neue Kette

$$\frac{P}{A} = [\varkappa, \varepsilon_n, \varepsilon_{n-1}, \ldots, \varepsilon_1, \varepsilon_0, 2\varkappa]$$

und $A^2 \equiv 2 \ (\mathrm{mod}\ P)$.

Ist dagegen $a \equiv 1 \ (\mathrm{mod}\ 2)$, so ist die neue Kette

$$\frac{P}{A} = [\varkappa, \varepsilon_n, \varepsilon_{n-1}, \ldots, \varepsilon_1, \varepsilon_0, 2\varkappa + 1].$$

So ist man imstande, aus der einzigen eingliedrigen Kette alle Ketten überhaupt abzuleiten. Dieses Verfahren soll als A u f - b a u der Ketten bezeichnet werden.

Aufstellung der Ketten.

I. Die 3-gliedrigen Ketten.

Aus $\frac{p}{a} = [1]$ folgt, da hier a ungerade ist, die einzige 3-gliedrige Kette

1) $\quad \frac{P}{A} = [\varepsilon_0, 1, 2\,\varepsilon_0 + 1]$, wobei $A \equiv 0 \pmod 2$ ist.

Ist $\varepsilon_0 > 1$, so wird

$$\frac{P}{P-A} = [1, \varepsilon_0 - 1, 1, 2\,\varepsilon_0, 1], \text{ also 5-gliedrig.}$$

Nur wenn $\varepsilon_0 = 1$ ist, so erhält man

2) $\quad \frac{P}{A_1} = \frac{P}{P-A} = [2, 2, 1]$

als einzige 3-gliedrige Kette, in der $A_1 = P - A$ ungerade ist.

II. Die 5-gliedrigen Ketten.

Erster Fall: A gerade.

Aus $\frac{p}{a} = [\varepsilon_0, 1, 2\,\varepsilon_0 + 1]$, $a \equiv 0 \pmod 2$ folgt

1) $\quad \frac{P}{A} = [\varepsilon_1, 2\,\varepsilon_0 + 1, 1, \varepsilon_0, 2\,\varepsilon_1]$.

Aus $\frac{p}{a} = [2, 2, 1]$, $a \equiv 1 \pmod 2$ erhält man

2) $\quad \frac{P}{A} = [\varepsilon_1, 1, 2, 2, 2\,\varepsilon_1 + 1]$.

Zweiter Fall: A ungerade.

Jetzt setzt man in den erhaltenen 5-gliedrigen Ketten $\varepsilon_1 = 1$ und bildet $\frac{P}{P-A} = \frac{P}{A_1}$. Es ist entsprechend den obigen beiden Fällen

1) $\quad \frac{P}{A_1} = [2\,\varepsilon_0 + 2, 1, \varepsilon_0, 1, 1]$,

2) $\quad \frac{P}{A_1} = [2, 2, 2, 2, 1]$.

Aus der 3-gliedrigen Kette

$$\frac{P}{A} = [\varepsilon_0, 1, 2\varepsilon_0 + 1]$$ geht hervor für $\varepsilon_0 > 1$:

3) $$\frac{P}{A_1} = [1, \varepsilon_0 - 1, 1, 2\varepsilon_0, 1].$$

III. Die 7-gliedrigen Ketten.

α) $A \equiv 0 \pmod 2$. Aus den beiden Fällen von II erhält man die 5 Ketten

1) $$\frac{P}{A} = [\varepsilon_2, 2\varepsilon_1, \varepsilon_0, 1, 2\varepsilon_0 + 1, \varepsilon_1, 2\varepsilon_2],$$

2) $$\frac{P}{A} = [\varepsilon_2, 2\varepsilon_1 + 1, 2, 2, 1, \varepsilon_1, 2\varepsilon_2],$$

3) $$\frac{P}{A} = [\varepsilon_2, 1, 1, \varepsilon_0, 1, 2\varepsilon_0 + 2, 2\varepsilon_2 + 1],$$

4) $$\frac{P}{A} = [\varepsilon_2, 1, 2, 2, 2, 2, 2\varepsilon_2 + 1],$$

5) $$\frac{P}{A} = [\varepsilon_2, 1, 2\varepsilon_0, 1, \varepsilon_0 - 1, 1, 2\varepsilon_2 + 1].$$

β) $A \equiv 1 \pmod 2$. Setzt man in den eben erhaltenen 7-gliedrigen Ketten $\varepsilon_2 = 1$ und bildet $\dfrac{P}{P - A}$, so erhält man die 5 neuen Ketten

1) $$\frac{P}{A_1} = [2\varepsilon_1 + 1, \varepsilon_0, 1, 2\varepsilon_0 + 1, \varepsilon_1, 1, 1],$$

2) $$\frac{P}{A_1} = [2\varepsilon_1 + 2, 2, 2, 1, \varepsilon_1, 1, 1],$$

3) $$\frac{P}{A_1} = [2, 1, \varepsilon_0, 1, 2\varepsilon_0 + 2, 2, 1],$$

4) $$\frac{P}{A_1} = [2, 2, 2, 2, 2, 2, 1],$$

5) $$\frac{P}{A_1} = [2, 2\varepsilon_0, 1, \varepsilon_0 - 1, 1, 2, 1].$$

Außerdem erhält man aus den beiden 5-gliedrigen Ketten mit geradem A noch zwei weitere 7-gliedrige Ketten, wenn man dort $\varepsilon_1 > 1$ setzt und $\dfrac{P}{P-A}$ bildet:

6) $\quad \dfrac{P}{A_1} = [1, \varepsilon_1 - 1, 2\varepsilon_0 + 1, 1, \varepsilon_0, 2\varepsilon_1 - 1, 1],$

7) $\quad \dfrac{P}{A_1} = [1, \varepsilon_1 - 1, 1, 2, 2, 2\varepsilon_1, 1].$

Die Kongruenz $a_1^2 \equiv -2 \pmod{p_1}$.

In der Kette

$$\frac{p_1}{a_1} = [\varepsilon_0, \varepsilon_1, \ldots, \varepsilon_{n-1}, \varepsilon_n]$$

nimmt man n ungerade. Die für gerades n durchgeführten Betrachtungen gelten ganz entsprechend für ungerades n, so daß sich ihre Durchführung hier erübrigt. Der Hauptunterschied ist der, daß die einfachste Kette jetzt zweigliedrig ist, und daß es diesmal zwei solcher Ketten gibt.

Zum Aufbau der Ketten seien folgende Beispiele gegeben:

I. Die 2-gliedrigen Ketten.

$\alpha)\ a_1 \equiv 0 \pmod 2:$

$$\frac{p_1}{a_1} = [\varepsilon_0, 2\varepsilon_0].$$

$\beta)\ a_1 \equiv 1 \pmod 2:$

$$\frac{p_1}{a_1} = [2, 1].$$

II. Die 4-gliedrigen Ketten.

$\alpha)\ a_1 \equiv 0 \pmod 2:$

1) $\dfrac{p_1}{a_1} = [\varepsilon_1, 2\varepsilon_0, \varepsilon_0, 2\varepsilon_1],$

2) $\dfrac{p_1}{a_1} = [\varepsilon_1, 1, 2, 2\varepsilon_1 + 1].$

$\beta)\ a_1 \equiv 1 \pmod 2:$

1) $\dfrac{p_1}{a_1} = [2\varepsilon_0 + 1, \varepsilon_0, 1, 1]$

2) $\dfrac{p_1}{a_1} = [2, 2, 2, 1],$

3) $\dfrac{p_1}{a_1} = [1, \varepsilon_0 - 1, 2\varepsilon_0 - 1, 1].$

§ 4.

Die Ketten und ihr Zusammenhang mit quadratischen Formen.

Sei

1) $a_1^2 \equiv 2 \pmod{p_1}$, $a_1 \equiv 0 \pmod{2}$,

$$\frac{p_1}{a_1} = [\varepsilon_0, \varepsilon_1, \ldots, \varepsilon_{n-1}, \varepsilon_n], \quad \frac{p_1}{b_1} = [\varepsilon_n, \varepsilon_{n-1}, \ldots, \varepsilon_1, \varepsilon_0],$$

$$\frac{p_2}{a_2} = [\varepsilon_{n-1}, \varepsilon_{n-2}, \ldots, \varepsilon_2, \varepsilon_1].$$

Nach § 2 Gl. 4) ist $a_1 b_1 - p_1 p_2 = 1$ und also wegen $a_1 = 2 b_1$:

2) $a_1^2 - 2 p_1 p_2 = 2$.

Diese Gleichung sagt aus, daß die quadratischen Formen

$$\begin{cases} p_1 x^2 \pm 2 a_1 x y + 2 p_2 y^2, \\ 2 p_1 x^2 \pm 2 a_1 x y + p_2 y \end{cases}$$

oder in der üblichen Abkürzung

$$(p_1, \pm a_1, 2 p_2) \quad \text{und} \quad (2 p_1, \pm a_1, p_2)$$

die Determinante $D = 2$ besitzen.

Von der Kongruenz 1) gelangt man nach den Ausführungen des § 1 zu einer neuen Kongruenz $a_2^2 \equiv 2 \pmod{p_2}$, zu der wieder quadratische Formen gehören, und indem man das Verfahren fortsetzt, erhält man eine Reihe von Kongruenzen

$$a_1^2 \equiv 2 \pmod{p_1},$$
$$a_2^2 \equiv 2 \pmod{p_2},$$
$$\cdots \cdots \cdots$$
$$a_n^2 \equiv 2 \pmod{p_n},$$

denen jeweils quadratische Formen mit der Determinante $D = 2$ entsprechen. Alle auftretenden quadratischen Formen sind nun untereinander äquivalent, und wir wollen die Substitutionen aufsuchen, durch welche eine Form in die andere übergeführt wird. Zugleich erhält man dabei die Darstellungen der Zahl p_1 durch die Formen

$$(2, 0, -1) \quad \text{resp.} \quad (1, 0, -2).$$

Wir benützen dazu den Begriff der benachbarten Form[1].

----

[1] Vgl. Dirichlet-Dedekind, Vorlesungen über Zahlentheorie, § 63, 3. Aufl.

Zu jeder quadratischen Form lassen sich benachbarte Formen finden (a', b', a''), für welche

$$b' + b \equiv 0 \;(\mathrm{mod}\; a')\; \text{ist}.$$

Wenn dann $b' + b = - a' \delta$ gesetzt wird, so geht die Form (a, b, a') durch die Substitution $\begin{pmatrix} 0 & 1 \\ -1 & \delta \end{pmatrix}$ über in die Form (a', b', a''). Wir wollen abgekürzt schreiben:

$$(a, b, a') \rightarrow \begin{pmatrix} 0 & 1 \\ -1 & \delta \end{pmatrix} \rightarrow (a', b', a'').$$

Wir wollen im folgenden auch nur eigentliche Substitutionen betrachten, da die uneigentlichen Substitutionen aus diesen leicht herzuleiten sind.

I. $a_2 \equiv 0 \;(\mathrm{mod}\; 2)$, $\varepsilon_n = 2\,\varepsilon_0$.

A) Äquivalenz der Formen

$$(p_1, \pm a_1, 2\,p_2) \text{ und } (2\,p_2, \mp a_2, p_3).$$

Nach § 2 Gl. 3) und 6) ist

$$a_1 = B_n, \qquad a_2 = B_{n-2}, \qquad p_2 = B_{n-1}.$$

Es ist
$$B_n = \varepsilon_n \cdot B_{n-1} + B_{n-2},$$
$$a_1 = \varepsilon_n \cdot p_2 + a_2,$$
$$a_1 = 2\,\varepsilon_0 \cdot p_2 + a_2.$$

Daraus folgt:

3) $$\begin{cases} - a_2 + a_1 = \varepsilon_0 \cdot 2\,p_2, \\ a_2 - a_1 = - \varepsilon_0 \cdot 2\,p_2. \end{cases}$$

Diese Gleichungen bedeuten folgende Äquivalenzen:

4) $$(p_1, \pm a_1, 2\,p_2) \rightarrow \begin{pmatrix} 0 & \mp 1 \\ \pm 1 & \varepsilon_0 \end{pmatrix} \rightarrow (2\,p_2, \mp a_2, p_3).$$

Nach Gl. 3) ist auch

$$\pm (2\,p_2 - a_2) \pm a_1 = \pm (\varepsilon_0 + 1) \cdot 2\,p_2,$$

5) $(p_1, \pm a_1, 2\,p_2) \rightarrow \begin{pmatrix} 0 & \mp 1 \\ \pm 1 & \varepsilon_0 + 1 \end{pmatrix} \rightarrow (2\,p_2, \pm (2\,p_2 - a_2), p_3).$

B) Äquivalenz der Formen

$$(2\,p_1, \pm a_1, p_2) \text{ und } (p_2, \mp a_2, 2\,p_3).$$

Wegen $\qquad a_1 = 2\,\varepsilon_0 \cdot p_2 + a_2$ ist

6) $\qquad \begin{cases} -a_2 + a_1 = 2\,\varepsilon_0 \cdot p_2, \\ a_2 - a_1 = -2\,\varepsilon_0 \cdot p_2. \end{cases}$

Somit

7) $\qquad (2\,p_1,\ \pm\,a_1,\ p_2) \rightarrow \begin{pmatrix} 0 & \mp 1 \\ \pm 1 & 2\,\varepsilon_0 \end{pmatrix} \rightarrow (p_2,\ \mp\,a_2,\ 2\,p_3).$

Ferner ist nach 6)

$$\pm (p_2 - a_2) \pm a_1 = \pm (2\,\varepsilon_0 + 1) \cdot p_2,$$

8) $\qquad (2\,p_1,\ \pm\,a_1,\ p_2) \rightarrow \begin{pmatrix} 0 & \mp 1 \\ \pm 1 & 2\,\varepsilon_0 + 1 \end{pmatrix} \rightarrow (p_2,\ \pm\,(p_2 - a_2),\ \bar{p}_3).$

II. $a_2 \equiv 1 \pmod 2$, $\varepsilon_n = 2\,\varepsilon_0 + 1$.

A) Äquivalenz der Formen

$$(p_1,\ \pm\,a_1,\ 2\,p_2) \quad \text{und} \quad (2\,p_2,\ \pm\,(p_2 \mp a_2),\ \bar{p}_3).$$

Aus

$$a_1 = \varepsilon_n \cdot p_2 + a_2 = (2\,\varepsilon_0 + 1)\,p_2 + a_2 = (\varepsilon_0 + 1) \cdot 2\,p_2 + (a_2 - p_2),$$

ergibt sich die Äquivalenz:

9) $\qquad (p_1,\ \pm\,a_1,\ 2\,p_2) \rightarrow \begin{pmatrix} 0 & \mp 1 \\ \pm 1 & \varepsilon_0 + 1 \end{pmatrix} \rightarrow (2\,p_2,\ \pm\,(p_2 - a_2),\ \bar{p}_3).$

Wegen $a_1 = (2\,\varepsilon_0 + 1)\,p_2 + a_2 = \varepsilon_0 \cdot 2\,p_2 + (p_2 + a_2)$ ist

10) $\qquad (p_1,\ \pm\,a_1,\ 2\,p_2) \rightarrow \begin{pmatrix} 0 & \mp 1 \\ \pm 1 & \varepsilon_0 \end{pmatrix} \rightarrow (2\,p_2,\ \mp\,(p_2 + a_2),\ \bar{p}_3).$

B) Äquivalenz der Formen

$$(2\,p_1,\ \mp\,a_1,\ p_2) \quad \text{und} \quad (p_2,\ \mp\,a_2,\ p_3).$$

Aus der Gleichung $a_1 = (2\,\varepsilon_0 + 1)\,p_2 + a_2$ folgt:

11) $\qquad (2\,p_1,\ \pm\,a_1,\ p_2) \rightarrow \begin{pmatrix} 0 & \mp 1 \\ \pm 1 & 2\,\varepsilon_0 + 1 \end{pmatrix} \rightarrow (p_2,\ \mp\,a_2,\ p_3),$

und aus $a_1 = (2\,\varepsilon_0 + 1)\,p_2 + a_2 = (2\,\varepsilon_0 + 2)\,p_2 + a_2 - p_2$ analog:

12) $\qquad (2\,p_1,\ \pm\,a_1,\ p_2) \rightarrow \begin{pmatrix} 0 & \mp 1 \\ \pm 1 & 2\,\varepsilon_0 + 2 \end{pmatrix} \rightarrow (p_2,\ \pm\,(p_2 - a_2),\ p_3).$

Ergebnis: Besteht für zwei Zahlen p_1 und a_1 die Kongruenz $a_1^2 \equiv 2 \pmod{p_1}$, wo $a_1 \equiv 0 \pmod 2$,

so ergeben sich aus der Kettenbruchentwicklung

$$\frac{p_1}{a_1} = [\varepsilon_0, \varepsilon_1, \dots, \varepsilon_{n-1}, \varepsilon_n]$$

Substitutionen, welche die quadratischen Formen $(p_1, \pm a_1, 2p_2)$ und $(2p_1, \pm a_1, p_2)$ überführen in äquivalente Formen, welche zu höchstens $(n-1)$-gliedrigen Ketten gehören, und welche man so auswählen kann, daß das neue Mittelglied a_2 wieder gerade ist. Da man beim Abbau der Kette für $\frac{p_1}{a_1}$ schließlich auf eine eingliedrige Kette kommt, so müssen die quadratischen Formen $(p_1, \pm a_1, 2p_2)$ und $(2p_1, +a_1, p_2)$ äquivalent sein zu denjenigen quadratischen Formen, welche der eingliedrigen Kette

$$\frac{p}{a} = [1]$$

zugeordnet werden können. Das sind aber die beiden Formen $(1, 0, -2)$ und $(2, 0, -1)$. Der Abbau liefert gleichzeitig die Substitutionen, durch welche diese Formen übergeführt werden in die Formen $(p_1, \pm a_1, 2p_2)$ und $(2p_1, \pm a_1, p_2)$.

Damit erhält man dann auch eine Darstellung der Zahlen p_1 resp. $2p_1$ durch die Formen $(x^2 - 2y^2)$ oder $(2x^2 - y^2)$.

Man wird zweckmäßig so vorgehen, daß man gleichzeitig mit dem Aufbau der Ketten, der sich aus der eingliedrigen Kette $\frac{p}{a} = [1]$ entwickelt und der im § 2 dargestellt ist, auch die Substitutionen bestimmt, welche die mit den Ketten entstehenden quadratischen Formen mit den Formen $(1, 0, -2)$ und $(2, 0, -1)$ verknüpfen. So erhält man mit allen $(n+1)$-gliedrigen Ketten auch alle zugehörigen Substitutionen und damit auch alle Zahlen p_1 oder $2p_1$ in der Form $(x^2 - 2y^2)$ resp. $(2x^2 - y^2)$.

Für die 3- und 5-gliedrigen Ketten sollen die Resultate angegeben werden.

I. Die 3-gliedrige Kette.

Es war
$$\frac{p_1}{a_1} = [\varepsilon_0, 1, 2\varepsilon_0 + 1].$$

Man findet
$$(2, 0, -1) \rightarrow \begin{pmatrix} \varepsilon_0 + 1 & 1 \\ -1 & 0 \end{pmatrix} \rightarrow (p_1, a_1, 2),$$
$$p_1 = 2 \cdot (\varepsilon_0 + 1)^2 - 1^2.$$

II. Die 5-gliedrigen Ketten.

1)
$$\frac{p_1}{a_1} = [\varepsilon_1, 2\varepsilon_0 + 1, 1, \varepsilon_0, 2\varepsilon_1],$$
$$(1, 0, -2) \rightarrow \begin{pmatrix} \varepsilon_1(2\varepsilon_0 + 2) + 1 & 2\varepsilon_0 + 2 \\ \varepsilon_1 & 1 \end{pmatrix} \rightarrow (p_1, a_1, 2p_2);$$

also:
$$p_1 = [\varepsilon_1(2\varepsilon_0 + 2) + 1]^2 - 2 \cdot \varepsilon_1^2,$$

2)
$$\frac{p_1}{a_1} = [\varepsilon_1, 1, 2, 2, 2\varepsilon_1 + 1],$$
$$(1, 0, -2) \rightarrow \begin{pmatrix} 4\varepsilon_1 + 3 & 4 \\ -(\varepsilon_1 + 1) & -1 \end{pmatrix} \rightarrow (p_1, a_1, 2p_2);$$

also diesmal:
$$p_1 = (4\varepsilon_1 + 3)^2 - 2(\varepsilon_1 + 1)^2.$$

§ 5.

Kettenbrüche mit kulminierender Periode.

In § 3 sind die Ketten aufgestellt worden, welche der in § 1 angegebenen Bedingungsgleichung

1)
$$2A_{n-1} = B_n$$

genügen. Mit Benützung der Gleichungen 2) und 3) des § 1

2)
$$\lambda = x \cdot A_n - (-1)^n \cdot A_{n-1} \cdot B_{n-1},$$

3)
$$D = \lambda^2 + 4x A_{n-1} - (-1)^n \cdot 2 \cdot B_{n-1}^2$$

erhält man schließlich diejenigen Zahlen D, deren Quadratwurzel eine kulminierende Periode besitzt.

Verwendet man die Bezeichnungen § 2, Gl. 3), so erhält man für λ und D die Ausdrücke

4)
$$\lambda = p_1 x - (-1)^n \cdot b_1 \cdot p_2,$$

5)
$$D = \lambda^2 + 4b_1 x - (-1)^n \cdot 2p_2^2.$$

Setzt man in 5) den Wert von λ aus 4) ein, so kommt

6) $D = p_1^2 x^2 + 2 x \cdot \{(-1)^{n+1} \cdot b_1 \cdot p_1 \cdot p_2 + 2 b_1\} + p_2^2 \{b_1^2 - 2(-1)^n\}.$

Der Ausdruck für D ist eine quadratische Form, in der $y = 1$ gesetzt ist. Es gelten die beiden folgenden Sätze, deren einfacher Beweis hier übergangen werden soll.

I. Die quadratische Form für D hat die Determinante $\varDelta = (-1)^n \cdot 2$.

II. Die quadratische Form für D entsteht durch Komposition der Form $(p_1, a_1, 2 p_2)$ mit sich selbst.

Für den Fall, daß n gerade ist, soll noch die Darstellung der Zahl D durch die Form $(1, 0, -2)$ angegeben werden. Der Fall für ungerades n erledigt sich in ganz entsprechender Weise. Wir setzen zur Abkürzung in 6)

$$-b_1 p_1 p_2 + 2 b_1 = A_1,$$
$$p_2^2 - (b_1^2 - 2) = P_1.$$

Dann liegt die quadratische Form (p_1^2, A_1, P_1) vor, und wir fragen nach der Substitution, durch welche die Form $(1, 0, -2)$ übergeführt wird in die Form (p_1^2, A_1, P_1).

Im § 4 ist gezeigt worden, wie die Substitutionen zu finden sind, durch welche die Form $(1, 0, -2)$ in die Form $(p_1, a_1, 2 p_2)$ oder in die Form $(2 p_1, a_1, p_2)$ übergeht.

Wir behandeln beide Fälle getrennt.

I. Fall.

Sei
$$S = \begin{pmatrix} \alpha & \beta \\ \gamma & \delta \end{pmatrix}$$

die Substitution, durch welche die Form $(1, 0, -2)$ übergeht in die Form $(p_1, a_1, 2 p_2)$, und sei $\alpha \delta - \beta \gamma = +1$.

Es bestehen dann die Gleichungen

7) $\begin{cases} p_1 = \alpha^2 - 2 \gamma^2, \\ 2 p_2 = \beta^2 - 2 \delta^2, \\ a_1 = \alpha \beta - 2 \gamma \delta. \end{cases}$ $(\alpha \delta - \beta \gamma = +1)$

Aus der zweiten dieser Gleichungen folgt, daß β gerade sein muß:
$$\beta = 2 \beta'.$$

Die drei Gleichungen gehen daher über in:

8)
$$\begin{cases} p_1 = a^2 \quad - 2\gamma^2, \\ p_2 = 2\beta'^2 - \delta^2, \\ b_1 = a\beta' \quad - \gamma\delta. \end{cases}$$

Setzt man

9)
$$T = \begin{pmatrix} a^2 + 2\gamma^2 & -(\delta^2 + 2\beta'^2)b_1 + 4\delta\beta' \\ 2a\gamma & (\delta^2 + 2\beta'^2) - 2\delta\beta' b_1 \end{pmatrix},$$

so findet man $|T| = +1$ und

$$(1, 0, -2) \to T \dashrightarrow (p_1^2, A_1, P_1).$$

Für die Zahl D folgt deshalb die Darstellung, die man auch unmittelbar durch Einsetzen von 8) in 6) bestätigen kann:

10)
$$D = \{(a^2 + 2\gamma^2)\cdot x - (\delta^2 + 2\beta'^2)b_1 + 4\delta\beta'\}^2 - 2\cdot\{2a\gamma x + \delta^2 + 2\beta^2 - 2\delta\beta'\cdot b_1\}^2.$$

II. Fall.

Sei $S = \begin{pmatrix} a & \beta \\ \gamma & \delta \end{pmatrix}$ die Substitution, durch welche die Form $(1, 0, -2)$ übergeht in die Form $(2p_1, a_1, p_2)$.

Dann ist

11)
$$\begin{cases} 2p_1 = a^2 - 2\gamma^2, \\ p_2 = \beta^2 - 2\delta^2, \text{ oder wegen } a = 2a': 12) \\ a_1 = a\beta - 2\gamma\delta, \end{cases} \begin{cases} p_1 = 2a'^2 - \gamma^2, \\ p_2 = \beta_2 - 2\delta^2, \\ b_1 = a'\beta - \gamma\delta. \end{cases}$$

Man erhält jetzt

12)
$$T = \begin{pmatrix} \gamma^2 + 2a'^2 & -(\beta^2 + 2\delta^2)b_1 + 4\beta\delta \\ 2a'\gamma & \beta^2 + 2\delta^2 - 2\delta\beta b_1 \end{pmatrix}; \quad |T| = +1$$

und
$$(1, 0, -2) \dashrightarrow T \to (p_1^2, A_1, P_1),$$

13)
$$D = [(\gamma^2 + 2a'^2)x - (\beta^2 + 2\delta^2)\cdot b_1 + 4\beta\delta]^2 - 2[2a'\gamma x + \beta^2 + 2\delta^2 - \beta\delta b_1]^2.$$

§ 6.

Kettenbrüche mit fastkulminierender Periode.

Wir untersuchen die Kongruenz

1) $$\mathfrak{a}_1^2 \equiv 2 \,(\text{mod}\, p_1),$$

wo $\mathfrak{a}_1$ eine ungerade, positive Zahl kleiner als p_1 sein soll. Sei

2) $$\frac{p_1}{\mathfrak{a}_1} = \frac{A_n}{B_n} = [\varrho_0, \varrho_1, \ldots, \varrho_{n-1}, \varrho_n] \quad (n \text{ gerade}).$$

Wir setzen:

3) $$\begin{aligned} A_n &= p_1, & A_{n-1} &= b_1, \\ B_n &= \mathfrak{a}_1, & B_{n-1} &= \mathfrak{m}_1. \end{aligned}$$

Dann ist

4) $$p_1 \cdot \mathfrak{m}_1 - \mathfrak{a}_1 \cdot b_1 = -1.$$

Aus 1) folgt eine Gleichung

5) $$\mathfrak{a}_1^2 = 2 + p_1 \cdot \mathfrak{p}_2,$$

welche die quadratische Form festlegt:

$$(p_1, \pm \mathfrak{a}_1, \mathfrak{p}_2).$$

$\mathfrak{p}_2$ muß eine ungerade Zahl sein, die wir aus den Gleichungen 3) bestimmen wollen.

Die diophantische Gleichung

$$\mathfrak{a}_1 \cdot \xi - p_1 \cdot \eta = 1$$

hat nach 4) die Lösungen:

$$\begin{aligned} \xi &= b_1 + k \cdot p_1, \\ \eta &= \mathfrak{m}_1 + k \cdot \mathfrak{a}_1, \end{aligned} \qquad (k = 0, \pm 1, \pm 2, \ldots).$$

Die Lösungen der Gleichung

$$\mathfrak{a}_1 x - p_1 \cdot y = 2 \quad \text{sind dann}$$

6) $$\begin{aligned} y &= 2\,\mathfrak{m}_1 + k \cdot \mathfrak{a}_1, \\ x &= 2\,b_1 + k \cdot p_1, \end{aligned} \qquad (k = 0, \pm 1, \pm 2, \ldots).$$

Der Vergleich mit Gleichung 5) ergibt, daß ein ganzzahliger Wert k vorhanden sein muß, für welchen gilt:

$$\begin{aligned} \mathfrak{a}_1 &= 2\,b_1 + k \cdot p_1, \\ \mathfrak{p}_2 &= 2\,\mathfrak{m}_1 + k \cdot \mathfrak{a}_1. \end{aligned}$$

Da $\mathfrak{a}_1$ positiv und kleiner als p_1 angenommen ist, so kann nicht $k > 1$ sein. Auch $k = 0$ ist unmöglich, da sonst $\mathfrak{a}_1$ gerade wäre. Es bleibt nur der Wert

$$k = -1,$$

und damit erhalten wir die beiden Gleichungen:

7) $$\mathfrak{a}_1 + p_1 = 2\,b_1,$$

8) $$\mathfrak{p}_2 = 2\,\mathfrak{m}_1 - \mathfrak{a}_1.$$

Gleichung 7) ist nichts anderes als die Bedingungsgleichung, welche nach § 1; 4) zu dem Satz II von Muir gehört.

Jede Kette

$$\frac{p_1}{\mathfrak{a}_1} = [\varrho_0, \varrho_1, \ldots, \varrho_{n-1}, \varrho_n], \quad \mathfrak{a}_1 \quad 1 \;(\mathrm{mod}\;2),$$

welche zur Kongruenz gehört:

$$\mathfrak{a}_1^2 \equiv 2 \;(\mathrm{mod}\;p_1),$$

erfüllt demnach die Muirsche Bedingung

$$2\,A_{n-1} = B_n + A_n$$

und liefert daher einen Kettenbruch mit fastkulminierender Periode.

In § 3 sind diese Ketten aufgestellt worden, für welche $\mathfrak{a}_1$ ungerade ist und zwar für gerades n. Die Ketten für ungerades n erhält man in ganz entsprechender Weise, wie die Beispiele am Ende des § 3 zeigen.

Damit ist die Aufgabe gelöst, alle Kettenbrüche mit fastkulminierenden Perioden zu finden.

Die Zahlen D, deren Quadratwurzeln eine fastkulminierende Periode besitzen, erhält man nach § 1 aus den beiden Gleichungen:

9) $$\lambda = \frac{1 + (2\,x + 1)\,A_n}{2} - (-1)^n\,A_{n-1}\cdot B_{n-1},$$

10) $$D = \lambda^2 + (2\,x + 1)\,B_n - (-1)^n\cdot 2\cdot B_{n-1}^2.$$

Benützt man die Bezeichnungen nach Gl. 3) und ersetzt in 10) die Zahl λ durch ihren Wert aus 9), so erhält man:

11) $$D = p_1^2\,x^2 + x\cdot\{p_1^2 + p_1 - 2\,(-1)^n\,b_1\cdot\mathfrak{m}_1\cdot p_1 + 2\,\mathfrak{a}_1\} +$$

$$+ \left(\frac{1 + p_1}{2}\right)^2 - (-1)^n\,b_1\cdot\mathfrak{m}_1\cdot p_1 - (-1)^n\,b_1\cdot\mathfrak{m}_1 +$$

$$+ b_1^2\,\mathfrak{m}_1^2 - (-1)^n\cdot 2\,\mathfrak{m}_1^2 + \mathfrak{a}_1.$$

Es wird D dargestellt durch eine quadratische Form, in der $y = 1$ gesetzt ist, und es gelten folgende zwei Sätze:

I. Die quadratische Form für D hat die Determinante

$$\varDelta = (-1)^n \cdot 2.$$

II. Die quadratische Form für D entsteht durch Komposition der quadratischen Form $(\mathfrak{p}_1,\ \mathfrak{a}_1,\ \mathfrak{p}_2)$ mit sich selbst.

Der Beweis soll hier übergangen werden.

Zum Schlusse sollen noch die Formeln zur Darstellung der Zahlen D in der Form $(x^2 - 2 y^2)$ gegeben werden.

Wir schreiben zur Abkürzung

$$D = p_1^2 x^2 + 2\,\mathfrak{A}_1\,x + \mathfrak{P}_1.$$

Aus jeder Kette

$$\frac{p_1}{a_1} = [\varepsilon_0,\ \varepsilon_1,\ \ldots,\ \varepsilon_{n-1},\ \varepsilon_n]\ \text{mit geradem } a_1$$

erhält man eine Kette

$$\frac{p_1}{p_1 - a_1} = \frac{\mathfrak{p}_1}{\mathfrak{a}_1} = [\varrho_0,\ \varrho_1,\ \ldots,\ \varrho_{m-1},\ \varrho_m]\ \text{mit ungeradem } \mathfrak{a}_1.$$

Der ersten Kette war die quadratische Form $(p_1,\ a_1,\ 2\,p_2)$ zugeordnet worden, durch deren Komposition mit sich selbst die quadratische Form $(p_1^2,\ A_1,\ P_1)$ entsteht, wie in § 5 ausgeführt wurde.

Der zweiten Kette wird eine quadratische Form $(\mathfrak{p}_1,\ \mathfrak{a}_1,\ \mathfrak{p}_2)$ zugeordnet, durch deren Komposition mit sich selbst die quadratische Form entsteht: $(p_1^2,\ \mathfrak{A}_1,\ \mathfrak{P}_1).$

Die Werte für $\mathfrak{A}_1$ und $\mathfrak{P}_1$ sind der Gl. 11) dieses Paragraphen zu entnehmen.

Es kann nun gezeigt werden, daß für die quadratischen Formen $(p_1^2,\ A_1,\ P_1)$ und $(p_1^2,\ \mathfrak{A}_1,\ \mathfrak{P}_1)$ die Beziehung besteht:

12) $$A_1 + \mathfrak{A}_1 = -p_1^2 \cdot \left(\mathfrak{p}_2 + \frac{p_2 - 1}{2}\right).$$

Der Beweis soll hier übergangen werden.

Diese Gleichung sagt aus, daß die beiden obigen quadratischen Formen als benachbarte Formen äquivalent sind.

Setzt man $\mathfrak{p}_2 + \dfrac{\mathfrak{p}_2 - 1}{2} = \sigma$, so geht die Form (P_1, A_1, p_1^2)

durch die Substitution $\begin{pmatrix} 0 & 1 \\ -1 & \sigma \end{pmatrix}$ über in die Form $(p_1^2, \mathfrak{A}_1, \mathfrak{P}_1)$.

Im § 5 war eine Substitution T aufgestellt worden, durch welche die Form $(1, 0, -2)$ übergeht in die Form (p_1^2, A_1, P_1):

$$(1, 0, -2) \to T \dashrightarrow (p_1^2, A_1, P_1).$$

Dann folgt

$$(1, 0, -2) \to T \cdot \begin{pmatrix} 0 & 1 \\ 1 & 0 \end{pmatrix} \to (P_1, A_1, p_1^2) \dashrightarrow \begin{pmatrix} 0 & 1 \\ -1 & \sigma \end{pmatrix} \dashrightarrow (p_1^2, \mathfrak{A}_1, \mathfrak{P}_1),$$

oder $(1, 0, -2) \to T \cdot \begin{pmatrix} 0 & 1 \\ 1 & 0 \end{pmatrix} \cdot \begin{pmatrix} 0 & 1 \\ -1 & \sigma \end{pmatrix} \dashrightarrow (p_1^2, \mathfrak{A}_1, \mathfrak{P}_1).$

Setzt man $T \cdot \begin{pmatrix} 0 & 1 \\ 1 & 0 \end{pmatrix} \cdot \begin{pmatrix} 0 & 1 \\ -1 & \sigma \end{pmatrix} = T \cdot \begin{pmatrix} -1 & \sigma \\ 0 & 1 \end{pmatrix} = T \cdot U,$

so ist schließlich

$$(1, 0, -2) \to T \cdot U \to (p_1^2, \mathfrak{A}_1, \mathfrak{P}_1).$$

Entsprechend den beiden Fällen des § 5 erhalten wir für die Zahlen D, deren Quadratwurzeln fastkulminierende Perioden liefern, die folgenden Darstellungen durch die Form $(1, 0, -2)$.

I. Fall.

Sei $\begin{aligned} p_1 &= a^2 - 2\gamma^2, \\ 2p_2 &= \beta^2 - 2\delta^2, \end{aligned} \qquad \beta = 2\beta'.$

Dann ist

$$T \cdot U = \begin{pmatrix} -(a^2 + 2\gamma^2) & (a^2 + 2\gamma^2)\sigma - (\delta^2 + 2\beta'^2)b_1 + 4\delta\beta' \\ -2a\gamma & 2a\gamma\sigma + (\delta^2 + 2\beta'^2) - 2\delta\beta'b_1 \end{pmatrix},$$

$$D = [(a^2 + 2\gamma^2)x - (a^2 + 2\gamma^2)\sigma + (\delta^2 + 2\beta'^2)b_1 - 4\delta\beta']^2$$
$$- 2 \cdot [2a\gamma x - 2a\gamma\sigma - (\delta^2 + 2\beta'^2) + 2\delta\beta'b_1]^2.$$

II. Fall.

Sei $\begin{aligned} 2p_1 &= a^2 - 2\gamma^2, \\ p_2 &= \beta^2 - 2\delta^2, \end{aligned} \qquad a = 2a'.$

Dann ist

$$T \cdot U = \begin{pmatrix} -(\gamma^2 + 2a'^2) & (\gamma^2 + 2a'^2)\sigma - (\beta^2 + 2\delta^2)b_1 + 4\delta\beta \\ -2a'\gamma & 2a'\gamma\sigma + (\beta^2 + 2\delta^2) - 2\delta\beta b \end{pmatrix},$$

$$D = [(\gamma^2 + 2a'^2)x - (\gamma^2 + 2a'^2)\sigma + (\beta^2 + 2\delta^2)b_1 - 4\delta\beta]^2$$
$$- 2 \cdot [2a'\gamma x - 2a'\gamma\sigma - (\beta^2 + 2\delta^2)b_1 + 2\delta\beta b_1]^2.$$

Über Isogonalität von Flächen.

Von **Josephine Kapfer**.

Vorgelegt von F. Lindemann in der Sitzung am 16. Januar 1926.

Im Folgenden wird das Problem der isogonalen Flächen behandelt. Soweit der Verfasserin bekannt ist, wurden bis jetzt
— in einer großen Reihe von Abhandlungen — nur die orthogonalen Flächen erörtert und zwar vorwiegend in dreifacher Art:
in Verbindung mit der Aufgabe der Bestimmung dreifach orthogonaler Flächensysteme, bei Behandlung der Untersuchung der
Zentraflächen und bei Lösung des Problems der unendlich kleinen
Deformation von Flächen.

Die Arbeit ist im wesentlichen die Übertragung der in meiner
Dissertation[1]) ausgeführten Theorie isogonaler Raumkurven auf
die Geometrie der Flächen.

Zunächst wird die Definition isogonaler Flächen aufgestellt
und der Zusammenhang der Isogonalität von Flächennormalen
mit dem Problem der Flächenäquivalenz nachgewiesen. Der Haupt-
teil der Arbeit ist gegeben durch die Behandlung des Problems
von Transon für die Darstellung der Fläche in Parameterform,
d. i. die Ermittlung der Flächen, von welchen das Linienelement ihrer sphärischen Abbildung bekannt ist, und
zwar durch Aufstellung der linearen partiellen Differentialgleichung
zweiter Ordnung, von der die Bestimmung dieser Flächen abhängt. Als Beispiel für die Anwendung der dargelegten Theorie
werden isogonal-isometrische Flächen und isogonale Flächen, deren
Normalen sich in Punkten der einen dieser Flächen schneiden,
behandelt. Die letzteren Ausführungen können als eine Übertragung der Evolutoidentheorie auf die Geometrie der Flächen,
bzw. als Verallgemeinerung der Theorie der Zentraflächen gedeutet werden.

---

[1]) Mémoires de la faculté des sciences de l'université de Lithuanie 1923,
Über Paare von isogonalen isometrischen Kurven.

§ 1.
Aufstellung des Problems — Lösung.

Definition: Zwei Flächen S und S_1, die sich punkt-
weise so zugeordnet sind, daß die Normalen (bzw. die
Tangentialebenen) in den korrespondierenden Punkten,
d. i. Punkten mit denselben Parameterwerten, den konstanten Winkel ω einschließen, bilden ein Paar von isogonalen Flächen.

Es seien x, y, z die rechtwinkligen Koordinaten der Punkte P
einer Fläche S, u und v, die beiden unabhängigen Variablen,
ihre Parameter.

S kann analytisch bestimmt sein:
a) durch eine Gleichung zwischen den drei rechtwinkligen
   Punktkoordinaten des Raumes:
   in impliziter Form: $F(x, y, z) = 0$,
   in expliziter Form: $z = f(x, y)$;
b) mittels der Parameter u und v:
   $$x = f_1(u, v), \qquad y = f_2(u, v), \qquad z = f_3(u, v).$$

Dabei wird vorausgesetzt, daß die Funktionen F, bzw. f,
f_1, f_2, f_3 — wenigstens in einem gewissen Bereich — stetig und
differentiierbar sein sollen.

Mit $\quad ds; \; X, Y, Z; \; E, F, G; \; e, f, g; \; L, M, N;$
$$K = \frac{LN - M^2}{EG - F^2}; \; H$$

seien der Reihe nach das Bogenelement der Fläche; die Richtungskosinus der Flächennormalen; die Fundamentalgrößen erster
Ordnung für die Fläche; für das sphärische Bild derselben; die
Fundamentalgrößen 2. Ordnung für die Fläche (in der Bezeichnung von Scheffers); das Gaußsche Krümmungsmaß und die
mittlere Krümmung von S bezeichnet. Für die Fläche S_1 haben
dieselben Bezeichnungen mit dem Index 1 analoge Bedeutung.
Es bestehen dann die Gleichungen:

$$\frac{\partial^2 X}{\partial u^2} = A\,\frac{\partial X}{\partial u} + B\,\frac{\partial X}{\partial v} - eX, \quad \frac{\partial^2 X}{\partial u \partial v} = C\,\frac{\partial X}{\partial u} + D\,\frac{\partial X}{\partial v} - fX,$$

$$\frac{\partial^2 X}{\partial v^2} = E\,\frac{\partial X}{\partial u} + F\,\frac{\partial X}{\partial v} - gX$$

nebst analogen, welche man erhält, indem man X durch Y bzw. Z ersetzt. Die mit $2\varDelta$ multiplizierten Koeffizienten dieser Gleichungen haben die folgenden Werte:

$$2\varDelta\,\mathsf{A} = g\,\frac{\partial e}{\partial u} - 2f\frac{\partial f}{\partial u} + f\frac{\partial e}{\partial v}, \quad 2\varDelta\,\mathsf{B} = -f\frac{\partial e}{\partial u} + 2e\frac{\partial f}{\partial u} - e\frac{\partial e}{\partial v},$$

$$2\varDelta\,\mathsf{C} = g\,\frac{\partial e}{\partial v} - f\frac{\partial g}{\partial u}, \quad 2\varDelta\,\mathsf{D} = -f\frac{\partial e}{\partial v} + e\frac{\partial g}{\partial u},$$

$$2\varDelta\,\mathsf{E} = 2g\,\frac{\partial f}{\partial v} - g\frac{\partial g}{\partial u} - f\frac{\partial g}{\partial v}, \quad 2\varDelta\,\mathsf{F} = -2f\frac{\partial f}{\partial v} + f\frac{\partial g}{\partial u} + e\frac{\partial g}{\partial v},$$

$$\varDelta = eg - f^2.\text{[1]}$$

Der obigen Definition isogonaler Flächen entspricht als Bedingungsgleichung für ein Paar derselben die Beziehung:

(1) $$\underline{X X_1 + Y Y_1 + Z Z_1} = \cos\omega = \text{konstant} = k.$$

In liniengeometrischer Deutung lautet das Problem folgendermaßen:

Gegeben sind die ∞^2 Normalen einer Fläche S. Die Gesamtheit der mit ihnen den Winkel ω einschließenden Geraden bildet eine Menge von ∞^1 Geradenkomplexen [d. i. durch jeden Punkt des Raumes ∞^1 Gerade], die sich in ∞^3 Drehkegeln anordnen, deren Öffnungswinkel konstant der Winkel ω ist, deren Spitzen die Punkte der ∞^2 Normalen von S und deren Achsen diese Normalen sind. Die Gesamtheit der Mantellinien dieser ∞^3 Kegel ist darzustellen als Normalenkongruenzen von Flächen S_1.

Für die Lösung des Problems, die Flächen zu bestimmen, deren Normalen mit jenen der Fläche S konstant den Winkel ω einschließen und durch die Punkte dieser Fläche, in diesem Falle also zugleich Schnittpunkte entsprechender Normalen, gehen, vereinfacht sich die Aufgabe zu folgender: der Komplex der Mantellinien von ∞^2 Drehkegeln, deren Spitzen die Punkte der Fläche S und deren Achsen die Normalen dieser

---

[1]) Diese Formeln mußten hier angeführt werden, weil auf dieselben in S. 72—73 Bezug genommen wird.

Vgl. C. Guichard, Surfaces, rapportées à leurs lignes asymptotiques. Annales scientifiques de l'École normale supérieure. Paris 1889, 6. Bd., S. 336, Gl. (4) und (5). L. Bianchi-Lukat, Vorlesungen über Differentialgeometrie. Leipzig und Berlin 1910. S. 123.

Fläche sind, ist in Normalenkongruenzen von Flächen S_1 anzuordnen[1]).

Die Lösung der Gleichung (1), d. h. die analytische Darstellung der gesuchten Fläche S_1 in Funktionen von unabhängigen
Veränderlichen erfordert ein Zweifaches:

1. die Berechnung der Richtungskosinus der Flächennormalen von S_1, d. h. die Ermittlung des Linienelementes
des sphärischen Bildes der Fläche S_1;

2. die Bestimmung der Fläche S_1 aus der Richtung
ihrer Normalen, d. h. die Angabe aller Flächen mit gleichem
Linienelement in der sphärischen Abbildung.

ad 1. Die Gleichung (1) kann ersetzt werden durch das
System der drei Gleichungen:

$$X_1 = kX \pm \sqrt{1-k^2}\,\mathfrak{X}, \qquad \mathfrak{Y}_1 = kY \pm \sqrt{1-k^2}\,\mathfrak{Y},$$

(1 a) $$Z_1 = kZ \pm \sqrt{1-k^2}\,\mathfrak{Z}.\text{[2])}$$

Dabei sind $\mathfrak{X}, \mathfrak{Y}, \mathfrak{Z}$ die Richtungskosinus einer zur Flächennormalen von S senkrechten Geraden, also einer der ∞^1 Tan-
genten an die Fläche im Punkte P. Die Auswahl einer derselben, demnach die Fortschreitungsrichtung auf S, ist bestimmend
für die Richtung der Flächennormalen von S_1.

Die Gleichungen (1a) sind der analytische Ausdruck für
die Darstellung des sphärischen Bildes $\mathfrak{S}_1$ der Fläche S_1 mit
den Punkten X_1, Y_1, Z_1. Diese Feststellung leitet zu folgender geometrischen Deutung der vorstehenden drei Gleichungen:

Man zieht durch den Koordinatenanfangspunkt O als Mittelpunkt der Kugel vom Radius 1 den zur Flächennormalen von S
in P parallelen Radius, dessen Schnittpunkt mit der Kugelfläche
die Koordinaten X, Y, Z hat, ferner den zur Geraden mit den
Richtungskosinus $\mathfrak{X}, \mathfrak{Y}, \mathfrak{Z}$ parallelen Radius, welcher die Sphäre

---

[1]) Vgl. hiezu S. 78—80.

[2]) Über die Herleitung dieser Gleichungen vgl. meine Dissertation a. d.
Techn. Hochschule München, 1923: „Über gewisse Paare von isogonalen
isometrischen Kurven“, S. 5—9. Der Bedingung der Isometrie dortselbst
entspricht hier die Berücksichtigung der Beziehung, daß: $X_1^2 + Y_1^2 + Z_1^2 =$
$X^2 + Y^2 + Z^2 = \mathfrak{X}^2 + \mathfrak{Y}^2 + \mathfrak{Z}^2 = 1$.

in dem Punkt mit den Koordinaten $\mathfrak{X}$. $\mathfrak{Y}$, $\mathfrak{Z}$ trifft, trägt auf dem ersten Radius das $k = \cos \omega$ fache seiner Länge (der Einheit), auf dem zweiten das $\sqrt{1 - k^2} = \sin \omega$ fache derselben Strecke ab und zieht in der Ebene des durch die beiden Radien bestimmten Größtkreises der Kugel durch O den Radius parallel zur Verbindungsstrecke der auf die angegebene Weise erhaltenen Punkte auf den beiden ersten Radien. Sein Schnittpunkt mit der Kugel ist das sphärische Bild des dem Punkte P von S auf der Fläche S_1 entsprechenden Punktes P_1. Die Richtung der Normalen von S_1 ist sonach parallel der Hypotenuse des rechtwinkligen Dreiecks, das in der Ebene liegt, welches die Flächennormale von S und die hiezu senkrechte Gerade mit den Richtungskosinus $\mathfrak{X}$, $\mathfrak{Y}$, $\mathfrak{Z}$ bestimmen, dessen eine Kathete in Richtung dieser ersten Geraden die Länge k, dessen zweite Kathete in Richtung jener zweiten Geraden die Länge $\sqrt{1 - k^2}$ besitzt und für welches die von der Hypotenuse und den Katheten eingeschlossenen Winkel ω, bzw. $90^0 - \omega$ betragen.

Die Richtungskosinus einer bestimmten, zur Flächennormalen von S senkrechten Geraden werden folgendermaßen bestimmt:

a) Mit Hilfe einer Differentialgleichung:

Wir stellen die partielle Differentialgleichung 1. Ordnung auf:

$$X \frac{\partial z_1}{\partial x} + Y \frac{\partial z_1}{\partial y} - Z = 0, \quad \text{bzw.} \quad X \frac{\partial \varphi}{\partial u} + Y \frac{\partial \varphi}{\partial v} - Z = 0.$$

Dabei wird die Richtung der Flächennormalen von S als Richtung der Tangenten einer Fläche $z_1 = f_1(x, y)$ bzw. $\varphi = \varphi(u, v)$ betrachtet, deren Normalenrichtung dann bestimmt ist durch

$$\frac{\frac{\partial z_1}{\partial x}}{\sqrt{1 + \left(\frac{\partial z_1}{\partial x}\right)^2 + \left(\frac{\partial z_1}{\partial y}\right)^2}}, \quad \frac{\frac{\partial z_1}{\partial y}}{\sqrt{1 + \left(\frac{\partial z_1}{\partial x}\right)^2 + \left(\frac{\partial z_1}{\partial y}\right)^2}},$$

$$\frac{-1}{\sqrt{1 + \left(\frac{\partial z_1}{\partial x}\right)^2 + \left(\frac{\partial z_1}{\partial y}\right)^2}}$$

bzw. durch

$$\frac{\dfrac{\partial \varphi}{\partial u}}{\sqrt{1+\left(\dfrac{\partial \varphi}{\partial u}\right)^2+\left(\dfrac{\partial \varphi}{\partial v}\right)^2}},\quad \frac{\dfrac{\partial \varphi}{\partial v}}{\sqrt{1+\left(\dfrac{\partial \varphi}{\partial u}\right)^2+\left(\dfrac{\partial \varphi}{\partial v}\right)^2}},$$

$$\frac{-1}{\sqrt{1+\left(\dfrac{\partial \varphi}{\partial u}\right)^2+\left(\dfrac{\partial \varphi}{\partial v}\right)^2}}.$$

Durch Annahme einer willkürlichen Funktion erhält man in einem allgemeinen Integral dieser Gleichung eine Fläche, deren Normalenrichtung eine der gesuchten Lösungen darstellt.

Ist die Fläche S in Parameterdarstellung gegeben, so sind 4 zur Flächennormalen senkrechte Richtungen bekannt, nämlich die Richtung der Tangenten der Parameterkurven $u =$ konst., $v =$ konst. und der zu diesen jeweils senkrechten Flächentangenten, d. i.

1) $\pm \dfrac{x_u}{\sqrt{E}}$ 2) $\pm \dfrac{x_v}{\sqrt{G}}$ 3) $\pm \dfrac{Y z_u - Z y_u}{\sqrt{E}} = \pm \dfrac{E x_v - F x_u}{\sqrt{E}\sqrt{EG-F^2}}$

$\pm \dfrac{y_u}{\sqrt{E}}$ $\pm \dfrac{y_v}{\sqrt{G}}$ $\pm \dfrac{Z x_u - X z_u}{\sqrt{E}} = \pm \dfrac{E y_v - F y_u}{\sqrt{E}\sqrt{EG-F^2}}$

$+ \dfrac{z_u}{\sqrt{E}}$ $\pm \dfrac{z_v}{\sqrt{G}}$ $\pm \dfrac{X y_u - Y x_u}{\sqrt{E}} = \pm \dfrac{E z_v - F z_u}{\sqrt{E}\sqrt{EG-F^2}}$

4) $\pm \dfrac{Y z_v - Z y_v}{\sqrt{G}} = \pm \dfrac{F x_v - G x_u}{\sqrt{G}\sqrt{EG-F^2}}$

$\pm \dfrac{Z x_v - X z_v}{\sqrt{G}} = \pm \dfrac{F y_v - G y_u}{\sqrt{G}\sqrt{EG-F^2}}$

$\pm \dfrac{X y_v - Y x_v}{\sqrt{G}} = \pm \dfrac{F z_v - G z_u}{\sqrt{G}\sqrt{EG-F^2}}.$[1]

b) **Algebraisch:**

Man wählt eine der drei Größen $\mathfrak{X}$, $\mathfrak{Y}$, $\mathfrak{Z}$ willkürlich (etwa $\mathfrak{X} = \lambda$) und berechnet dann die beiden andern ($\mathfrak{Y}$, $\mathfrak{Z}$) aus den zwei Gleichungen:

$$\lambda^2 + \mathfrak{Y}^2 + \mathfrak{Z}^2 = 1, \quad \lambda X + \mathfrak{Y} Y + \mathfrak{Z} Z = 0.$$

---

[1] Die der Funktionsbezeichnung beigefügten Indices u und v bedeuten die partielle Differentiation nach u bzw. v.

ad 2. Es gilt nun, aus den Funktionen X_1, Y_1, Z_1, welche eine Geradenrichtung bestimmen, die Fläche S_1 abzuleiten, für welche jene Geraden Normalen sind. Dies ist eine Weiterführung des Problems von Transon:[1] Gerade im Raume, welche jeweils durch ihre Richtung und einen ihrer Punkte bestimmt sind, in Normalen von Flächen anzuordnen.

Transon löste diese Aufgabe für die Flächendarstellung $F(x, y, z) = 0$ mit dem Nachweis, daß, welches auch die Funktionen X_1, Y_1, Z_1 seien, es immer eine Unendlichkeit von Arten gibt, die durch X_1, Y_1, Z_1 in ihrer Richtung definierten Geraden, d. h. die dadurch gegebene Gesamtheit der Geraden eines Komplexes, in Gruppen, normal verschiedenen Flächen, zu verteilen, dermaßen, daß selbst in dem Falle, wo die Gleichung:

$$X_1 \, dx + Y_1 \, dy + Z_1 \, dz = 0$$

integrabel ist, die Flächen, welche unter ihrem allgemeinen Integral verstanden sind, für eine solche Anordnung nur eine sehr spezielle Art in einer Unendlichkeit von anderen, welche gleicherweise möglich sind, bedeuten.

Es sei $\overline{P}$ der Punkt, dessen rechtwinklige Koordinaten x, y, z sind. (Unsere Ausgangsfläche S, deren Punkte $P(x, y, z)$ der Gleichung genügen: $F(x, y, z) = 0$, ist, wofür eben Transon den Nachweis erbringt, nur ein spezieller Fall in einer Unendlichkeit der möglichen Lösungen: $\overline{F}(x, y, z) = 0$.) Die Winkel der durch ihn gehenden Geraden mit den Koordinatenachsen haben als Kosinus die durch die Gleichungen (1a) gegebenen Funktionen X_1, Y_1, Z_1; auf diese Geraden trage ich, ausgehend vom Punkte $\overline{P}$, eine variable Länge $r = \overline{PP_1}$ ab und nenne x_1, y_1, z_1 die kartesischen Koordinaten des Punktes P_1, so daß sich ergibt:

(2) $\qquad x_1 = x + r X_1 \qquad y_1 = y + r Y_1 \qquad z_1 = z + r Z_1$.

Transon zeigt, wie man auf eine Unendlichkeit von Arten eine Fläche $\overline{S}$, Ort der Punkte $\overline{P}$, und eine Funktion r von x, y, z derart bestimmen kann, daß die Geraden $\overline{P}P_1$ Normalen der Fläche S_1, des Ortes der Punkte P_1, seien.

---

[1] Transon, Abel: Mémoire sur les propriétés d'un ensemble de droites menées de tous les points de l'espace suivant une loi continue. J. de l'Ecole Polyt. Paris 1861. Bd. 22, H. 38, S. 195 ff.

Dieser letztere Umstand ist ausgedrückt in der Beziehung:

$$X_1\, dx_1 + Y_1\, dy_1 + Z_1\, dz_1 = 0,$$

in welcher man dx_1, dy_1, dz_1 durch die Werte, welche sich aus den Gleichungen (2) ableiten, ersetzen kann.

Mit Hilfe dieser Substitution und unter Berücksichtigung der Bedingung:

$$X_1^2 + Y_1^2 + Z_1^2 = 1$$

ergibt sich die Gleichung:

$$\left(X_1 + \frac{\partial r}{\partial x}\right) dx + \left(Y_1 + \frac{\partial r}{\partial y}\right) dy + \left(Z_1 + \frac{\partial r}{\partial z}\right) dz = 0,$$

eine totale Differentialgleichung, deren Integrabilitätsbedingung gegeben ist durch die Beziehung:

$$(3)\quad \left(\frac{\partial Y_1}{\partial z} - \frac{\partial Z_1}{\partial y}\right)\frac{\partial r}{\partial x} + \left(\frac{\partial Z_1}{\partial x} - \frac{\partial X_1}{\partial z}\right)\frac{\partial r}{\partial y} + \left(\frac{\partial X_1}{\partial y} - \frac{\partial Y_1}{\partial x}\right)\frac{\partial r}{\partial z} + \Theta = 0;$$

dabei ist Θ dargestellt durch die folgende Funktion:

$$X_1\left(\frac{\partial Y_1}{\partial z} - \frac{\partial Z_1}{\partial y}\right) + Y_1\left(\frac{\partial Z_1}{\partial x} - \frac{\partial X_1}{\partial z}\right) + Z_1\left(\frac{\partial X_1}{\partial y} - \frac{\partial Y_1}{\partial x}\right).$$

Die Gleichung (3) ist eine partielle Differentialgleichung zur Bestimmung der unbekannten Funktion r, ergibt also, und zwar ohne eine einschränkende Bedingung, ein allgemeines Integral, dargestellt durch eine Gleichung zwischen x, y, z und r mit einer willkürlichen Funktion. Gibt man dieser eine bestimmte Form, so führt die Gleichung notwendig zu einem allgemeinen Integral mit willkürlicher Konstanten, d. h. einem Integral, das eine Serie von Flächen $\bar{S}$, Ort der Punkte $\bar{P}$, in sich schließt. Jeder dieser Flächen $\bar{S}$ entspricht eine andere, S_1, Ort der Punkte P_1, und es ist demnach mit jeder Form, welche der willkürlichen Funktion, eingeschlossen in dem Integral der Schlußgleichung (3), zugeschrieben wird, ein besonderer Modus der Verteilung aller gegebenen Geraden in Gruppen, rechtwinklig einer Serie von Flächen S_1, bestimmt[1]).

---

[1]) Meist behandeln die Lehrbücher über Differentialgeometrie das Problem einer Anordnung von Geraden in Flächennormalen als in seiner Lösung bedingt durch die Integrabilität der Gleichung:

$$X_1\, dx + Y_1\, dy + Z_1\, dz = 0,$$

Für die Darstellung der Flächen in Parameterform ist das Problem, aus Geradenrichtungen analytisch eine Fläche zu bestimmen, für welche jene Geraden Normalen sind, von Guichard[1]), doch nur für den speziellen Fall gelöst, daß die Parameterkurven $u =$ konst., $v =$ konst. der Fläche S_1 ihre Asymptotenlinien sind.

Ich leite nun die Gleichung ab, welche ermöglicht, aus der Angabe einzig der Geradenrichtung in Funktionen der Variablen u und v die Fläche zu bestimmen, deren Normalen Gerade dieser Richtung sind, d. h. ich bestimme eine Fläche aus dem durch die Gleichungen (1a) S. 66 gegebenen Linienelement ihres sphärischen Bildes — ohne irgendwelche weitere Voraussetzung[2]), z. B. über die Wahl der Parameterkurven. In der Lösung dieser Aufgabe ist dann zugleich die Ermittlung der zur Fläche S isogonalen Flächen S_1 in Funktionen zweier Unabhängigen und zwar durch Verwendung

also geknüpft an die Voraussetzung, daß:

$$\Theta = 0.$$

Diese Forderung erweckt den Anschein, als führte die Art der Funktionen X_1, Y_1, Z_1, demnach ein geometrischer Umstand, welcher die Gesamtheit der gegebenen Geraden charakterisiert, die Integrabilität jener Gleichung herbei. Vgl. G. Scheffers, Theorie der Flächen. Leipzig, 1902, S. 168, 469 bis 475; L. Bianchi-Lukat, Vorlesungen über Differentialgeometrie. Leipzig, 1910, S. 274—275, S. 312; W. Blaschke, Vorlesungen über Differentialgeometrie I. Berlin 1921, S. 69/71. Die Möglichkeit der unendlichen Vielfältigkeit einer Verteilung der Geraden in Normalenkongruenzen, d. h. die Tatsache der Zulässigkeit einer Unendlichkeit von Flächen S_1 als Ort der Geradenpunkte P_1 und die Unabhängigkeit dieser Geradenanordnung von der Art der Funktionen X_1, Y_1, Z_1 bleiben meist unerwähnt. Vgl. dagegen G. Darboux, Sur les . . . surfaces normales aux droites d'un complexe. Comptes rendus, Bd. 149, Nr. 20, S. 818—821 und Nr. 21, S. 885—890. E. Turrière, Sur les congruences de normales qui appartiennent à un complexe donné. Annales de la Faculté des Sciences. Toulouse, 2. Bd., 1910, S. 143—223.

[1]) C. Guichard, Surfaces rapportées à leurs lignes asymptotiques et congruences rapportées à leurs développables, S. 337 ff.

[2]) Vgl. dazu die Arbeiten von G. Sannia in Rendiconti del Circolo Matematico di Palermo 1911 und 1912, Math. Annalen 1909. K. Kommerell, Strahlensysteme und Minimalflächen, Math. Annalen 1910, 70. Bd., S. 143 ff. Zindler, Math. Annalen 1917, S. 446. L. Rossi, Ein Beitrag zur Differentialgeometrie der Strahlenkongruenzen. Monatshefte f. Math. u. Phys. 1911, 22. Bd., S. 683 ff.

des Transonschen Problems in der allgemeinsten Form, für diese besondere Flächendarstellung, gegeben.

Es sei $\mathfrak{G}$ eine Gerade mit den Richtungskosinus X_1, Y_1, Z_1, $\mathfrak{P}$ ein Punkt derselben mit den rechtwinkligen Koordinaten ξ, η, ζ, ϱ die variable Länge $\mathfrak{P}P_1$ auf der Geraden $\mathfrak{G}$. Dann ergeben sich die kartesischen Koordinaten der Punkte P_1 (x_1, y_1, z_1) der Fläche S_1 zu:

(4) $\qquad x_1 = \xi + \varrho\,X_1, \qquad y_1 = \eta + \varrho\,Y_1, \qquad z = \zeta + \varrho\,Z_1.$

Alle diese Größen seien vorausgesetzt als ausgedrückt in Funktionen zweier Variablen u und v. Demnach ist:

$$x_{1u} = \xi_u + \varrho\,X_{1u} + \varrho_u\,X_1, \qquad x_{1v} = \xi_v + \varrho\,X_{1v} + \varrho_v\,X_1,$$

welchen Gleichungen die analogen Formeln für y_1 und z_1 hinzuzufügen sind, die man erhält, indem man ξ durch η bzw. ζ, X_1 durch Y_1 bzw. Z_1 ersetzt. Da die Beziehungen gelten:

$$x_{1u}\,X_1 + y_{1u}\,Y_1 + z_{1u}\,Z_1 = 0, \qquad x_{1v}\,X_1 + y_{1v}\,Y_1 + z_{1v}\,Z_1 = 0,$$

so folgt, unter Berücksichtigung der Relationen:

$$X_1^2 + Y_1^2 + Z_1^2 = 1,$$

$$X_1\,X_{1u} + Y_1\,Y_{1u} + Z_1\,Z_{1u} = 0, \qquad X_1\,X_{1v} + Y_1\,Y_{1v} + Z_1\,Z_{1v} = 0,$$

dass: $\qquad \varrho_u = -\,\Sigma\,\xi_u\,X_1, \qquad \varrho_v = -\,\Sigma\,\xi_v\,X_1.$

Diese Bedingung ist erfüllt, wenn wir substituieren:

$$\xi_u = -\,\varrho_u\,X_1 + U\,X_{1v}, \qquad \xi_v = -\,\varrho_v\,X_1 + V\,X_{1u},$$

woraus folgt:

(5) $\qquad x_{1u} = \varrho\,X_{1u} + U\,X_{1v}, \qquad x_{1v} = V\,X_{1u} + \varrho\,X_{1v}$

und die analogen Formeln für y und z.

Dabei bezeichnen U und V noch unbekannte Funktionen von u und v.

Differentiieren wir die erste der Gleichungen (5) nach v, die zweite nach u und ersetzen in den erhaltenen Resultaten die zweiten Ableitungen von X_1 durch die Werte, welche die Guichardschen Gleichungen[1]) hiefür liefern, so finden wir:

---

[1]) Vgl. Guichard, a. a. O., S. 336, Formeln (4) und (5), ferner v. S. 64 und 65.

$$\frac{\partial^2 \xi}{\partial u \partial v} = X_{1u} U \cdot \mathbf{E} + X_{1v}(-\varrho_u + U_v + U \cdot \mathbf{F}) + X_1(-\varrho_{uv} - Ug),$$

$$\frac{\partial^2 \xi}{\partial v \partial u} = X_{1u}(-\varrho_v + V_u + V\mathbf{A}) + X_{1v} \cdot V \cdot \mathbf{B} + X_1(-\varrho_{vu} - Ve).$$

Diese beiden Ausdrücke müssen identisch sein. Durch zyklische Vertauschung von ξ mit η, ζ, bzw. X_1 mit Y_1, Z_1 erhält man Gleichungen, für welche die Koeffizienten von X_1, X_{1u}, X_{1v}, bzw. Y_1, Y_{1u}, Y_{1v}; Z_1, Z_{1u}, Z_{1v} gleich sind, so daß sich der Schluß ergibt, daß diese Koeffizienten von je zwei der so erhaltenen 6 Gleichungen einander gleich zu setzen sind. Man erhält demnach folgende drei Formeln:

(6) $\quad \varrho_v = V_u + V\mathbf{A} - U \cdot \mathbf{E}, \quad \varrho_u = U_v + U\mathbf{F} - V \cdot \mathbf{B}, \quad eV = gU.$

Die letzte dieser Gleichungen gestattet zu setzen:

(7) $$U = h \cdot e, \quad V = hg.$$

Substituieren wir diese Werte in den beiden ersten Gleichungen (6) und entwickeln diese unter Berücksichtigung der Guichardschen Formeln, so erhalten wir nach einiger Umformung:

$$\varrho_v = \frac{\partial h}{\partial u} g + \frac{\partial g}{\partial u} \cdot h + \frac{h}{2\varDelta}\left(g\frac{\partial \varDelta}{\partial u} + f\frac{\partial \varDelta}{\partial v} - 2f_v \cdot \varDelta\right),$$

$$\varrho_u = \frac{\partial h}{\partial v} e + \frac{\partial e}{\partial v} \cdot h + \frac{h}{2\varDelta}\left(e\frac{\partial \varDelta}{\partial v} + f\frac{\partial \varDelta}{\partial u} - 2f_u \cdot \varDelta\right).$$

Differentiiert man die erste dieser Gleichungen nach u, die zweite nach v, so erhält man:

$$\frac{\partial^2 \varrho}{\partial u \partial v} = \frac{\partial^2 h}{\partial u^2}g + 2\frac{\partial h}{\partial u}\cdot\frac{\partial g}{\partial u} + h\frac{\partial^2 g}{\partial u^2} +$$

$$\frac{\dfrac{\partial h}{\partial u}(g\varDelta_u + f\varDelta_v - 2f_v\varDelta) + h(g_u\varDelta_u + g\varDelta_{uu} + f_u\varDelta_v + f\varDelta_{uv} - 2f_{uv}\cdot\varDelta - 2f_v\cdot\varDelta_u)}{2\varDelta}$$

$$- \frac{h\cdot\varDelta_u(g\varDelta_u + f\varDelta_v - 2f_v\varDelta)}{2\varDelta^2},$$

$$\frac{\partial^2 \varrho}{\partial u \partial v} = \frac{\partial^2 h}{\partial v^2}\cdot e + 2\frac{\partial h}{\partial v}\cdot\frac{\partial e}{\partial v} + h\frac{\partial^2 e}{\partial v^2} +$$

$$\frac{\dfrac{\partial h}{\partial v}(e\varDelta_v + f\varDelta_u - 2f_u\cdot\varDelta) + h(e_v\varDelta_v + e\varDelta_{vv} + f_v\varDelta_u + f\varDelta_{uv} - 2f_{uv}\cdot\varDelta - 2f_u\cdot\varDelta_v)}{2\varDelta}$$

$$- \frac{h\varDelta_v(e\varDelta_v + f\varDelta_u - 2f_u\cdot\varDelta)}{2\varDelta^2}.$$

Diese zwei Ausdrücke müssen identisch sein; sonach ergibt sich:

$$\frac{\partial^2 h}{\partial u^2} g - \frac{\partial^2 h}{\partial v^2} e + \frac{\partial h}{\partial u}\left(2 g_u - f_v + \frac{g\varDelta_u + f\varDelta_v}{2\varDelta}\right) - \frac{\partial h}{\partial v}\left(2 e_v - f_u + \frac{e\varDelta_v + f\varDelta_u}{2\varDelta}\right)$$

$$(8)$$

$$+ h\left(g_{uu} - e_{vv} + \frac{g_u\varDelta_u + g\varDelta_{uu} - e_v\varDelta_v - e\varDelta_{vv} + f_u\varDelta_v - f_v\varDelta_u}{2\varDelta} - \frac{g\varDelta_u^2 - e\varDelta_v^2}{2\varDelta^2}\right) = 0.$$

Um h zu ermitteln, muß man also die partielle lineare Differentialgleichung zweiter Ordnung (8) lösen. Hierauf bestimmt man U und V (Gl. 7), erhält dann aus Gleichung (6) ϱ und aus den Gleichungen (5) schließlich x durch Quadraturen.

Man sieht also: Sind ∞^3 Gerade im Raume (d. i. 1 Gerade durch jeden Punkt des Raumes) durch ihre Richtungskosinus, ausgedrückt in Funktionen zweier Variablen u und v, gegeben, so ist es, um aus ihnen die Normalenkongruenzen von Flächen —, von welchen das Linienelement der sphärischen Abbildung sonach bekannt ist —, zu ermitteln, nötig, eine partielle lineare Differentialgleichung 2. Ordnung zu integrieren. Das Problem wird alsdann vollständig durch eine Folge von Quadraturen gelöst. Auf diese Weise werden also alle Flächen S_1 mit gleichem Linienelement im sphärischen Bilde erhalten.

Bei Wahl des konstanten Winkels ω zu $\pi/2$ kann man insbesondere alle jene Flächen bestimmen, deren Normalen mit jenen der Fläche S in korrespondierenden Punkten zwar rechte Winkel bilden, doch dieselben nicht notwendig in Punkten der gegebenen Fläche schneiden müssen. Es stellen also für diesen Fall die vorangegangenen Ausführungen zugleich eine Umdeutung des Problems orthogonaler Flächen (Orthogonalität der Tangentialebenen, bzw. Normalen) dar.

Die Größen ϱ, U und V stehen zueinander in charakteristischer Beziehung, wie sich aus folgender Überlegung ergibt:

Es ist:

$$E_1 = \Sigma x_{1u}^2 = \varrho^2 e_1 + 2\varrho\, U \cdot f_1 + U^2 g_1,$$

$$F_1 = \Sigma x_{1u} x_{1v} = \varrho^2 f_1 + \varrho\,(U g_1 + V e_1) + U V f_1,$$

$$G_1 = \Sigma x_{1v}^2 = \varrho^2 g_1 + 2\varrho\, V f_1 + V^2 e_1,$$

sonach:

$$\frac{E_1 G_1 - F_1^2}{e_1 g_1 - f_1^2} = (\varrho^2 - UV)^2$$

oder:

$$\frac{1}{\varrho^2 - UV} = \pm \sqrt{\frac{e_1 g_1 - f_1^2}{E_1 G_1 - F_1^2}} = \text{Krümmungsmaß der Fläche } S_1,$$

d. h. es können die Gleichungen:

$$x_{1u} = \varrho X_{1u} + U X_{1v}, \quad y_{1u} = \varrho Y_{1u} + U Y_{1v}, \quad z_{1u} = \varrho Z_{1u} + U Z_v,$$

$$x_{1v} = V X_{1u} + \varrho X_{1v}, \quad y_{1v} = V Y_{1u} + \varrho Y_{1v}, \quad z_v = V Z_{1u} + \varrho Z_{1v}$$

als Verallgemeinerungen der von Olinde Rodrigues für
die kartesischen Koordinaten der Zentraflächen aufgestellten Gleichungen betrachtet werden.

§ 2.

Zusammenhang des Problems der Isogonalität von Flächennormalen mit dem der Flächentreue.

Eine zweite Art der Ermittlung der Richtungskosinus X_1, Y_1, Z_1
der Normalen der Fläche S_1 führt zum Nachweis eines engen
Zusammenhangs der Frage nach isogonalen Flächen mit dem
Problem der Flächenäquivalenz bzw. Flächen- $\begin{cases} \text{Diminution} \\ \text{Amplifikation} \end{cases}$ in
folgender Uberlegung:

Entwickelt man die Definitionsgleichung (1) S. 65, so erhält man:

$$(1) \qquad \sum (y_u z_v - z_u y_v)(y_{1u} z_{1v} - z_{1u} y_{1v}) = k \sqrt{D D_1},$$
$$\text{bzw. } p p_1 + q q_1 + 1 = k \sqrt{\mathfrak{D} \mathfrak{D}_1},$$

$$D = EG - F^2, \quad p = \frac{\partial z}{\partial x}; \quad q = \frac{\partial z}{\partial y}; \quad \mathfrak{D} = 1 + p^2 + q^2.$$

Man kann nun folgende zwei Fälle unterscheiden:

1. $D = D_1$, bzw. $\mathfrak{D} = \mathfrak{D}_1$, d. h. die Flächen S_1 sind
flächentreu der Fläche S. Dieser Fall begreift die Kon-
gruenz in sich, ohne sie hier in der Allgemeinheit des Problems
der Flächenäquivalenz besonders unterscheidbar zu machen. Gleichung (1) kann alsdann geschrieben werden in der Form:

$$\Sigma\,(y_u z_v - z_u y_v)\,[(y_{1u} z_{1v} - z_{1u} y_{1v}) - k\,(y_u z_v - z_u y_v)] = 0,$$

bzw. $p\,(p_1 - kp) + q\,(q_1 - kq) + (1-k) = 0$ oder:

(2) $\Sigma X_0 \cdot A_1 = 0,$ bzw. $p\,\mathfrak{A}_1 + q\,\mathfrak{B}_1 - 1\,\mathfrak{C}_1 = 0.$

Dabei ist: $\mathfrak{A}_1 = p_1 - kp,$

$X_0 = X\,\sqrt{D}$ $\mathfrak{B}_1 = q_1 - kq,$

$A_1 = X_1\,\sqrt{D_1} - k\,X\,\sqrt{D} = X_1\,\sqrt{D_1} - k\,X_0$ $\mathfrak{C}_1 = k\ -1,$

Mit der Gleichung (2) ist identisch das System der 3 Gleichungen:

$$
\begin{aligned}
A_1 &= c\,Y_0 - b\,Z_0 & \text{bzw.} \quad \mathfrak{A}_1 &= -\mathfrak{c}\,q - \mathfrak{b}\cdot 1,\\
(2\,\text{a}) \quad B_1 &= a\,Z_0 - c\,X_0 & \mathfrak{B}_1 &= \mathfrak{a}\cdot 1 \ + \mathfrak{c}\cdot p,\\
C_1 &= b\,X_0 - a\,Y_0 & \mathfrak{C}_1 &= -\mathfrak{b}\,p + \mathfrak{a}\,q.
\end{aligned}
$$

Dabei sind a, b, c; bzw. $\mathfrak{a}$, $\mathfrak{b}$, $\mathfrak{c}$ zunächst vollkommen will-kürliche Funktionen von u und v, bzw. von y und z.

Schließlich errechnet man die Richtungskosinus selbst gem. Gl. (2) nach den Formeln:

$$X_1 = \frac{\mathfrak{A}_1 + kp}{\sqrt{\mathfrak{D}}},$$

$$X_1 = \frac{A_1 + k\,X\,\sqrt{D}}{\sqrt{D}} = \frac{k\,X_0 + c\,Y_0 - b\,Z_0}{\sqrt{D}} \quad \text{bzw.} \quad Y_1 = \frac{\mathfrak{B}_1 + kq}{\sqrt{\mathfrak{D}}},$$

u. s. f. $$Z_1 = \frac{\mathfrak{C}_1 - k}{\sqrt{\mathfrak{D}}}.$$

Die Bedingung, daß:

$$X_1^2 + Y_1^2 + Z_1^2 = 1$$

sein muß, schränkt die Willkür in der Wahl der Funktionen a, b, c, bzw. $\mathfrak{a}$, $\mathfrak{b}$, $\mathfrak{c}$ ein. Bei Darstellung der Richtungskosinus in vor-stehender Form ergibt sich nämlich:

$$D_1 = \Sigma A_1^2 + k^2\,D, \quad \text{bzw.} \qquad \mathfrak{D} = \Sigma \mathfrak{A}_1^2 + k^2\,\mathfrak{D},$$

d. h. $\Sigma A_1^2 = D\,(1 - k^2);$ d. h. $\Sigma \mathfrak{A}_1^2 = \mathfrak{D}\,(1 - k^2).$

Andererseits ist, wie sich aus den Formeln (2 a) errechnet,

$$\Sigma A_1^2 = D\,[a^2 + b^2 + c^2 - (a\,X + b\,Y + c\,Z)^2];$$

bzw. $\Sigma \mathfrak{A}_1^2 = \mathfrak{D}\,(\mathfrak{a}^2 + \mathfrak{b}^2 + \mathfrak{c}^2) - (\mathfrak{a}\,p + \mathfrak{b}\,q - \mathfrak{c})^2.$

Durch Gleichsetzung beider Werte folgt:

$$1 - k^2 = \sin^2 \omega = a^2 + b^2 + c^2 - (a\,X + b\,Y + c\,Z)^2,$$

bzw. $1 - k^2 = \mathfrak{a}^2 + \mathfrak{b}^2 + \mathfrak{c}^2 - \dfrac{(\mathfrak{a}\,p + \mathfrak{b}\,q - \mathfrak{c})^2}{\mathfrak{D}}.$

Diese Gleichung wird befriedigt, wenn:

$$a_0 = \pm \frac{a}{\sin \omega}, \ b_0 = \pm \frac{b}{\sin \omega}, \ c_0 = \pm \frac{c}{\sin \omega},$$

$$\text{bzw.} \ \mathfrak{a}_0 = \pm \frac{\mathfrak{a}}{\sin \omega}, \ \mathfrak{b}_0 = \pm \frac{\mathfrak{b}}{\sin \omega}, \ \mathfrak{c}_0 = \pm \frac{\mathfrak{c}}{\sin \omega}$$

die Richtungskosinus einer zur Richtung der Normalen von S senkrechten Geraden sind: **Die Hauptaufgabe ist auch hier die Bestimmung einer Richtung, normal zu der Flächennormalen von S.**

2. $D_1 = f \cdot D$, bzw. $\mathfrak{D}_1 = f\mathfrak{D}$ (f konstanter Proportionalitätsfaktor), d. h. die Differentiale der Oberflächen der beiden Flächen S und S_1 stehen in einem bestimmten, für jeden Punkt konstanten Verhältnis zueinander. Die in diesem Paragraphen angegebenen Gleichungen gelten für diesen Fall unter der Voraussetzung, daß k ersetzt wird durch $k' = k\sqrt{f}$.

§ 3.

Isogonal-isometrische Flächen.

Will man die zur Fläche S isometrischen und zugleich, im Sinne der Gleichung (1) S. 65, isogonalen Flächen bestimmen, so hat man die Aufgabe, **eine Fläche aus den Richtungskosinus ihrer Normalen und dem Linienelement der Fläche zu ermitteln.** Dies ist identisch mit der Bestimmung der Fläche aus ihren sechs Fundamentalgrößen, wie folgende Überlegung ergibt:

Da die Fundamentalgrößen 1. Ordnung der Fläche S_1, gleich den entsprechenden der Fläche S, bekannt sind:

(1) $$E_1 = E; \ F_1 = F; \ G_1 = G,$$

ferner: $$\varDelta_1 = e_1 g_1 - f_1^2$$

gegeben ist durch die Richtungskosinus der Flächennormalen, so ist das Krümmungsmaß von S_1 bekannt:

$$\frac{1}{K_1} = \frac{\sqrt{E_1 G_1 - F_1^2}}{\sqrt{e_1 g_1 - f_1^2}}.$$

Da weiter gilt: $\dfrac{1}{K_1} = \dfrac{E_1\,G_1 - F_1^2}{L_1\,N_1 - M_1^2}$,

so folgt

$$L_1\,N_1 - M_1^2 = \sqrt{(e_1\,g_1 - f_1^2)\,(E_1\,G_1 - F_1^2)}.$$

Für die sphärische Darstellung von S_1 gelten die Beziehungen:

(2) $\qquad \begin{aligned} e_1 + K_1\,E_1 &= H_1\,L_1, \quad f_1 + K_1\,F_1 = H_1\,M_1, \\ g_1 + K_1\,G_1 &= H_1\,N_1, \text{[1]} \end{aligned}$

woraus sich ergibt:

$$H_1^2(L_1\,N_1 - M_1^2) = \varDelta_1 + K_1^2\,D_1 + K_1\,(e_1\,G_1 + E_1\,g_1 - 2\,F_1\,f_1).$$

Substituiert man in dieser Gleichung für $L_1\,N_1 - M_1^2$ den oben angegebenen Wert, so erhält man schließlich für die Berechnung von H_1 die Gleichung 2. Grades:

$$H_1^2 = \frac{2\,\sqrt{\varDelta_1\,D_1} + (e_1\,G_1 + g_1\,E_1 - 2\,f_1\,F_1)}{D_1}.$$

Die Größen L_1, M_1, N_1 bestimmen sich rein algebraisch aus (2). Es kann dann in bekannter Weise die Existenz der isometrischen Fläche S_1 geprüft und diese selbst aus den 6 Fundamentalgrößen hierauf ermittelt werden.

§ 4.

Isogonale Flächen, deren Normalen sich in Punkten der einen dieser Flächen schneiden.

Die Lösung des Problems der Isogonalität von Flächen führt auch zur Behandlung der Frage nach Flächen S_1, deren Normalen jene der isogonalen Fläche S in Punkten der einen von beiden Flächen schneiden.

1. Die Berechnung der Gleichungen für die Darstellung von Flächen S_1, deren Normalen die der isogonalen Fläche S in den Punkten P derselben schneiden, gibt jene Voraussetzungen für die Fläche S, an deren Erfülltsein das Vorkommen solcher Flächen S_1 gebunden ist. Die Berechnung von ϱ (vgl. S. 72, Gl. (4)) erfordert dann nur mehr eine Integration.

---

[1] Vgl. G. Scheffers, Einführung in die Theorie der Flächen, II. Teil. Leipzig 1902. S. 497.

In diesem Falle des Schneidens der Normalen von S und S_1 in den Punkten P von S gilt:-

$$x_1 = x + \varrho\, X_1, \qquad y_1 = y + \varrho\, Y_1, \qquad z_1 = z + \varrho\, Z_1,$$

woraus folgt:

$$- \varrho_u = \Sigma\, x_u X_1, \qquad - \varrho_v = \Sigma\, x_v X_1.$$

Setzt man die in Seite 66 für X_1, Y_1, Z_1 aufgestellten Werte ein und berücksichtigt, daß:

$$\Sigma\, x_u X = \Sigma\, x_v X = 0,$$

so erhält man:

$$\varrho_u = \pm \sqrt{1 - k^2}\, (\mathfrak{X}\, x_u + \mathfrak{Y}\, y_u + \mathfrak{Z}\, z_u),$$
$$\varrho_v = \pm \sqrt{1 - k^2}\, (\mathfrak{X}\, x_v + \mathfrak{Y}\, y_v + \mathfrak{Z}\, z_v).$$

Differentiiert man die erste dieser Gleichungen nach v, die zweite nach u, setzt die dann gefundenen zwei Beziehungen für ϱ_{uv} einander gleich, so ergibt sich:

$$\mathfrak{X}_v\, x_u + \mathfrak{Y}_v\, y_u + \mathfrak{Z}_v\, z_u = \mathfrak{X}_u\, x_v + \mathfrak{Y}_u\, y_v + \mathfrak{Z}_u\, z_v,$$

d. h. es gibt Flächen S_1, deren Normalen in P_1 die zu ihnen isogonalen Normalen der Fläche S in den entsprechenden Punkten P derselben schneiden, wenn für die Fläche S die Beziehung besteht:

$$(1) \qquad \Sigma\, \mathfrak{X}_v\, x_u - \Sigma\, \mathfrak{X}_u\, x_v = 0.$$

Die Art der Fortschreitungsrichtung auf der Fläche S, d. h. die Auswahl der Tangenten dieser Fläche zu Geraden mit den Richtungskosinus $\mathfrak{X}$, $\mathfrak{Y}$, $\mathfrak{Z}$, bestimmt demnach die Voraussetzung für das Vorhandensein sowie die Art der isogonalen Flächen S_1.

In den auf Seite 68 angeführten vier Spezialfällen erhält man aus Gl. (1) durch Einsetzen der entsprechenden Werte für die Richtungskosinus $\mathfrak{X}$, $\mathfrak{Y}$, $\mathfrak{Z}$

$$\text{im Falle 1)}\quad G_u \cdot E^2 - 2EFF_u + E_u F'^2 = 0,$$
$$\text{im Falle 2)}\quad G_v F'^2 - 2GFF_v + E_v G^2 = 0,$$
$$\text{im Falle 3)}\quad E E_v - 2EF_u + E_u F = 0,$$
$$\text{im Falle 4)}\quad G G_u - 2GF_v + G_v F = 0.$$

ϱ berechnet man nach der Gleichung:

$$\varrho = - \int \Sigma\, x_u X_1\, du - \int \Sigma\, x_v X_1\, dv$$

in folgenden Werten:

$$\text{im Falle 1)} \quad \varrho = \pm \sqrt{1-k^2} \int \frac{D}{\sqrt{E}}\, dv,$$

$$\text{im Falle 2)} \quad \varrho = \pm \sqrt{1-k^2} \int \frac{D}{\sqrt{G}}\, du,$$

$$\text{im Falle 3)} \quad \varrho = \pm \sqrt{1-k^2} \int \sqrt{E}\, du + \frac{F}{\sqrt{E}}\, dv,$$

$$\text{im Falle 4)} \quad \varrho = \pm \sqrt{1-k^2} \int \frac{F}{\sqrt{G}}\, du + \sqrt{G}\, dv.$$

Nimmt man, unter Voraussetzung der Orthogonalität der Flächen S und S_1, auf S als Gerade mit den Richtungskosinus $\mathfrak{X}$, $\mathfrak{Y}$, $\mathfrak{Z}$ die Tangenten einer Schar von ∞^1 geodätischen Kurven, welche in diesem Falle Parameterlinien der Fläche S sein müssen, so sind diese ∞^2 Tangenten die Normalen von ∞^1 Parallelflächen S_1, für welche die Fläche S der eine Mantel der Zentrafläche ist[1]).

2) Um die isogonalen Flächen S_1 zu bestimmen, deren Punkte P_1 die Schnittpunkte ihrer Normalen mit jenen der Fläche S in deren entsprechenden Punkten P sind, verfährt man folgendermaßen:

Die Koordinaten von S_1 sind in diesem Falle dargestellt durch:

$$x_1 = x + \varrho_1 X, \qquad y_1 = y + \varrho_1 Y, \qquad z_1 = z + \varrho_1 Z,$$

woraus folgt:

$$x_{1u} = x_u + \varrho_{1u} X + \varrho_1 X_u, \qquad x_{1v} = x_v + \varrho_{1v} X + \varrho_1 X_v,$$
$$y_{1u} = y_u + \varrho_{1u} Y + \varrho_1 Y_u, \qquad y_{1v} = y_v + \varrho_{1v} Y + \varrho_1 Y_v,$$
$$z_{1u} = z_u + \varrho_{1u} Z + \varrho_1 Z_u, \qquad z_{1v} = z_v + \varrho_{1v} Z + \varrho_1 Z_v.$$

Durch Berechnung von $\Sigma x_{1u} X_1$, bzw. $\Sigma x_{1v} X_1$ ergeben sich, unter Berücksichtigung der Beziehungen:

$$\Sigma x_{1u} X_1 = \Sigma x_{1v} X_1 = 0, \qquad \Sigma x_u X = \Sigma x_v X = 0,$$
$$\Sigma x_u X_1 = \pm \sqrt{1-k^2}\, \Sigma \mathfrak{X} x_u, \qquad \Sigma x_v X_1 = + \sqrt{1-k^2}\, \Sigma \mathfrak{X} x_v,$$
$$\Sigma X X_u = \Sigma X X_v = 0$$

die beiden Gleichungen:

---

[1]) Vgl. G. Scheffers, a. a. O., S. 408 und S. 475. L. Bianchi-Lukat, a. a. O., S. 659.

$$\pm \sqrt{1 - k^2}\, \Sigma \mathfrak{X}\, x_u + k \varrho_{1u} \pm \sqrt{1 - k^2}\, \varrho_1 \Sigma \mathfrak{X}\, X_u = 0,$$
$$\pm \sqrt{1 - k^2}\, \Sigma \mathfrak{X}\, x_v + k \varrho_{1v} \pm \sqrt{1 - k^2}\, \varrho_1 \Sigma \mathfrak{X}\, X_v = 0$$

oder:

$$\varrho_{1u} = \mp \operatorname{tg} \omega \, (\Sigma \mathfrak{X}\, x_u + \varrho_1 \Sigma \mathfrak{X}\, X_u),$$
$$\varrho_{1v} = \mp \operatorname{tg} \omega \, (\Sigma \mathfrak{X}\, x_v + \varrho_1 \Sigma \mathfrak{X}\, X_v).$$

Differentiiert man die erste dieser Gleichungen nach v, die zweite nach u, setzt die beiden hierdurch gefundenen Beziehungen für ϱ_{1uv} einander gleich, so folgt für die Berechnung von ϱ_1 die lineare partielle Differentialgleichung 1. Ordnung:

$$\varrho_1 \, (\Sigma \mathfrak{X}_v\, X_u - \Sigma \mathfrak{X}_u\, X_v) + \varrho_{1v} \Sigma \mathfrak{X}\, X_u - \varrho_{1u} \Sigma \mathfrak{X}\, X_v$$
$$+ \Sigma \mathfrak{X}_v\, x_u - \Sigma \mathfrak{X}_u\, x_v = 0.$$

Wählt man bei Konstanz des Winkels $\omega = \dfrac{\pi}{2}$ als Gerade mit den Richtungskosinus $\mathfrak{X}$, $\mathfrak{Y}$, $\mathfrak{Z}$ die Tangenten der beiden Scharen von Krümmungskurven auf S, die dann zugleich Parameterlinien der Fläche S sein müssen, so ergeben sich als Flächen S_1 die beiden Mäntel der Zentralfläche von S.

Die in diesem Paragraphen gegebene Spezialisierung des Problems der Isogonalität kann als eine Übertragung der Evolutoidentheorie auf die Geometrie der Flächen und, da sie zwar das Schneiden sich entsprechender Normalen voraussetzt, den Winkel ω aber vollständig beliebig läßt, als eine Verallgemeinerung der Theorie der Zentralflächen aufgefaßt werden. Es gestatten die vorstehend ausgeführten Betrachtungen die Darstellung aller ∞^1 Flächen, deren Normalenkongruenzen in ihrer Gesamtheit den Komplex der zu den Normalen von S in den Punkten P bzw. P_1 isogonalen Geraden bilden[1]).

---

[1]) Vgl. S. 65 und 66.

Weitere Bemerkungen über die ältesten bekannten Wirbeltier-Reste, besonders über die Anaspida.

Mit 2 Tafeln und einer Textfigur.

Von **E. Stromer.**

Vorgetragen in der Sitzung am 6. Februar 1926.

Vor 6 Jahren habe ich an dieser Stelle (1920, S. 11, 12) u. a. auch einige Bemerkungen über die *Anaspida* gemacht. Seitdem hat mein einstiger Studiengenosse Prof. Kiaer in Christiania (Oslo) in einer ausgezeichneten Arbeit (1924) ausserordentlich sorgfältige Untersuchungen über sein reiches Material aus dem Obersilur Norwegens gemacht und weitgehende Schlüsse daraus gezogen. Er hat dabei Jäkels und meine Auffassung der Orientierung dieser seltsamen primitiven Wirbeltiere bestätigt (a. a. O. S. 29/30), wonach bisher oben und unten verwechselt war, ist aber auf meine, allerdings sehr kurzen Ausführungen speziell über *Lasanius* nicht weiter eingegangen, wohl weil ihm kein Material der schottischen Formen vorlag. Ich kann nun nicht nur über letztere zur Ergänzung, Bestätigung und Berichtigung Einiges beibringen, sondern glaube auch abweichende Ansichten über die *Anaspida* überhaupt auf Grund des Studiums der Literatur und der hiesigen schönen Reste, die wir dem Entgegenkommen der Professoren Traquair und Kiaer verdanken, äussern zu müssen.

Ich habe ein ziemlich vollständiges Exemplar von *Birkenia elegans* vorsichtig von der zu Mulm zersetzten Substanz gereinigt und so einen scharfen Abdruck erhalten, den Herr Geheimrat L. Döderlein so gütig war zu photographieren. Diese Aufnahmen sind auf Tafel I und II, Fig. 1 völlig unretouchiert wiedergegeben und zeigen bis auf den Kopf nicht so große Unterschiede von der Rekonstruktion Traquairs, die Kiaer (1924, p. 133, Fig. 30) in richtiger Orientierung bringt, dass sich eine erneute Rekonstruktions-

6*

figur verlohnt. Selbst wo ich aber nichts Neues gegenüber Traquair (1898, p. 837 ff.) beobachten kann, ist doch wenigstens eine kurze Erwähnung des von mir Gesehenen nötig, weil jenem kein so vorzüglich erhaltener Rest vorlag.

In der besonders gut erhaltenen Schwanzregion sieht man, dass das herabgebogene Hinterende des Körpers mit kleinen längsgestreckten Schuppen von spindelförmigem Umriss bedeckt ist, daß der Oberrand des Körperendes statt der bei *Pterolepis* längsgestreckten Schüppchen einen Saum von größeren nach oben hinten gerichteten Schuppen besitzt, und daß gleichgestaltete, aber viel kleinere und im Wesentlichen radiär gerichtete Schüppchen auch die ganzen Flossenlappen so vollständig überkleiden, dass man über das etwaige Vorhandensein von Flossenstrahlen nichts feststellen kann. Gesichert erscheint aber, daß entgegen den Befunden bei den norwegischen Gattungen Fulcra fast völlig fehlen. Die Afterflosse erscheint ganz so, wie es Traquair dargestellt hat, nur ist möglich, daß ihre vorderen leistenförmigen Schuppen mit denjenigen des Rumpfes doch etwas alternieren; leider ist der Flossenvorderrand mit dem vielleicht vorhanden gewesenen Stachel nicht erhalten und die Platte davor anscheinend verlagert und in ihrem Umrisse unklar. Der hinterste Dorsalstachel ist ebenfalls nicht zu sehen, dafür sind die vier davor liegenden, mit ihrer fein höckerigen Skulptur, ausgezeichnet erhalten. Der fünfte von hinten hat in der Tat die merkwürdige Gestalt, die Traquair angegeben hat und die Kiaer (a. a. O., p. 133) auf einen Zufallsbefund zurückführen wollte. Nur in einer Beziehung ist Traquairs Darstellung zu berichtigen. Die Sockel der Stacheln sind nämlich länger, als er angab, und stossen so wie bei *Lasanius* und den norwegischen Gattungen zusammen, daß der hintere ein wenig auf das Hinterende des davorliegenden übergreift.

Die Beschuppung des Rumpfes entspricht völlig dem schon Bekannten, nur ist leider weder etwas von den Schuppen erhalten, die unten vorn schräg nach hinten oben gerichtet sind, noch die dorsale mediane Schuppenreihe vor dem Doppelstachel. Auch die schräge Kiemenlochreihe und die sie umgebenden Hautskelett-Teile sind ganz ungenügend erhalten. Dahinter aber ist, offenbar verlagert, der bisher unbekannte, aber von Kiaer (p. 133) schon vermutete erste Bruststachel zu sehen. Sein Stachelteil liegt in

Gestalt eines tiefen Abdruckes nach oben vorn gerichtet, aber
weder den leistenförmigen Rumpfschuppen noch der Kiemenlochreihe parallel, während seine Basis nur schwach abgedrückt ist,
aber doch ihre Höckerskulptur und ihren ungefähr halbmondför-
migen Umriss erkennen läßt. Hinter ihr liegt dann wieder ein
tieferer Abdruck eines spitzkonischen Gebildes, aber mit der Spitze
nach unten gerichtet und kaum halb so lang als der erste Stachel,
dem er ziemlich parallel ist. Dieser entspricht jedenfalls in Form
und Größe dem Bruststachel der norwegischen Gattung *Rhyncholepis*, während der Stachel dahinter einem der schwächeren Stacheln
von *Pterolepis* (Kiaer, p. 71) entsprechen mag. Erwähnenswert ist,
dass beide Stacheln dieselbe Höckerskulptur zu besitzen scheinen,
welche alle Hautskelettgebilde von *Birkenia* haben, daß aber der
große Stachel außerdem noch Längsleisten besessen haben muß.

Am meisten Neues bietet die Kopfregion, obwohl sie vorn
und unten und anscheinend in der Gegend der Orbita etwas ge-
stört ist. Die Orbita selbst ist als längsovaler Fleck in etwa $^2/_3$
Höhe des Kopfes nur daran zu erkennen, daß hier der Abdruck
der feinen Höckerskulptur der Schuppen und Platten fehlt, in
den Bildern aber besonders undeutlich, weil sich unregelmäßige
Furchen darin befinden. Wie nun schon Woodward (1920, p. 27)
erwähnt hat, sind entgegen der Darstellung Traquairs zweifellos
rings um diese vermutliche Orbita größere Platten vorhanden,
leider aber so unvollständig und z. T. in solcher Verlagerung,
dass sich kaum sichere Vergleiche ziehen lassen. Festzustellen
ist aber, daß oben hinten in der Kopfregion kleine Schuppen von
spindelförmigem Umriße nach unten vorn gerichtet vorhanden
sind, an die sich eine schräge Reihe von etwa 10, ein wenig
größeren, gestreckt rhomboidischen und ziemlich gleich gerichteten nach unten zu anschließt. Darunter und vor der Stelle
der Kiemenlochreihe sind wieder kleine Schuppen von spindelförmigem Umriße in großer Anzahl vorhanden, die nach vorn zu
kleiner werden, welche aber nach hinten unten gerichtet sind.
Diese ganze Beschuppung entspricht offenbar in allem wesentlichen der von *Pterolepis* (Kiaer 1924, p. 41, Fig. 18) und *Pharyngolepis*. Speziell die Reihe größerer Schuppen, die vom Vorderende der Kiemenlochreihe gegen die Orbita zu hinzieht, und die
bei *Rhyncholepis* weniger regelmäßig ist, und auch das Kleiner-

werden der unteren Schuppen nach vorne zu (Kiaer 1924, p. 57)
verdient bei dem Vergleiche erwähnt zu werden.

Vor der schrägen Reihe größerer Schuppen liegen nun bei
Pterolepis unter der Orbita und ober dem Maule viele, sehr kleine
Schuppen von spindelförmigem Umriße in wagrechter Stellung
(Kiaer 1924, Fig. 18, p. 40), während hier an der genau entsprechenden Stelle eine einheitliche längsgestreckte Platte sich befindet,
deren Unterrand sich besonders scharf abhebt, und die unten vor
der Orbita endet. Hier stoßen an sie drei, ungefähr ebenso breite
Platten, von welchen zwei untere übereinander nach unten und
etwas vorn und eine obere nach oben und ganz wenig nach vorn
sich hinziehen, ohne daß ihre Enden erhalten wären. An die
oberste Platte schließt sich hinten, also über der Orbita, eine
größte Platte an, die anscheinend ununterbrochen bis zu den Schuppen der Hinterhauptsregion zurückreicht. Schließlich scheinen
hinter der Orbita zwei kleinere Platten vorhanden zu sein. Öffnungen kann ich in keiner dieser Platten erkennen und die Lage
der Mundspalte höchstens in dem scharfen Unterrande der wag-
rechten Platte unter der Orbita angedeutet finden.

Meine Befunde bezüglich der größeren Platten lassen sich
mit denjenigen Traquairs (1898, p. 838) in keiner Weise vereinigen, aber auch mit denen Kiaers bei den norwegischen Gattungen
nur schwer und in unsicherer Weise in Vergleich bringen. Die
zwei Platten hinter der vermutlichen Orbita wären natürlich Postorbitalia, die größte Platte oben müßte wohl der Pinealplatte
gleichgesetzt werden, die in ihrer Lage den Frontalia höherer
Wirbeltiere entspricht, und die längsgestreckte Platte unter der
Orbita wäre Maxillarplatte zu nennen, weil sie in ihrer Lage der
Maxilla und dem Jugale höherer Wirbeltiere entspricht. Die 3
vorderen, unvollständig erhaltenen Platten aber muß man wohl
als verlagert annehmen; die oberen zwei werden Rostralia Kiaers
entsprechen, die unterste könnte aber auch eine vorgeschobene
Mandibular- oder Gularplatte sein.

Wenn nach allem in der so wichtigen Kopf- und Kiemenregion noch mancherlei Einzelheiten ungeklärt bleiben, so sind
obige Betrachtungen doch geeignet, einerseits die nahe Verwandtschaft von *Birkenia* mit den besser bekannten norwegischen Gattungen, andererseits aber auch die Unterschiede, vor allem in den

Rückenstacheln, sowie in der Rumpf- und Schwanzbeschuppung zu
bekräftigen. Jedenfalls erscheint *Birkenia* in der Differenzierung
der Rückenstacheln und in der Schienenrichtung der hinteren
Körperhälfte, vielleicht auch im Besitze größerer Schädelplatten
höher spezialisiert als die drei norwegischen Gattungen.

Von *Lasanius problematicus* liegen mir zwei Stücke vor, von
welchen das eine nur die verkalkten Hautskelett-Teile z. T. durch-
einandergeworfen zeigt, das andere aber die ganze Körpervorderhälfte. Sie liegt völlig platt gedrückt auf der linken Seite und
hebt sich nur als rötliche Fläche von dem bräunlichen, ein wenig
rauherem Gesteine ab; ihr Höhendurchmesser dürfte also durch
die Plattdrückung etwas zu groß erscheinen. Die Rücken-
stachelreihe ist hier nur in unvollständigen Abdrücken erhalten,
dafür aber die Hautgebilde hinter der Kiemenregion sehr scharf.
Sie allein gebe ich deshalb in einer stark vergrößerten, unretou-
chierten Photographie, die ich der Güte Herrn Geheimrats L. Dö-
derleins verdanke, auf Tafel II in Fig. 2 wieder.

Außerdem bin ich aber genötigt, anbei eine Gesamtrekon-
struktion in doppelter Größe zu geben, Textfigur 1a und 1b;
denn die von Traquair (1898, p. 841, Fig. 4) übernommene in
Kiaer (1924, p. 132, Fig. 49) erscheint mir z. T. unrichtig. Wie
nämlich das hiesige Stück und die Abbildungen Traquairs (1898,
Taf. 5, Fig. 6 und 12, 1905, Taf. 2, Fig. 4—7) zeigen, ist die Ventralseite des Rumpfes in der Spangengegend stets ventralwärts
konvex, dagegen die gestreckte, vorn gerundet endende Kopfregion auffällig niedrig, nur etwa halb so hoch. Traquair hat
dies in seiner zweiten Rekonstruktion (1905, p. 886, Fig. 4) und
im Text schon richtig angegeben und es erscheint mir nicht unwichtig, denn der oberdevonische *Euphanerops* besitzt nach der
Abbildung Woodwards (1900, Taf. 10, Fig. 1) ganz ähnliche Umrisse der Körpervorderhälfte.

In der Kopfregion sind dem Oberrande nahe und 3 bezw. 4 mm
hinter dem Vorderende zwei ungefähr kreisförmige Vertiefungen
zu sehen, was bemerkenswert ist, weil in ziemlich gleicher Lage
bei einem Exemplar von *Lasanius armatus* auch zwei solche
Lücken zu sehen waren, die Traquair aber offenbar für Zufalls-
gebilde hielt (1898, p. 842, Taf. 5, Fig. 12). Vielleicht sind es
doch Orbitae, die infolge schiefer Verdrückung des Restes neben

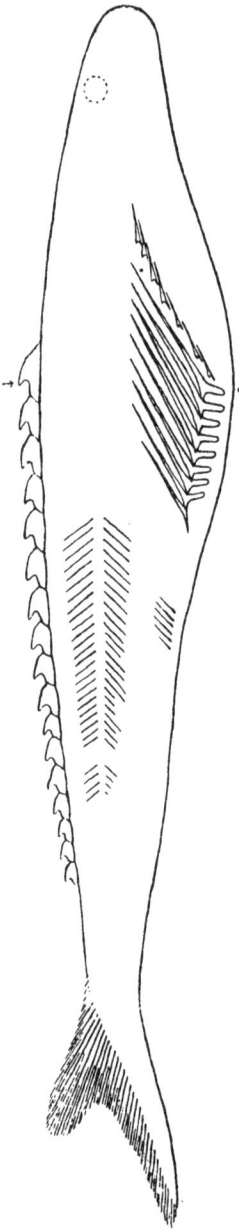

Fig. 1a. Etwas schematisierte Rekonstruktion von Lasanius problematicus, 2|1.

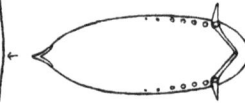

Fig. 1b. Schematischer Querschnitt durch die Rekonstruktion von Lasanius in der durch Pfeile an Fig. 1a angezeigten Stelle.

einander zu liegen kamen. Dass bei dem hiesigen Fossil eine solche schiefe Verdrückung stattfand, wird bei Beschreibung der Spangenregion noch zu erörtern sein.

Die dorsalen Stachelschuppen sind bei dem zweiten hiesigen Stücke nicht nur in scharfen Abdrücken, sondern auch in Steinkernen ihrer Sockel erhalten. Es lässt sich deshalb sicher feststellen, daß sie im Gegensatz zu denjenigen von *Birkenia* nicht skulptiert sind, wie es Traquair schon richtig angegeben hat (1898, p. 842, Taf. 5, Fig. 10), daß sie seitlich stark komprimiert sind, wenn auch großenteils nur infolge von Plattdrückung, und daß ihre Sockel wie bei den norwegischen Gattungen hohl sind und aufeinander reiten (Kiaer 1924, p. 62/3, Fig. 28 a—c). Kiaer (a. a. O., p. 94) sieht nun in dem Umstande, daß diese Stacheln gerade bei *Lasanius*, dessen sonstiges Schuppenkleid äusserst schwach ist, besonders stark ausgebildet sind, einen Beweis dafür, daß sie nicht umgebildete Schuppen sein könnten. Das ist irrig, wie z. B. die *Acipenseriden* erweisen, deren Längsreihen großer Knochenschilder sicher umgebildete Schuppen sind, deren sonstiges Schuppenkleid aber sehr schwach ist, oder die *Holocephali*, deren starke Hakenzähne im Stirnfortsatze der Männchen nur differenzierte Plakoidgebilde sind, deren Plakoidschuppenpanzer aber äusserst reduziert ist. Ganz ähnliche Stachelschuppen mit hohler, nur nicht so stark seitlich komprimierter Basis besitze ich übrigens von einem rezenten Rochen.

Was ich (1920, S. 12) nach Traquairs Abbildungen (1905, Taf. 2, Fig. 5—7) als Abdrücke verkalkter Wirbelbögen (mit Dornfortsätzen) und von Trägern einer Analfloße angesehen habe, hat Traquair (a. a. O., p. 887) für Andeutungen von Muskelsegmenten gedeutet, Kiaer aber (1924, p. 68) bei dem Vergleiche mit seinem norwegischen Materiale als solche von Hautschienen, deren Verlauf ja großenteils den Rumpfmuskelsegmenten entsprechen dürfte. Segmentgrenzen selbst erscheinen bei dem Erhaltungszustande der schottischen Reste nicht überlieferbar, verkalkte Hautschienen aber sind offenbar bei alten, großen Exemplaren von *Lasanius* vorhanden gewesen, wie Traquairs Fig. 8 erweist. Kiaer betont außerdem, daß in dessen Fig. 7 diese Schienen gerade so angeordnet zu sein scheinen, wie bei den drei norwegischen Gattungen. Aber eben jene Fig. 8 zeigt, daß die Hautschienen dicht hinter einander liegen, während sich in Traquairs Fig. 5—7 die unter sich parallelen Streifen in regelmäßigen Abständen folgen und zwar auffälliger Weise an Stellen, wo Wirbelbögen und Träger einer Afterflosse zu erwarten wären. Allerdings sind die nach unten hinten gerichteten unteren Abdrücke in Fig. 5 und besonders in Fig. 7 noch so weit vorn im Körper zu sehen, daß es sich hier nicht um Hämalbögen, sondern um Rippen handeln müßte und auch die Afterflosse läge ungewöhnlich weit vorn. Wenn gegen diese Auffassung eingewandt würde, daß die Wirbel doch nicht in so großer Anzahl vorhanden gewesen sein konnten, so kann dem entgegnet werden, daß bei diesen primitiven Wirbeltieren Diplospondylie, also je zwei Bögen auf ein Segment, anzunehmen ist. Da an den hiesigen Stücken leider gar nichts Derartiges zu sehen ist, muß die so wichtige Streitfrage offen bleiben bis zu einer Nachprüfung von Traquairs Originalen auf Grund der durch Kiaers Arbeiten gewonnenen viel besseren Erkenntnis des Baues der *Anaspida*.[1])

---

[1]) Anm.: Wenn es sich nur um Abdrücke von Hautschienen handelt, müßten die oberen mit den darunter liegenden unter einem stumpfen Winkel zusammenstoßen, solche von Wirbelbögen müßten aber durch einen Zwischenraum für die unverkalkten Körper und die Chorda dorsalis getrennt sein.

Die mindestens ebenso wichtige Frage nach der Bedeutung der offenbar stets stark verkalkten Bruststacheln scheint mir aber jetzt schon einer Klärung zugänglich. Kiaer (1924, pp. 69—72) deutet sie als Brustflossenstacheln, die hinter der schrägen Reihe der runden Öffnungen von Cyclostomen-artigen Kiemen liegen. Bei seinen norwegischen Formen fand er alle ventral von den jenseitigen durch Schuppen getrennt und jederseits nur einen langen Stachel mit gegabelter Basis, die sich bei *Pterolepis* als innen hohl erwies (p. 71, Fig. 31 d). Da er bei ihm dahinter noch eine Reihe kleiner scharfer Stacheln sah, schien ihm ein Übergang zu *Lasanius* gegeben, bei dem er eine schräge Reihe von Postbranchialblättchen und acht Stacheln erhalten sah, wobei nur der obere Schenkel der Stachelbasis ungewöhnlich lang war.

Er hat aber übersehen, daß Traquair ausdrücklich erwähnt hat, (1898, p. 841), daß die unteren Schenkel der beiderseitigen Stachel-Basen in der ventralen Mittellinie zusammenstoßen, und daß fast alle Abbildungen Traquairs (1898, Taf. 5, Fig. 5—7, 12; 1905, Taf. 2, Fig. 4—8) bis auf die eine von ihm wiedergegebene (1898, Taf. 5, Fig. 8) die beiderseitigen Stacheln zugleich und großenteils auch ihre ventrale Verbindung zeigen, sowie daß die Stacheln selbst im Verhältnis zum ganzen Körper und besonders in dem zu ihrer Basis sehr kurz sind. Das besser erhaltene hiesige Stück erlaubt nun in den sehr scharfen Abdrücken dieser Teile im Wesentlichen Traquairs Befunde zu bestätigen. Die Skelett-Teile der linken Seite liegen hier nämlich, wie die Abbildung (Taf. II, Fig. 2) zeigt, fast ganz ungestört da, die der rechten allerdings sind nach unten vorn vor und zwischen sie gepresst. Die Stachelabdrücke selbst gehen links schräg etwas nach hinten gerichtet in das Gestein, die rechten sind z. T. als kleine Höckerchen erhalten, was dafür spricht, daß die Stacheln, wenigstens basal, hohl waren. Bei der Reihe kleiner Stäbchen davor scheint rechts seltsamerweise eine Umdrehung der Vorder- und Rückseite erfolgt zu sein.

Links nämlich sieht man, ganz den Angaben und Abbildungen Traquairs entsprechend, vorn die sehr schräge Reihe von etwa $^1/_2$ Dutzend Stäbchen, deren Form Traquairs Fig. 9 (1898, Taf. 5) entspricht; d. h. sie sind bis etwa 3 mm lang, an den Enden spitz, ihr Vorderrand ist gerade, an ihrem hinteren befindet sich aber

im unteren Drittel der Länge eine breite, nach hinten unten gerichtete Widerhakenspitze. Die Stäbchen folgen sich so, daß das
untere stets mit seinem schlanken Oberende vor und unter dem
unteren Drittel des oberen liegt und daß die unteren Stäbchen
dicht vor der ersten Stachelbasis liegen, die oberen sich aber
allmählich etwas davon entfernen. Abgesehen von der erwähnten
Umkehr von vorn und hinten gewähren die rechten Stäbchen dasselbe Bild, sodaß hier offenbar ein normales Verhalten vorliegt,
wie ich es deshalb in der Rekonstruktionsfigur 1 angebe.

Dahinter folgen 8 schlanke, sich nach oben verjüngende und
unter sich parallele Stäbe, die in gleichen Abständen von oben
vorn nach hinten unten laufen und nach hinten zu allmählich
kürzer werden, indem sie von 7 auf 5 mm abnehmen. Sie sind
links gerade, rechts aber, wie in mehreren Abbildungen Traquairs,
ganz schwach gebogen. Hinter dem 8. liegt aber noch ein 9.,
nur 4 mm langer, also deutlich kürzerer Stab, ihm nicht ganz
parallel und sehr genähert, was Folge der Verdrückung sein könnte;
Auch nach einigen Abbildungen Traquairs (1898, Taf. 5, Fig. 6.
1905, Taf. 2, Fig. 6) sind neun Stäbe vorhanden, ja nach seiner
Fig. 5 (1905, Taf. 2) vielleicht sogar zehn. Nach unten setzt sich
nun jeder Stab unter einem stumpfen, nach hinten zu ein wenig
spitzer werdenden Winkel in einen 1,6—1,5 mm langen, etwas
breiteren, (etwa $^1/_2$ mm) Teil fort, der gerundet endet, an den
rechten Stäben aber leider nicht deutlich abgedrückt ist. An
den Knickstellen gingen offenbar die spitzen kurzen Stacheln
wohl nach hinten außen ab. Nur am 9. Stab ist jederseits dieser
Stachel einige mm lang in die Schichtfläche abgedrückt, dafür
aber nichts von dem nach unten abgeknickten Stabteile zu sehen.
Es ist also auch hierin eine gewiße Besonderheit des letzten erhaltenen Skelettgebildes angedeutet. Eine Skulptur ist an keinem
Skelett-Teil zu finden.

Wie Traquairs Abbildungen erweisen, stießen ursprünglich die
breiteren, unteren Teile der beiderseitigen Stäbe oder besser Spangen unter einem nach hinten offenen sehr stumpfen Winkel in der
Mittellinie zusammen; da sie aber fast immer getrennt erhalten
sind, waren sie hier offenbar nur locker verbunden. Es ist dabei
nochmals die ventrale Ausbauchung gerade dieser Körperregion
von *Lasanius* zu erwähnen, sowie, daß auch bei dem hiesigen

Stück keine Spur der Kiemenlöcher vorhanden ist. Der schema-
tische Querschnitt in Textfigur 1a ergibt endlich jedenfalls, daß
Lasanius ziemlich stark seitlich abgeplattet gewesen sein muß.

Wegen ihrer Lage, Zahl, Anordnung und nicht zum wenig-
sten wegen ihrer ventralen Verbindung habe ich diese Spangen
für Kiemenspangen gehalten (1920, S. 11), wobei ich aber als
auffällig erwähnte, daß sie im Gegensatze zu dem übrigen Innen-
skelette fest verknöchert waren. Kiaer (1924, p. 72) lehnt jedoch
diese Ansicht kurz ab und betont begreiflicherweise die Analogie
der Stäbchen mit den Postbranchialblättchen und der Spangen
mit den Basen der Bruststacheln, also mit Hautskelettgebilden,
der viel vollständiger erhaltenen norwegischen Gattungen.

Eine mikroskopische Untersuchung, ob Innen- oder Hautskelettgebilde vorliegen, ist nun leider nicht möglich und eine
für letztere entscheidende Skulptur nicht vorhanden, aber zunächst ist doch auf wesentliche Unterschiede von *Lasanius* und
den anderen besser bekannten *Anaspida* hinzuweisen. Die postbranchiale Schuppenreihe der 3 norwegischen Gattungen zeigt
stets eine umgekehrte Anordnung (Kiaer, Fig. 35—37), indem
das Oberende jeder Schuppe hinter dem unteren der darüber folgenden liegt. Keine hat überdies einen Widerhaken am Hinterrande, nur bei *Pterolepis* ist in Kiaers Fig. 31 d ein solcher am
Vorderrande zu sehen. Ferner ist bei allen und anscheinend auch
bei *Birkenia* nur ein langer Stachel gut ausgebildet und seine
Basis nie nach unten zu bis zur ventralen Mittellinie und nach
oben zu in einen langen Stab verlängert. Endlich beginnt die
Reihe der dorsalen Stacheln bei *Birkenia* und bei den 3 norwegischen Gattungen ungefähr oberhalb des Vorderendes der schrägen Lochreihe, also erheblich vor dem ersten Bruststachel, bei
Lasanius aber etwa ober der Mitte der 8 Stäbe, demnach weiter
hinten.

Ausserdem unterscheidet sich *Lasanius* von den anderen Gattungen außer *Euphanerops*, wie oben erwähnt, durch den Umriß
seines Vorderteiles, und von allen durch das Fehlen eines verkalkten Hautskelettes am Kopf und seine Schwäche am Rumpf
und vielleicht auch durch den Mangel einer Afterflosse oder durch
deren vorgerückte Lage.

Daher stelle ich für *Lasanius* eine besondere Unterordnung

Oligocnemata (Leichtbeschiente) gegenüber den anderen, den *Barycnemata* (Schwerbeschiente) auf. Bei den letzteren möchte ich aber nicht wie Kiaer (1924, pp. 131 ff.) jede Gattung in eine besondere Familie stellen, denn die kleinen Hautskelett-Teile primitiver Wirbeltiere pflegen stark variabel zu sein und haben deshalb keine große systematische Bedeutung. Es sei z. B. nur an die Unterschiede im Schädeldache der *Dipteridae* oder *Acipenseridae* oder an die Hautskelette der *Loricariidae* erinnert!

Die Bedenken, die ich gegen die Kiemenbogennatur der Spangen des *Lasanius* geäußert habe und der Haupteinwand Kiaers gegen diese Auffassung lassen sich nun meines Erachtens im Wesentlichen leicht beseitigen. Denn es wird sich zwar wohl bei den Spangen wie bei den Stacheln der *Anaspida* um Hautskelettgebilde handeln, trotzdem können sie aber mit knorpeligen Visceralbögen in engstem Zusammenhange stehen. Diese liegen ja ursprünglich (bei den *Cyclostomata*) dicht unter der Oberhaut und sind nicht selten mit Dentinzähnen, also Hautskelettgebilden, besetzt, z. B. bei dem Riesenhai, *Cetorhinus maximus*, und bei dem permischen *Protriton*. Auch an dem Brustgürtel kommt eine innige Verbindung von Dentinstacheln- und Platten mit Innenskelett-Teilen vor, so bei den *Acanthodi*, auf die ja Kiaer (1924, p. 102—104) mit Recht hinweist; z. B. läßt sich der allerdings mit je 2 Stacheln besetzte Brustgürtel von *Diplacanthus* (Woodward 1891, p. 23/4, Fig. 3) mit den Spangen des *Lasanius* gut vergleichen, insbesondere auch in dem Vorhandensein einer ventralen Symphyse. Gerade bei den norwegischen Formen erscheint auch ein Wahrscheinlichkeitsbeweis für eine Verbindung der Stachelbasis und des davor liegenden Postbranchiale mit metameren Knorpelspangen gegeben, weil der so sorgfältig beobachtende Kiaer (p. 70/1, Fig. 31 d) nachgewiesen hat, daß deren Innenseite bei *Pterolepis* konkav ist. Kiaer selbst (p. 100) ist ja einem solchen Gedanken nicht abgeneigt.

Die Lage der Spangen des *Lasanius* unten hinter der Kopfregion, also wie bei den *Elasmobranchii*, allerdings anscheinend in einer ventralen Erweiterung des Körpers, ihre Zahl, welche größer ist als die der Kiemenbögen bei hierin primitiven Haien (*Heptanchus* etc.), ferner daß die hinterste Spange am schwächsten und ihr ventraler Teil anscheinend reduziert ist, ja daß sie öfters

ganz zu fehlen scheint, wie auch der hinterste Kiemenbogen oft
in Rückbildung ist, weiterhin die Richtung, Abstände und ventralen Verbindungen der Spangen stimmen gewiß sehr gut mit der
Annahme ihres Zusammenhanges mit Kiemenbögen überein. Es
stört dabei kaum, daß sie nicht aus mehreren Stücken zusammengesetzt sind und daß ihr dorsaler Teil nicht oder sehr wenig ge-
krümmt und nach oben zu verjüngt ist. Die herausragenden Stacheln selbst könnten zum Schutze der so empfindlichen Kiemenregion gedient haben, wie ja manchmal am Hinterrande des Kie-
mendeckels von Knochenfischen, z. B. bei *Scorpaeniformes*, Stacheln vorkommen.

Es dürfen aber bei dieser Auffassung zwei Hauptbedenken
nicht verschwiegen werden. Erstlich liegen die Spangen ziemlich
weit hinter dem vorderen Körperende und davor ist kein Skelett-
Teil erhalten als die Reihe kleiner Stäbchen und zweitens muß
man doch nach Analogie mit den anderen *Anaspida* annehmen,
daß statt metameren Kiemenspalten vor diesen Stäbchen eine
Reihe von runden Löchern vorhanden war. Das erste Bedenken
ließe sich insofern beseitigen, als man das einstige Vorhandensein
weiterer, vorderer, knorpeliger Visceralbögen annehmen kann, von
welchen nur deshalb keine Spur erhalten ist, weil sie, abgesehen
von den Stäbchen, nicht mit fossil erhaltungsfähigen Hautskelettgebilden besetzt waren. Wahrscheinlichkeitsbeweise dafür, daß
bei den *Anaspida* knorpelige Visceralbögen vorn in der Kopfregion vorhanden waren, gibt es ja. Denn Kiaer (p. 87—88) hat
Anhaltspunkte für das Vorhandensein eines Kieferbogens bei *Rhyncholepis* und *Pharyngolepis* und für die Verwandschaft der *Osteostraci* (*Cephalaspidomorphi*) mit den *Anaspida* gefunden (p. 122).
Bei diesen aber sind die Visceralbögen öfters doch so stark verkalkt, daß sie mehr oder minder deutliche Spuren hinterlassen
haben, wie sie Jaekel (1903, S. 90, Fig. 3, 4) bei *Cephalaspis* dicht
hinter den Augenhöhlen, Rohon (1895, Taf. 2) bei *Thyestes* an
den Kopfseiten bis weit vorn abgebildet haben.[1]

Wenn nun die Annahme Jaekels (a. a. O.) richtig ist, daß
diese Spangen bei *Cephalaspis* nach hinten unten zu einer jeder-

---

[1] Anm.: Rohon wie Jaekel (1925 a, S. 447) halten die letzteren Abdrücke allerdings für Segmentgrenzen des Primordialschädels, Woodward
(1920, p. 82) aber nimmt, wie ich, Visceralbögen an.

seitigen schrägen Lochreihe führen, wie sie bei *Tremataspis* nachgewiesen ist (Jaekel 1903, S. 90, Fig. 2), so dürfen wir sie wie
er als Kiemenspangen und diese für Kiemenlöcher ansehen. Letztere gleichen aber in Lage, Form und Zahl denjenigen der *Anaspida*. Deshalb können wir auch bei diesen knorpelige Kiemenbögen vor den Löchern annehmen.

Dann aber trugen die von mir vermuteten Visceralbogen hinter‘ der Lochreihe wahrscheinlich keine Kiemen mehr. Es liegt
nahe, mit Kiaer (p. 100 ff.) nach Analogie mit dem *Acanthodi* ihre
Stacheln mit brustflossen-ähnlichen Organen in Verbindung zu
bringen, besonders wenn man, wie ich (1920, S. 17), die Schwie-
rigkeit in Rechnung zieht, die sich für die Steuerung bei der Annahme völligen Fehlens paariger Extremitäten ergeben würde.
Wahrscheinlichkeitsbeweise für die Richtigkeit der Balfour'schen
Seitenfalten-Theorie halte ich aber weder durch die Befunde bei
den *Acanthodi* noch bei den *Anaspida*, selbst im Falle der Annahme obiger Deutung, erbracht. Denn die Annahme zahlreicher
metamerer knorpeliger Visceralbögen, wobei die vorderen mit Kiemen, die hinteren mit Vorstadien paariger Extremitäten in Verbindung gestanden hätten, scheint mir im Gegensatz zu Kiaer
(pp. 99—105) sich mit dem wesentlichen Kerne der bekannten
Gegenbaur'schen Theorie besser in Einklang bringen zu lassen
als mit der ontogenetisch so ungenügend begründeten Gegentheorie.

Was die systematische Stellung der *Anaspida* anlangt, so
stellt sie Kiaer, wie schon erwähnt, neben die *Osteostraci*. Ich
möchte dazu noch keine Stellung nehmen, weil die in Aussicht
stehende Arbeit dieses vorzüglichen Forschers über norwegische
Reste von solchen bisher nicht erschienen ist. Beide Gruppen
rechnet er (pp. 120/1 und 129 ff.) als Klassen neben die der *Cyclostomata*, wogegen ich besonders wegen seiner Begründung Bedenken äussern muß.

Kiaer legt nämlich dabei ausdrücklich (p. 121) das größte
Gewicht auf die unpaare, dicht vor den Augenöffnungen und dem
Foramen pineale gelegene Nasenöffnung, dann auf die paarigen
Kiemenlochreihen und auf eine Anzahl primitiver Merkmale und
faßt deshalb alle drei Klassen als *Monorhina* gegenüber den diplo-
rhinen, cranioten Wirbeltieren zusammen. Bedenken dagegen
sucht er damit zu beseitigen, daß er bei den heutigen *Cyclosto-*

mata das Hautskelett und die paarigen Extremitäten rückgebildet
und den Kieferbogen durch sekundäre Entstehung des Saugmundes
umgebildet sein läßt.

Es weist aber gar nichts in dem Bau und in der Ontogenie
der rezenten *Cyclostomata* darauf hin, daß ihre Schwanzflosse je
epi- oder hypocerk war (Schmalhausen 1913, S. 59—60),[1] daß
sie paarige Extremitäten und andere Hautskelettgebilde als hor-
nige hatten. Dagegen aber, daß ihre unpaare Nase ein uraltes
primitives Merkmal ist, wie man nach Kiaer doch annehmen muß,
spricht der Umstand, daß das Riechorgan ontogenetisch aus einer
paarigen Anlage hervorgeht (Kupffer 1895, S. 77) und daß ihre
Nervi und Lobi olfactorii sowie das ganze Vorderhirn zeitlebens
ausgesprochen paarig bleiben. Allerdings ist nach Wiman (1916)
bei *Tremataspis*, also bei einem Vertreter der *Osteostraci*, der
Raum für das Vorderhirn völlig unpaar, er erscheint aber so
auffällig klein und schmal, daß dies noch der Nachprüfung bedarf.
Jedenfalls beweist die Unpaarigkeit der von Hautknochen umrahm-
ten äusseren Nasenöffnung, die allein bei den *Anaspida* festzustellen ist, nicht viel, denn sie ist ja z. B. auch bei vielen *Croco-
dilia*, den Schildkröten und den Säugetieren vorhanden.

Was endlich das Visceralskelett und die Kiemen anlangt,
so nimmt ein so ausgezeichneter Erforscher primitiver Wirbeltiere, wie Sewertzoff, z. B. in seiner gehaltreichen, zusammen-
faßenden Arbeit über die Faktoren der progressiven Entwicklung
der niederen Wirbeltiere an, daß die primitivsten „*Protocraniata*"
einen oralen Knorpelring und dahinter zahlreiche ungegliederte,
knorpelige Kiemenbogen besaßen, daß also der Mundring der *Cyclostomata* etwas ursprüngliches ist, und daß nur die Längsver-

---

[1] Schmalhausens (1913, S. 71) Anschauung über die drehende Wirkung
der epicerken (heterocerken) Schwanzflöße steht im Gegensatz zu der von
mir (1920, S. 17) geäußerten über die der hypocerken der *Anaspida*. Ich
habe aber keinen Grund, von der auch von Hesse (1910. S. 193/4, Fig. 118—122)
geteilten und mit den wahrscheinlichen Lebensbedürfnissen, z. B. der grund-
bewohnenden Störe und *Heterocerci* einerseits und der luftatmenden *Ichthyo-
sauria* andererseits, übereinstimmenden Annahme abzugehen, daß die epi-
cerke Schwanzflosse das Kopfende nach unten, die hypocerke aber nach
oben wendet. Schmalhausens (a. a, O., S. 71—77) ganze Hypothese über
die Gründe der Umbildung der Schwanzflosse der Fische scheint mir also
schon aus diesem Grunde verfehlt.

bindungen in ihrem Kiemengerüst etwas sekundäres sind, (a. a.
O., S. 16—18). Das Hauptgewicht legt er dabei mit Recht auf
die Ausbildung der Kiemen selbst, indem er Götte (1901, S. 566)
folgend Ento- von Ectobranchiata trennt. Der Name *Marsipobranchii* für die *Cyclostomata* ist demnach dem von *Monorhina*
weitaus vorzuziehen. Es ist aber natürlich bei fossilen Formen
direkt nicht nachweisbar, ob entodermale Kiemen und Kiemen-
taschen vorhanden waren.

Wir haben nun weder bei den *Anaspida*, noch bei den *Osteostraci* irgend einen Anhaltspunkt dafür, daß sie einen Kiemenkorb
wie die *Marsipobranchii* besaßen, andererseits aber auch keinen
dafür, daß sie gegliederte Kiemenbogen wie nach Sewertzoff (a.
a. O., S. 19) die Vorläufer der Fische und diese selbst, hatten.
Vielmehr sprechen die einheitlichen Hautspangen bei *Lasanius*,
wie oben auseinandergesetzt wurde (S. 94) dafür, daß ihre Unterlage, also wenigstens die hinteren Visceralbögen ungegliedert waren
und der Längsverbindungen entbehrten, was ja Sewertzoff als pri-
mitiv annimmt. Wichtig erscheint aber, daß metamere Kiemenspalten bei den *Osteostraci* und den dichtbeschienten *Anaspida*,
den *Barycnemata*, nicht vorhanden sein konnten, und daß jederseits eine schräge Reihe runder Löcher bei genügend erhaltenen
nachgewiesen, wahrscheinlich also bei allen vorhanden gewesen
ist. Sie läßt sich sehr gut mit den Kiemenlöchern von *Petromy-
zon* vergleichen (Jaekel 1903, S. 92, Kiaer 1924, p. 89); dagegen
kann man sich nicht recht vorstellen, wie dabei fischartige Kiemen
funktioniert haben sollten.

Ob dieser Wahrscheinlichkeitsbeweis für Marsipobranchier-
artige Kiemen, das nahe Zusammensein der äußerlich unpaaren
Nasenöffnung, des Foramen pineale und der Orbitae und die von
Kiaer (p. 84) deshalb vermutete schwache Ausbildung des Vorder-
hirnes und das von ihm (p. 84) aus der Beschuppung hinter den
Augenöffnungen in scharfsinniger Weise erschlossene Fehlen der
Hinterhauptsregion des Knorpelschädels sowie das Fehlen typi-
scher, paariger Extremitäten genügen, um die *Anaspida*, *Osteostraci* und *Cyclostomata* als *Marsipobranchii*, also doch wesentlich
in seinem Sinne, zusammenzufassen, und so den *Pisces* gegenüber-
zustellen, muß ich dahingestellt sein lassen.

Im Übrigen habe ich meinen kurzen Ausführungen über die

ältesten Wirbeltiere nur Einiges nachzutragen, wesentlich auf
Grund der Literatur, die mir im Jahre 1920 wegen des Krieges,
der auch nach dem äußerlichen Friedensschlusse gegen die deutsche
Wissenschaft fortgesetzt wurde, unbekannt geblieben ist, und die
seitdem erschienen ist.   Zu den ältesten, untersilurischen Resten
Nordamerikas ist zu bemerken, daß schon vor mir Dean (1906,
pp. 133—135, Fig. 113, 114) mit treffenden Gründen bewiesen
hat, daß es sich bei *Dictyorhabdus* nicht um einen Wirbeltierrest
handelt.   Seiner, von Hyatt geteilten, aber nicht näher begründeten Annahme, daß es der Rest eines *Cephalopoden* sei, kann
ich allerdings nicht beistimmen, schon weil es zweiklappige Schalen sind. Ich will aber hier nicht weiter darauf eingehen. Positiv
wichtig ist Eastmanns (1917, p. 238/9, Taf. 12, Fig. 5, 6) Abbildung und kurze Beschreibung des schon von Walcott (1892, p.
167, Anm.) beschriebenen Abdruckes der Außenseite einer größeren *Astraspis*-Platte von 5 : 7 cm Durchmesser aus dem Untersilur von Canyon City.   Eastmann findet sie *Psammosteus*, also
einem *Heterostraken* besonders ähnlich, während Woodward (1920,
p. 33) *Astraspis* zu den *Osteostraci* rechnet.   Trotz der Unklarheit
über die systematische Zugehörigkeit ist der Rest doch von Bedeutung, weil damit das Vorhandensein einer ziemlich großen,
zweiseitig symmetrischen Hautskelettplatte, also auch das eines nicht
sehr kleinen und nicht ganz primitiven Wirbeltieres in so früher
Zeit erwiesen ist.   Daß es sich wirklich um Untersilur handelt,
finde ich weiter dadurch erhärtet, daß Cockerell (1913, p. 246/7)
ähnliche Reste wie bei Canyon City aus marinem Untersilur von
Ohio City in Colorado angeführt hat.   Man muß also das Vorhandensein uns noch völlig unbekannter, primitiverer Vorläufer
dieser gepanzerten Wirbeltiere im Kambrium annehmen.

    Bezüglich obersilurischer Wirbeltiere ist neben den schon
ausführlich besprochenen *Anaspida* fast nur erwähnenswert, daß
dem unterdevonischen *Ischnacanthus* ähnliche bezahnte Kieferstücke
und Zähnchen nach Woodward (1917, p. 74/5) in England (*Plectrodus mirabilis*) und Portugal (Priem 1910, pp. 3 - 6, Taf. I, Fig.
8—18, *Plectrodus mirabilis* und *Campylodus Delgadoi*), also anscheinend Reste ältester *Acanthodi* nachgewiesen sind. Im Übrigen kann ich auf die neueren klaren Zusammenfassungen Woodwards (1920, 1921 und 1922) über unsere Kenntnisse der ältesten
fossilen Wirbeltiere des Obersilurs und Devons verweisen.

Neueste Ausführungen Jaekels zwingen mich aber doch zu
dem Versuch einer erneuten Widerlegung. Er hat nämlich, ohne
meine ihm bekannten Einwände (1920, S. 15, Anm. und S.
16) zu erwähnen, seine seltsamen Ansichten über den Unterkiefer und
den Biß der *Arthrodira* wiederholt (1925, S. 333, Fig. 12, S.
340—342, Fig. 17 und 1925a, S. 425, Fig. 13) und seine Hypothese von der ursprünglichen Vierteiligkeit aller Visceralbögen
ausführlich begründet (1925a). Ersterem gegenüber muß ich
vor allem darauf hinweisen, daß Eastmann (1906, p. 25/6, Fig. G)
bei dem Arthrodiren *Dinomylostoma* das Spleniale und das Dentale
innig verbunden und ausnahmsweise den Knorpel des Articulare
verkalkt gefunden hat. Die *Arthrodira* besaßen also ein normales
Kiefergelenk, dessen Teile nur, wie ich vermutet hatte, ebenso wie
bei den *Dipnoi* gewöhnlich nicht verknöcherten. Bezüglich des
oberdevonischen *Erromenosteus* betont nun Jaekel (1925a. S. 425),
daß er die früher (1919, S. 85, Fig. 9) beschriebenen Verhältnisse
bei 2 Stücken beobachtet habe und daß sie keine andere Deutung als die seinige zuliessen; ich habe aber nicht seinen Befund
bestritten, sondern nur die Deutung. Nach seiner eigenen Abbildung (1919, Fig. 9) sind ja nur die Copula und Hypohyalia
seines vermeintlichen Hyoidbogens vor die Splenialia ragend erhalten. Man könnte da doch auch an verlagerte Gularia denken,
die schon bei so primitiven Formen wie bei manchen *Anaspida*
vorkommen; meine Deutung erscheint mir aber noch die wahr-
scheinlichste, auch weil sich das rechte „Hypohyale" wie in einer
langen Naht an das entsprechende „Spleniale" anlegt. Es wären
demnach hier vorn innen Splenialia, außen bis weit hinten Den-
talia sowie verknöcherte Articularia ähnlich wie bei *Dinomylostoma* erhalten.[1]

Bezüglich der zweiten Frage begeht meines Erachtens Jaekel
einen prinzipiellen Fehler in seiner Methode. Mit Recht wirft man

---

[1] Anm.: Gegenüber den Ausführungen von Stensiö (1925, p. 175) über
den Unterkiefer der *Arthrodira* muß ich darauf hinweisen, daß er sich offenbar wie bei den *Dipnoi* wechselnd verhielt. Auch bei diesen ist z. B. bei
Dipterus sogar der Gelenkteil verknöchert, bei *Epiceratodus* wenigstens eine
Anzahl von Hautknochen vorhanden, bei den *Lepidosirenidae* aber genau
wie bei *Pholidosteus* unter den *Arthrodira* nur ein sehr großes Spleniale
und ein kleines Angulare.

nämlich vielen vergleichenden Anatomen vor, daß sie ihre oft weitgehenden Schlüsse wesentlich auf das Studium irgend einer aberranten Form gründen, von der sie zufällig ontogenetisches Mater-
rial haben. Der Paläontologe, der in so Vielem ungünstiger daran
ist, darf den Vorteil, daß er neben der primitiven Gestalt der
von ihm zum Ausgangspunkt ausgewählten Form auch ihr zeitlich möglichst frühes Auftreten betont, nicht aufgeben, wenn er
ihren ursprünglichen Charakter erweisen will. Natürlich kann
auch eine geologisch junge und spezialisierte Tierform in Manchem sehr primitive Merkmale bewahrt haben, es bedarf aber
dabei eines besonderen Beweises, daß die betreffenden Merkmale
ursprünglich sind. Der permische *Acanthodes* aber, von dem
Jaekel ausgeht, und bei dem allein er das Palatoquadratum und
Mandibulare in mehrere verkalkte Stücke gegliedert fand, ist
der geologisch jüngste und in Manchem sicher spezialisierteste
Angehörige einer an sich aberranten Fischgruppe. Dagegen,
daß sein Kieferbogen ursprüngliche Merkmale zeigt, spricht überdies der positive Befund, den Jaekel selbst bringt, indem er nicht
nur von einem devonischen *Elasmobranchier*, sondern gerade auch
von einem ebenfalls devonischen Vorläufer des *Acanthodes* Kieferbögen beschreibt (1925 a, S. 404/5, Fig. 3, 4), die sich in allem
Wesentlichen so einfach wie bei einem rezenten niederen *Selachier*
verhalten. Es liegt nicht der Schein eines Beweises dafür vor,
daß gerade diese geologisch sehr alten Formen durch Degenera-
tion oder ontogenetische Hemmung darin spezialisiert wären.
Überdies ist auch bei *Acanthodes* der Kieferbogen keineswegs
deutlich vierteilig, denn das von Jaekel mit a[3] bezeichnete Stück
läßt sich nur mit einer etwas gesuchten und ganz unbewiesenen
Erklärung in sein Schema einfügen und das einheitliche, lange
Stück am Unterrande des Mandibulare paßt gar nicht dazu, wes-
halb es von Jaekel (1925 a, S. 420, Fig. 6) als Belegknochen bei-
seite geschoben wird.[1]) Die Ausgangsform Jaekels ist demnach
eine ungeeignete, und nicht einmal bei ihr ist das Schema der
Vierteilung des Kieferbogens verwirklicht. Deshalb erscheint mir

---

[1]) Anm.: Nach Reis (1890, S. 19, Fig. IV f und 1896, S. 191) besteht es
völlig aus Dentin. Es könnte aber sein, daß diese Struktur nur sekundär
ist, denn auch die Knochen höherer *Teleostier*, die keine Knochenkörperchen mehr besitzen, zeigen oft eine ganz dentinähnliche Struktur.

seine ganze, so gedankenreiche Hypothese auf Sand aufgebaut. Ich kann zum Schlusse nur noch hervorheben, daß meine obigen Ausführungen (S. 97) über die *Cyclostomen* und über die Einheitlichkeit der Visceralbögen von *Lasanius* im Gegensatz zu ihr stehen.

Nachtrag.

Während des Druckes meiner Arbeit ist mir die überaus sorgfältige Abhandlung von Stensiö (1925) zugegangen, die einen sehr großen Wissensfortschritt über die *Arthrodira* bringt. Ich muß aber gegen ihn daran festhalten, daß diese merkwürdigen Fische nicht den *Elasmobranchii* anzureihen sind. Denn er hat lediglich erwiesen, daß ihr Primordialcranium dem primitiver *Plagiostomi* außerordentlich gleicht. Das ist aber mit dem aller primitiveren *Teleostomi* der Fall, vor allem mit dem der *Acipenseridae*, die Stensiö auffälligerweise gar nicht zum Vergleiche heranzieht, obwohl sie gerade im Primordialcranium und in dessen Umhüllung durch einen umfangreichen Hautknochenpanzer, in der lockeren Befestigung der Kieferbögen an ihm, usw. besondere Vergleichspunkte geboten hätten.

Wir müssen ja wohl annehmen, daß alle *Teleostomi* von Elasmobranchier-artigen Fischen abstammen und es ist von vorn herein nicht unwahrscheinlich, daß dies in mehreren Stammreihen erfolgte, d. h. daß echte Verknöcherung usw. mehrfach erworben wurde. Trotz Weidenreich (1923, S. 415—419) bleibt nämlich bestehen, daß bei den *Elasmobranchii* kein echter Knochen, d. h. ein Knochenkörperchen enthaltender, vorkommt (Stromer 1912, S. 17).[1]) Sehr wichtig ist der Nachweis echter Zähne bei *Arthro-*

---

[1]) Anm.: Was übrigens Stensiö (1925, p. 3) als Verknöcherung am Primordialcranium von *Macropetalichthys* beschreibt, kann kein Faserknochen im Sinne Weidenreichs sein, sondern nur ein Knorpelknochen. Wenn nun auch die Abbildung 2 auf Tafel 31 Stensiös für spongiösen Knochen zu sprechen scheint, vermisse ich doch den Nachweis von Knochenkörperchen mit den bezeichnenden bäumchenförmigen Ausläufern. In seiner Fig. 1 auf Taf. 31 kann es sich ja ebenso gut um Knorpelzellen handeln. Stensiös Beschreibung der verkalkten äußeren und inneren Deckschicht und der Kanalwandungen des Primordialcraniums erinnert viel mehr an eine oberflächliche Knorpelverkalkung, die allerdings gewöhnlich prismatisch ist, als an Verknöcherung.

dira; sie sind aber nach Stensiö (1925, p. 176) im Gegensatze zu denen der *Elasmobranchii* den Kieferknochen aufgewachsen, außer bei *Jagorina* (Stensiö, p. 185 Anm.), von deren Zugehörigkeit zu den *Arthrodira* ich noch nicht überzeugt bin. Gar nicht beachtet ist schließlich der von mir (1912, S. 36, Fig. 46 und 1920, S. 17) als hochwichtig hervorgehobene Umstand, daß die vermutlichen Beckenknochen der *Arthrodira* nach dem Befunde bei *Coccosteus* wie bei den *Tetrapoda* mit der Wirbelsäule verbunden erscheinen, ein einzigartiges Verhalten unter den Fischen, was allein sie weit von den *Elasmobranchii* entfernt.

Literatur-Verzeichnis.

Cockerell, T. D. A.: Ordovician(?) fish remains in Colorado. Amer. Natur. Vol. 47, pp. 246—7, New-York 1913.

Dean, Bashford: Chimaeroid fishes and their development. Carnegie Instit, Public. Nr. 32 pp. 133—5, Washington D. C. 1906.

Goette, A.: Über die Kiemen der Fische. Zeitschr. f. wiss. Zool., Bd. 69, S. 533—577, Leipzig 1901.

Eastmann, Ch.: Structure and relations of Mylostoma. Bull. Mus. compar. Zool., Vol 50, Nr. 1, Cambridge, Mass. 1906.

— — Fossil fishes in the collection of the U. St. nation. Museum. Proc. U. St. nation. Mus., Vol. 52, pp. 238/9, Washington D. C. 1917.

Hesse und Doflein: Tierbau und Tierleben, Bd. I., Hesse R.: Der Tierkörper als selbständiger Organismus. Leipzig 1910.

Jaekel, O.: Tremataspis und Pattens Ableitung der Wirbeltiere von Arthropoden. Zeitschr. d. geol. Ges. Bd. 55, Verh., S. 84—93, Berlin 1903.

— — Die Mundbildung der Placodermen. Sitz. Ber. Ges. naturf. Freunde· Jahrg. 1919, S. 73—110, Berlin 1919.

— — Zur Morphogenie der Gebisse und Zähne. Vierteljahrsschr. f. Zahnheilkunde. Jahrg. 1925, S. 313—349, Berlin 1925.

— — Das Mundskelett der Wirbeltiere. Morphol. Jahrb., Bd. 55, S. 402—484, Leipzig 1925a.

Kiaer, J.: The downtonian fauna of Norway, I. Anaspida. Vidensk. Skrifter, I. mat. naturv. Kl. 1924, Nr. 6. Kristiania 1924.

Kupffer, C. v.: Studien zur vergleichenden Entwicklungsgeschichte des Kopfes der Kraniaten, 3. Heft, S. 77, München 1895.

Priem, F.: Sur des poissons et autres fossiles du Silurien superieur du Portugal. Commun. Serv. géol. Portugal, T. 8, pp. 3—6, Lisboa 1910.

Reis, O.: Zur Kenntnis des Skeletts der Acanthodinen. Geognost. Jahresh. 1890, S. 1—42, München 1890.

— — Über Acanthodes Bronni Ag. Morphol. Arbeiten, Bd. 6, S. 143—220, Jena 1896.

Rohon, J. V.: Die Segmentierung am Primordialcranium der obersilurischen Thyestiden. Verh. russ. mineral. Ges., Ser 2, Bd. 33, S. 17—59, St. Petersburg 1895.

Schmalhausen, J. J.: Bau und Phylogenie der unpaaren Flossen, insbesondere der Schwanzflossen der Fische. Zeitschr. f. wiss. Zool., Bd. 104, S. 1—80, Leipzig 1913.

Sewertzoff, A. N.: Die Faktoren der progressiven Entwicklung der niederen Wirbeltiere. Russ. zool. Journal, T. 4, S. 12 - 58, ? Leningrad.

Stensiö, E. A.: On the head of the Macropetalichthyids with certain remarks on the head of the other Arthrodires. Field Mus. natur. Hist., Publ. 232, geol. Ser. Vol. 4, Nr. 4, Chicago 1925.

Stromer, E.: Lehrbuch der Paläozoologie, 2. Teil: Wirbeltiere, Leipzig 1912.

— — Bemerkungen über die ältesten bekannten Wirbeltierreste. Diese Sitz. Ber. 1920, S. 9—20, München 1920.

Traquair, R. H.: Report on fossil fishes collected by the geol. Survey of Scotland in the silurian rocks of the south of Scotland. Trans. R. Soc. Edinburgh, Vol. 39, pp. 827—864 und Vol. 40, pp. 879—888, Edinburgh 1898 und 1905.

Walcott, Ch. D. Preliminary notes on the discovery of a Vertebrate fauna in silurian (ordovician) strata. Bull. geol. Surv. America, Vol. 3, pp, 153—172, Rochester 1892.

Weidenreich, Fr.: Knochenstudien, 1. Teil: Über Aufbau und Entwicklung des Knochens und den Charakter des Knochengewebes. Zeitschr. f. Anat. u. Entwickl. Gesch., Bd. 69, S. 382—466, München 1923.

Wiman, C.: Über Gehirn und Sinnesorgane bei Tremataspis. Bull. geol. Instit. Upsala, Vol. 16, pp. 86 - 95, Upsala 1916.

Woodward, A. Smith: Catalogue of the fossil fishes in the British Museum, Pt. II, London 1891

— — On a new Ostracoderm (Euphanerops longaevus) from the upper devonian of Scaumenac bay, province of Quebec, Canada. Ann. Magaz. natur. Hist., Ser. 7. Vol. 5, pp. 416 - 420, London 1900.

— — The Use of fossil fishes in stratigraphical geology. Anniversary adress. Quart. Journ. geol. Soc. London, Vol. 71, pp. LXII - LXXV, London 1915.

— — Note on Plectrodus, the jaw of an upper silurian fish. Geol. Magaz., Dec. 6, Vol. 4, pp.74/5, London 1917.

— — On certain groups of fossil fishes. Presidential adress. Proceed. Linnean Soc. London, session 132, pp. 25 - 34, London 1920.

— — Observations on some extinct Elasmobranch fishes. Presid. adress. Ebenda, 133, pp. 29—39, London 1921.

— — Observations on Crossopterygian and Arthrodiran fishes. Presid. adress. Ebenda, 134, pp. 27—36, London 1922.

Tafel-Erklärungen.

Tafel 1.

Birkenia elegans Traquair, Obersilur, Seggholm, Ayrshire, Schottland. Unretouchierte Photographie des Abdruckes (1900 I 26 der Münchner Samm-lung) mit Beleuchtung von hinten in ein wenig über doppelter Größe.

Tafel 2.

Fig. 1. Vorderteil desselben Abdruckes wie auf Tafel I mit Beleuchtung von oben.

Fig. 2. Lasanius problematicus Traquair, Obersilur Seggholm, Ayrshire, Schottland. Unretouchierte Photographie des Abdruckes der Körpermitte (1900 I 29 der Münchner Sammlung) mit Beleuchtung von vorn in vierfacher Größe.

Fig. 1.

Fig. 2.

Der Bau der südlichen Namib.

Fragen und Probleme der Geologie der Wüsten.

Von **Erich Kaiser**.

Vorgetragen in der Sitzung am 6. Februar 1926.

Die geologischen Untersuchungen, die ich vom Juli 1914 bis Mai 1919 in Südwestafrika durchführen konnte und in den späteren Jahren ausarbeitete, verdichteten sich schon im Laufe der langen Arbeitszeit draußen immer mehr zu der Aufgabe, Beiträge zur Erkenntnis des Wüstenbildes vom geologischen Standpunkte aus zu sammeln und zu verarbeiten. Die wesentlichste Aufgabe ist dabei für den Geologen heute die Klärung der Frage nach der Bildung und Umbildung der Wüstensedimente, die Erforschung der Gesamtheit des Fragenkomplexes der Petrogenesis in der Wüste. Die Erklärung der heutigen Sedimentbildung der Wüste hat eben für die Geologie eine hervorragende Bedeutung wegen der Anwendung der Forschungsergebnisse auf die entsprechenden Schichten alter, fossiler Wüsten. Man hat ja früher schon immer wieder den Bedingungen der Sedimentbildung in der Wüste nachgespürt und dabei die gewonnenen Erfahrungen für die Deutung alter Wüstengebiete nutzbar zu machen gesucht. Aber Widerspruch ist dann immer wieder von neuem hervorgetreten. Denn alle derartigen Untersuchungen waren in ihrer Auswirkung meist dadurch behindert, daß dem betreffenden Forscher nicht die nötige Zeit zu einem tiefen Eindringen in das Wesen der Wüstenbildung an Ort und Stelle zu Gebote gestanden hatte. Die Ergebnisse von mehr oder weniger raschen Reisen durch die Wüste haben recht häufig zu weittragenden Folgerungen und damit zu Irrtümern Veranlassung gegeben.

Da es mir nun durch besondere Umstände beschieden war, lange Jahre in einem Wüstengebiete und in benachbarten Klima-

zonen zubringen zu müssen, so legte ich den Hauptwert darauf,
durch eine bis ins einzelne gehende Spezialdarstellung die Fragen
der Wüstenbildung zu klären. Wenn diese genau verfolgt werden
soll, dann darf man nicht nur das an der Oberfläche einsetzende
Geschehen betrachten, sondern mußte auch das umzuwandelnde
Objekt in den Kreis der Betrachtungen ziehen. Genaueste Kenntnisse von Oberfläche und Untergrund sind in gleicher Weise zum
Verständnis der Umformung, Umlagerung und Neubildung in
der Wüste notwendig. Deshalb geht die Darstellung der Neubildungen in unserem Beispiele der südlichen Namib Südwestafrikas aus von einer geologischen Spezialuntersuchung in dem
für derartige Auslandsforschungen nur unter besonderen Umständen, aber selten, gewählten großen Maßstabe 1 : 25 000. Kenntnisse der Altersfolge, des Aufbaus der einzelnen Schichten, ihrer
Zusammensetzung und ihres Fossilinhaltes, wie endlich auch der
Tektonik erwiesen sich mehr und mehr für die Fragen der Umbildung an der Oberfläche bedeutungsvoll. So wurde eine geologische Karte geschaffen, die schon für sich, wenn sie nur
die Untergrundverhältnisse dargestellt hätte, wichtige Ergebnisse
lieferte. Daß dabei auch Fragen des Gebirgsbaus, der petrogra-
phischen Eigenart eines in besonders schöner Ausbildung und
großer Vielseitigkeit auftretenden Komplexes von Alkaligesteinen,
endlich eingehende Fossiluntersuchungen durchgeführt werden
mußten, ist selbstverständlich.

Andererseits aber durfte die Untersuchung der sedimentären
Neubildungen in der Wüste nicht nur von dieser allein ausgehen.
Die Übergänge in andere Klimagebiete mußten untersucht werden.
Ja, es mußte die Wüste stets mit den anderen Klimazonen des
ariden Klimareiches verglichen werden. Die Wüste zeigt uns ja
eben nur die extremste Form der Umwandlungen im ariden Klima-
reiche, und die Sedimentneubildungen sind nur dann verständlich,
wenn man auch die mächtigen und normalen Ausbildungen des
ariden Klimareiches kennt. Deshalb war ein genaues Eingehen
auf alle Sedimentationsvorgänge in ihrer Abhängigkeit von den
klimatischen Erscheinungen notwendig. Das führte dann zu einer
Gliederung aller Vorgänge, Erscheinungen und damit Sediment-
bildungen nach ihrer Beziehung zum Klima. Wir wissen längst,
wie manche Formen klimatisch vorbedingt sind, wie die Boden-

arten vom Klima abhängen, während die Fragen der sedimentären Bildung und Umbildung jüngster terrestrer Auflagerung auf der Erdoberfläche nur da und dort stückweise untersucht wurden. Wenn man aber, wie jetzt versucht wurde, diesen Abhängigkeiten nachspürt, so gliedern sich auch die Sedimentauflagerungen in der Wüste in solche, die in der heutigen Zeit noch weiter gebildet werden, und solche, die in einer mehr oder weniger lange zurückliegenden Vergangenheit gebildet wurden, Vorzeitsedimente sind. Das war aber nur dadurch möglich, daß bei der Untersuchung der Vorgänge der Sedimentation und der gebildeten Endprodukte immer wieder auf die Vorgänge in weit abliegenden Gebieten und in anderen Klimazonen übergegriffen wurde.

Wenn nun das Ergebnis dieser Untersuchungen jetzt vorgelegt werden kann[1]), so sind damit die angeschnittenen Fragen nicht restlos geklärt. Es bedarf noch weiterer Untersuchungen in ähnlichen Gebieten, um die Petrogenesis der Wüste als eines Teiles des ariden Klimareiches vollständig zu verstehen und damit auch die Grundlage für eine völlig einwandfreie Erkenntnis der alten Wüsten zu geben.

Ich will von den hier vorgetragenen Gesichtspunkten aus eine Übersicht über die in dem vorliegenden Werke erörterten wichtigeren Probleme geben, indem ich einzelne Fragen durch Vergleiche hier schon weiter auszugestalten suche und einige Punkte hervorhebe, die auf der nun gegebenen Grundlage in anderen extrem-ariden Gebieten näher nachgeprüft werden sollten.

I. Die Karten.

Die Grundlage der ganzen Darstellung ist die von Herrn Diplom-Bergingenieur Dr. W. Beetz und mir aufgenommene geologische Spezialkarte, die in 6 Blättern ein Gebiet umfaßt, das

---

[1]) Erich Kaiser, Die Diamantenwüste Südwestafrikas. Zugleich Erläuterung zu einer geologischen Spezialkarte der südlichen Diamantfelder 1 : 25 000, aufgenommen von W. Beetz und E. Kaiser. Mit Beiträgen von W. Beetz, J. Boehm, R. Martin †, H. Rauff, M. Storz, E. Stromer, W. Weissermel, W. Wenz, K. Willmann. 2 Bände, Band I 321 Seiten mit 13 Karten, 4 Tafeln, 59 Abbildungen. Band II 535 Seiten, 52 Tafeln, 32 Stereobilder, 99 Abbildungen. Berlin 1926. Verlag von Dietrich Reimer (Ernst Vohsen) A. G.   Preis M. 120.—

an der südwestafrikanischen Küste von 26° 58′ bis 27° 39′ süd-
licher Breite und von der Küste aus im allgemeinen 12—15 km
landeinwärts reicht. Zu der geologischen Karte mußte die topo-
graphische Unterlage mit Höhenschichtlinien aus den verschieden-
artigen vorhandenen Karten der Diamantengesellschaften zusammengefaßt, zum Teil überarbeitet und zum großen Teil völlig neu
aufgenommen werden. Zunächst nur als Handexemplar für den
persönlichen Gebrauch ist auf Grund der topographischen Grundlage der geologischen Karten eine Höhenschichtenkarte nach der
neuen farbenplastischen Methode von E. Kremling[1]) gezeichnet
worden, welche in den Abhandlungen der B. Akademie der Wissenschaften veröffentlicht wird und dann eine wesentliche Ergänzung zu der geologischen Kartenaufnahme bieten wird, ohne daß
eine der beiden Karten die andere zu ersetzen vermag.

Die geologische Karte liegt in 6 Blättern vor, zu denen ein
Blatt Profile gehört, und wird ergänzt durch verschiedene Spezial-
karten, die besondere Erscheinungen, wie die Verhältnisse am
Granitberg, dem stockartigen Durchbruche von Elaeolithsyeniten
mit einer äußerst reichen Ganggefolgschaft, dann die Gangintrusionen in der Nachbarschaft eines anderen Syenitstockes, das Auftreten der Phonolithe in dem Klinghardtgebirge weiter im Innern,
das Wandern der Wanderdünen, auch den tektonischen Bau des
Untergrundes und das Verhältnis der Gangintrusionen zu der
Tektonik des Untergrundes darstellen.

II. Der Untergrund.

Entsprechend der Forderung, daß die Wüstenbildungen immer
in ihrer Abhängigkeit von dem Untergrunde studiert werden
sollten, ist ein großer Teil des Werkes einer genauen Darstellung des Untergrundes gewidmet worden. Viele umfangreiche
Beiträge zur Erkenntnis des Untergrundes hat dabei W. Beetz
geliefert, der seine Ausführungen in dem vorliegenden Werke
durch eine Reihe von weiteren Spezialuntersuchungen ergänzt hat[2]).

---

[1]) E. Kremling, Die Farbenplastik in Vergangenheit und Zukunft.
Mitteilungen der Geograph. Ges. München. 18. 1925. 363—428. Auch als
Sonderdruck im Iro-Verlag München 1925.
[2]) W. Beetz, The Konkip Formation on the Borders of the Namib
Desert, North of Aus. Transact. of the Geol. Soc. of South Africa. Vol. 25. 1922.

Das Grundgebirge besteht aus krystallinen Schiefern
mit verschieden alten Granitinjektionen. Das Stück Grundgebirge, das auf der geologischen Karte näher dargestellt und im
Texte näher behandelt wird, bildet nur ein kleines Stück von der
überaus weiten Ausdehnung ähnlicher Schichten in Südafrika und
kann damit nur einen kleinen Beitrag zur Erkenntnis des Grund-
gebirgssockels bringen. Wenn auch der speziellen petrographi-
schen Charakteristik des krystallinen Untergrundes kein so breites
Ausmaß eingeräumt werden konnte, und vollends Vergleiche mit
weiter abliegenden Gebieten fast völlig vermieden werden mußten,
auch die Darstellung des Grundgebirges gegenüber den anderen
Teilen des Werkes nicht so sehr hervorgehoben werden durfte, so
gelang es doch, einige Spezialfragen zu fördern. So wurde Wert
gelegt auf ein Studium der Granitinjektionen, welche Schicht für
Schicht eindringend, ältere Gneise durch eine Injektionskontakt-
metamorphose in hochmetamorphe Injektionsgneise umgewandelt
haben. Durchtränkung und Ausquetschung, auch mannigfache
Umsetzungen führten zu abwechselnden Gesteinstypen, so daß es
in diesem südwestafrikanischen Küstengebiete der südlichen Namib
unmöglich war, zwischen primär sedimentären und eruptiven
Gneisen scharfe Grenzen zu ziehen. Die granitischen, schicht-
artigen Injektionen gehen in größere linsenartige Injektionen über,
die eine den Phakolithen von A. Harker ähnliche Form annehmen.
Es handelt sich dann um einen konkordanten Injektionsverband
der älteren Granite, der im Gegensatz steht zu den diskordanten
Lagerungsformen der jüngeren granitischen Injektionen.

Die Phakolithe müssen in Beziehung stehen zu einer alten
Faltung. Faltung und Granitinjektion sind gleichzeitig erfolgt.

Die Phakolithe gehören zu den abyssischen Tiefeninjek-
tionen konkordanten Injektionsverbandes, während die Lakko-
lithe zu den hypoabyssischen Injektionsformen konkordanten Injektionsverbandes zu rechnen sind. Die Phakolithe verdanken

Ders., On a great Trough-Valley in the Namib, lbidem 1924. 27. 1—38.
Ders., Beitrag zur Kenntnis der Stratigraphie der Konkipformation Südwestafrikas und der Erzvorkommen am Namibrand nördlich Aus. Neues Jahrb.
f. Min., Beilage Bd. 50, S. 414—447, 1924. Ders., Über Glacialschichten
an der Basis der Nama- und Konkipformation in der Namib Südwestafrikas.
Erscheint im Neuen Jahrb. f. Min., Beilage Bd. 55 B. 1926.

ihre Entstehung einem passiven Hineinbewegen des Magmas in eine Lockerzone der Faltung, während das Magma in den Lakkolithen sich durch Emporheben des Daches seinen Raum selbst aktiv schafft[1]).

Die Injektionsgneise zeigen die ptygmatische Fältelung im Sinne von J. J. Sederholm auf weite Erstreckung hin.

Die verschiedenen granitischen Injektionen lieferten auch mannigfache, zum Teil diskordant durchsetzende Ganggesteine, von denen die erkannten lamprophyrischen, aber selbst wieder in Amphibolit umgewandelten Gänge eine besondere Behandlung erfahren mußten. Diese Amphibolite setzen häufig diskordant durch den ganzen Gesteinskomplex hindurch. Ein Vergleich mit vielen anderen Angaben aus den verschiedensten Gebieten zeigt, daß das Auftreten von zu Amphibolit umgewandelten lamprophyrischen Ganggesteinen im krystallinen Grundgebirge, die als basische Spaltprodukte zu den granitischen Injektionen des Grundgebirges gehören, gar nicht so selten beobachtet ist, und daß die noch in einigen Lehrbüchern zu findende Angabe, daß die geologische Erscheinungsform der Gänge im krystallinen Grundgebirge nicht bewahrt sei, unrichtig ist. Zu den bereits in dem Werke erwähnten, zu Amphibolit umgewandelten lamprophyrischen Ganggesteinen metamorpher Gesteinskomplexe wären auch noch neben anderen die Vorkommen zuzuzählen, die A. Wurm vor kurzem aus dem Fichtelgebirge beschrieben hat[2]).

Stockartige basische Eruptiva treten als gabbro-dioritische Gesteine mehr außerhalb des auf den Karten dargestellten Gebietes auf. Zu beachten ist, daß bereits in dem krystallinen Grundgebirge ganz alte Amphibol-Peridotite (auch Websterit und Pyroxenit) aufsetzen, was im Gegensatz zu den Angaben von P. Range steht.

Das krystalline Grundgebirge ist bereits stark gefaltet vor Ablagerung der später zu besprechenden paläozoischen Auflagerungen. Diese älteste Faltung streicht bogenförmig durch unser Gebiet hindurch, so daß ein Teil der Faltenzüge S-N, nahezu parallel der heutigen Küste läuft, während im Norden der Karten-

---

[1]) Vgl. auch E. Kaiser, diese Sitz.-Ber. 1922, S. 255 u. f.
[2]) A. Wurm, Über alte geschieferte Amphibolitgänge des Wunsiedler Marmorzuges. Zeitschr. d. Deutsch. Geol. Ges. 1925. 77. Mon.-Ber. S. 174—182.

aufnahme ein SW-NO Streichen des krystallinen Grundgebirges
hervortritt. Diese letztere Richtung ist parallel zu der in weiten
Teilen Südafrikas erkannten Texturrichtung des krystallinen Grundgebirges, worauf auch R. Rüdemann in seiner zusammenfassen-
den Darstellung hingewiesen hat[1]). Die schon erwähnten phako-
lithischen Injektionen dürften in einer besonderen Phase dieser
ältesten Faltung eingedrungen sein.

Diskordant auf diesem krystallinen Grundgebirge im engeren
Sinne, der „Gneis"-Ausbildung, liegt eine noch ebenfalls hochmetamorphe Stufe, die besonders von Herrn W. Beetz näher
untersucht worden ist. Wir trennen sie als Chloritschieferstufe von dem älteren krystallinen Grundgebirge ab. Sie enthält neben reinen, an Quarz und Feldspat armen Chloritschiefern
als Hauptgestein Amphibolit und Epidotamphibolit.

Weite Verbreitung und besondere Bedeutung für die Tektonik und die Oberflächenform unseres Gebietes kommt sodann
der Konkip- und der Namaformation zu, welche Herr W. Beetz
ausführlich behandelt, und wozu er neuerdings auch noch wichtige
Beiträge mir in Manuskript zugänglich machte, die in Kürze zur
Veröffentlichung gelangen[2]).

Herrn W. Beetz gelang es, auf mehreren Forschungsreisen in
das Innere die so notwendige Parallelisierung der Schichten des
Küstengebietes mit ähnlichen, schon längst im Inland bekannten
durchzuführen, so daß jetzt kein Zweifel mehr besteht, daß die im
Inneren des Landes ungefalteten Schichtglieder beider Formationen
an der Küste in eine starke Tiefenfaltung einbezogen sind.

Die Konkipformation besteht aus einer Folge von Dolomit, Quarzit und tonigen Gesteinen, die mit einer früher als Geröll-
horizont bezeichneten Stufe diskordant gegen die Chloritschiefer
absetzen. Herr W. Beetz erkannte nun neuerdings hierin einen
alten Tillithorizont, den er wenigstens auf 25 km nachwies und
dessen weitere Verbreitung nach S hin noch wahrscheinlich ist.
Die Konkipformation ist nun ebenso wie die Chloritschieferstufe
von zahlreichen basischen Eruptiven durchsetzt, die stark amphi-

---

[1]) New York State Museum Bull. 239/40. 17. Report 1920/21. Albany 1922.

[2]) W. Beetz, Über Glazialschichten an der Basis der Nama- und Konkipformation in der Namib. Erscheint im Neuen Jahrb. f. Min. etc. Beilage, Bd. 55, Reihe B.

bolitisiert sind und daneben auch zu einer Amphibolitisierung des Nebengesteines beitrugen. Sowohl Injektions-, Ejektions-, wie sogar auch Sedimentgesteine sind amphibolitisiert, so daß wir hier eine Konvergenz der Produkte metamorpher Vorgänge vor uns haben und man im einzelnen Falle oft sehr schwer sagen kann, aus welcher Gesteinsgruppe sich ein bestimmter Amphibolit entwickelt hat. Eigenartig ist das allerdings nur einmal beobachtete Vorkommen eines Alkaliamphibolit, als einzigem Anzeichen alter Alkaligesteine in unserem Gebiete. Die Amphibolitisierung ist in der tieferen Chloritschieferstufe viel durchgreifender als in den höheren Schichten der Konkipformation. Die Untersuchung dieser Amphibolite ist zum Teil nur bruchstückartig durchgeführt, und es würde sich sehr empfehlen, gerade diesem Amphibolitisierungsvorgang bei weiteren Untersuchungen noch besondere Beachtung zu schenken. Ein Vergleich mit ähnlichen Schichtgliedern in der weiteren Umgebung zeigt, daß nicht überall basische Eruptiva zur Zeit der Bildung dieser Schichten aufgedrungen sind, sondern daß auch saure Laven zum Ausbruch kamen, wie im inneren Namaland, welche andere Eruptivperiode P. Range erwähnte und W. Beetz näher untersucht hat. Das Auftreten dieser Amphibolite kann vielleicht bei weiterer Fortführung der Untersuchungen zu wichtigen Folgerungen in bezug auf die Tektonik der älteren Schichtglieder führen.

Die untere Namaformation hat im Gebiete der südlichen Diamantfelder eine besonders weitgehende Verbreitung und mußte besonders behandelt werden. Die mannigfachen Ergebnisse hat W. Beetz zusammengefaßt und auch hierzu neuerdings weitere Beiträge erbracht, die er an der schon genannten Stelle mit veröffentlicht, dabei auch hier wiederum einen neuen Tillit-Horizont nachweisend, den er mit den Numees-Tilliten von A. W. Rogers in Verbindung bringt.

Die untere Namaformation unseres Gebietes zeigt sich in zwei verschiedenen Fazies, in einer Arkose-Quarzit-Ausbildung gegenüber einer Schiefer-Ausbildung mit eingelagerten Karbonatgesteinen, welche beiden Fazies durch ein Basiskonglomerat mit lokal auftretendem unterem Dolomit oder Mergel gegenüber der Konkipformation abstoßen. Der obere Teil der Namaformation aber ist einheitlich und besteht zunächst aus bändrigen Dolomiten mit viel Schieferzwischenlagen und dann einem massigen Hauptdolomit.

Die Untersuchung der Lagerungsverhältnisse der älteren Schichten in der südlichen Namib führte zunächst zu dem Nachweis einer ausgesprochenen Diskordanz gegenüber dem krystallinen Grundgebirge, zu dem Nachweis weiterer Diskordanzen in den dem krystallinen Grundgebirge auflagernden Schichten und endlich zu dem Nachweise einer einheitlichen jungen Faltung des gesamten Schichtkomplexes. Man kann unterscheiden:

a) älteste Faltung, nur im älteren krystallinen Grundgebirge nachweisbar;

b) Post-Konkip, aber Pränamafaltung, altpaläozoisch;

c) Postnamafaltung, wahrscheinlich jung-triassisch, der altkimmerischen Faltungsphase im Sinne von H. Stille angehörend;

d) eine wahrscheinlich kretazeische Bewegung führte zu dem Küstenabbruche und gleichzeitig dann zu dem Ausbruch der in der südlichen Namib so weit verbreiteten Alkaligesteine in Tiefen-, Gang- und Effusivgesteinsformen.

Die gleichen altpaläozoischen Schichten, die im Inland noch heute ungefaltet mit flach östlichem Einfallen ausstreichen, sind in der Küstenzone in einem im allgemeinen S-N gerichteten Zuge gefaltet. Tiefste Einfaltung erfolgte dort, wo die Richtung der altkimmerischen Faltenzüge parallel zu der ältesten Faltung des krystallinen Grundgebirges liegt, während eine starke Tiefenfaltung von Konkip- und Namaformation dort nicht erfolgte, wo diese beiden Faltenrichtungen in Gitterstellung zueinander treten. In diesem Gebiete ist aber auch Bruchtektonik stärker als in der Strecke, in der beide Faltungsrichtungen parallel gestellt sind.

Die Faltungszone zeigt die Eigenschaften eines Synklinoriums, einer Fächermulde, mit geringer Überschiebung des krystallinen Grundgebirges auf die Großmulde. Ein zentrales Hauptgewölbe teilt das Synklinorium in eine westliche, steiler eingefaltete und in eine östliche Hauptmulde mit flacherem Bau. Höher aufragende Massive krystallinen Grundgebirges üben auf die Falten eine stauende Wirkung aus. Herrn Dr. Beetz gelang der Nach-

weis eigentümlicher domförmiger Aufpressungen einzelner Schicht-
pakete. Die so gebildeten Lagerungsformen zeigen deutlich den
Unterschied mobiler und spröder Schichten, tektonische Injektion,
die Injektiv-Faltungsform von H. Stille. Die spröden Schichten
bedingen, daß in ihnen die Ganggefolgschaft späterer postoro-
genetischer Eruptivinjektionen fast durchweg in Quergängen auf-
setzt, wogegen sich diese Eruptivgänge in mobilen Schichten zumeist als Lagergänge auf den Mulden- oder Sattelflügeln zeigen.
Die Eruptivinjektion folgt in den orogenetischen, domförmigen
Injektionen ebenfalls den früher bei der Faltung mechanisch in-
jizierten mobilen Schichten. Diese Eruptivinjektion führt zu
Kuppellagergängen der an die orogenetische Injektion sedimen-
tärer Schichten akkordanten Eruptivgesteine. Diese Kuppellager-
gänge sind der Form, nicht aber dem Gesteinsinhalte nach mit den
von A. L. du Toit[1]) beschriebenen glockenförmigen Intrusionen
der Karroo-Dolerite in der östlichen Kapkolonie zu vergleichen.

Zwei verschiedene Klüftungsrichtungen durchsetzen den ge-
falteten Untergrund. Eine ältere Klüftung folgt der N-S Faltung, während die jüngere etwa 35° dagegen gedreht ist und dem
Küstenabbruche folgt, auf welche Linie noch später zurückzu-
kommen ist.

Die Faltungszone in der südlichen Namib ist zu vergleichen
mit einer ähnlichen Faltung, die A. W. Rogers südlich des Oranje
in dem kleinen Namalande festgestellt hat. Diese Faltung in der
südlichen Namib Südwestafrikas wird zunächst, auf indirektem
Wege nur beweisbar, als Arbeitshypothese nur verwertbar, als
auslaufende stark abgetragene Falten S-N verlaufender Äste der
Kapketten aufgefaßt. J. W. Gregory wies in Angola S-N gerichtete Staffelbrüche nach. J. Cornet, M. Leriche, F. Del-
haye et M. Sluys stellten am unteren Kongo in der Nähe der
Küste eine starke S-N Faltung fest, die nach den von Leriche
bestimmten Fossilien ebenfalls obertriasisches Alter haben muß.
Man kommt dann dazu, eine weit durchziehende Faltung an der
Westküste Südafrikas bis über die Kongomündung anzunehmen.
H. Stille führt in seinen „Grundfragen der vergleichenden Tek-
tonik" dieselbe Auffassung durch.

---

[1]) A. L. du Toit, The Karroo-Dolerites of South Africa. A Study in
Hypabyssal Injection. Transact. Geol. Soc. of South Africa. 1920. 23. 1—42.

W. Beetz hat nun durch neuere Untersuchungen, die in erweiterter Form gegenüber seiner ersten Darlegung[1]) in dem Werke mitgeteilt sind, in sehr schwer zugänglichem Gebiete einen großen Grabeneinbruch nachgewiesen, den er nach der Hauptwasserstelle am Rande desselben Wittpütz (= Weißbrunn), den Wittpützgraben nannte. Er entspricht der Größenordnung nach ungefähr dem Rheintalgraben. W. Beetz mußte aber in einem nahezu fast wasserlosen Gebiete von einigen wenigen, zum Teil nur wenig Wasser gebenden Stützpunkten aus, die etwa wie Karlsruhe, Saargemünd, Straßburg und Basel zu dem Rheintalgraben liegen, das weit ausgedehnte Gebiet untersuchen. Es gelang ihm hier, einen OSO-WNW gerichteten Grabenbruch nachzuweisen und wahrscheinlich zu machen, daß nahezu parallel zu ihm mehrere andere Gräben aus dem inneren Namalande zur Küste heraustreten.

Die Verfolgung der Faltungszüge an der Westküste Südafrikas hatte schon den Verfasser dieser Mitteilung veranlaßt, auch am Oranje eine parallel gerichtete Störungszone anzunehmen, die sich dann einem System von Querbrüchen eingliedern würde, deren Auftreten im Falle des Oranje und des Kongo zu einer Erklärung dieser eigenartigen, deutlich resequenten Flußdurchbrüche führt, die widersinnig die ihnen entgegen fallenden mächtigen, an dem großen Steilabbruch des südafrikanischen Hochlandes hoch empor steigenden Schichten durchschneiden. Das ist eine neue Erklärung für diese eigenartigen, dem ganzen morphologischen Bau Südafrikas sich sonst nicht einfügenden, weit zurückgreifenden Stromsysteme.

Nur geringe Verbreitung zeigen in der südlichen Namib Diabase (Karroo-Dolerite), die weiter im Inland und in der nördlichen Namib viel reichlicher auftreten. Sie haben aber doch eine wesentliche Bedeutung für die Erkenntnis der Tektonik unseres Gebietes, da sie ein deutliches Anpassen an den Faltenbau der altkimmerischen Faltung zeigen und in unmittelbarem Zusammenhang mit ihr ausgebrochen sein müssen. K. Willmann gibt Einzelheiten der mikroskopischen Untersuchung.

Alkaligesteine haben in dem untersuchten Gebiete eine sehr große Verbreitung. Sie hatten den Anlaß zu meiner Studien-

---

[1]) W. Beetz, On a great Trough-Valley in the Namib. (Transact. of the Geol. Soc. of South Africa. 1924. 27. 1—38.)

reise in die südliche Namib gegeben, welche dann durch den Kriegsausbruch sich auch auf andere Fragen erweiterte. Die Alkaligesteine fügen sich den in ganz Afrika so weit verbreiteten jungen Alkaligesteinen an. Sie stellen in unserem Gebiete die sechste Phase vulkanischer Tätigkeit dar und bilden einen wesentlichen Gegensatz zu den älteren, vornehmlich Alkalikalkmagmen zuzurechnenden Injektionen und Ejektionen. Viele petrographische Einzelheiten sind untersucht und mitgeteilt. Es möge daraus nur hervorgehoben werden, daß in einem besonderen Vorkommen, dem Granitberg[1]), merkliche Assimilation durch Aufschmelzen von Nebengestein nachgewiesen ist, wodurch in der inneren Kontaktzone wesentlich abweichende Gesteine bis zu alkali-granitischen Magmen ausgebildet wurden, die wahrscheinlich aktiv sogar in kleinen stockartigen und lagergangartigen Intrusionen in höhere Horizonte aufgedrungen sind. Der Kontakt mit Dolomit führt zu einer ganz besonders grobkörnigen pegmatitischen Ausbildung der Eläolithsyenite infolge stärkerer Entwicklung sekundärer leichtflüchtiger Bestandteile, die eine weitgehende Zersplitterung und unregelmäßige Zerreißung des Nebengesteines hervorriefen, in welches nun dieser grobe Eläolithsyenitpegmatit in mannigfachen Adern und Trümern eindrang. Kontakt mit schiefrigem Nebengestein führte zur Injektion Schicht für Schicht, zur Ausbildung eines jungen, wahrscheinlich kretazeischen Nephelingneises. Karbonatgesteine wurden mit Eozoontextur versehen. Der Kontakt mit verschiedenen Nebengesteinen führte andererseits zum Aufstieg von eigenartigem Mischgestein auf Spalten des erstarrenden Eruptivkörpers, zu Gangausfüllungen mit vielen eckigen oder gerundeten Gesteinsbruchstücken, die als hybride Ganggesteine bezeichnet werden. Der Injektionsverband ist ausgesprochen diskordant. Nur auf kurze Erstreckung sieht man akkordantes Anschmiegen an die Texturfugen des Nebengesteines.

Von besonderem Interesse ist das Auftreten einer sehr reich entwickelten Ganggefolgschaft, deren Verfolgung zu dem Nachweise führte, daß deren Injektion nicht mit der altkimmerischen Faltung der Namaformation in Beziehung stehen kann, sondern gleichaltrig ist mit dem wahrscheinlich kretazeischen Küsten-

---

[1]) Vgl. auch E. Kaiser, diese Sitzungsberichte 1922, S. 255 u. f.

abbruch, so daß auch die Tiefengesteine ein relativ junges Alter haben.

Ejektionsformen der alkali-syenitischen Injektionen der Küstenzone sehen wir sodann in den Phonolithen des Klinghardtgebirges, wo Gänge, Kuppen und Decken mit Phonolithtuffen auftreten. Grobporphyrische Formen bilden Phonolithporphyre, großporphyrische die eigenartigen Klinghardtite. Es handelt sich um ein abgetragenes jung-vulkanisches Gebirge mit eigenartigen Ringbergen, die als Abtragungsformen aufgefaßt werden, bei deren Ausgestaltung chemische Verwitterung eine größere Rolle spielt.

Melilithbasalt, Nephelinbasalt und Limburgit sind zum Teil gleichalterig mit den alkali-syenitischen Injektionen und Ejektionen, zum Teil basische Ausläufer derselben. Basalt wurde nur außerhalb des näher untersuchten Gebietes landeinwärts gefunden.

Zahlreiche Analysen geben einen Überblick über die chemischen Verhältnisse der in der südlichen Namib beobachteten Eruptivgesteine.

III. Das Deckgebirge.

Die Ausbildung des Küstenabbruches, mit dem gleichzeitig der größte Teil der alkali-syenitischen Injektionen und Ejektionen wohl erfolgt sein dürfte, führte nach den in der „Diamantenwüste Südwestafrikas" niedergelegten Forschungsergebnissen zu einer wesentlichen Änderung der klimatischen Verhältnisse auf dem Festlande. Vorausgegangen war eine lange Abtragungszeit unter den Verhältnissen humiden Klimas. Die Neugestaltung der Küstenzonen, wie man sie sich auch denken mag, führte zum erstmaligen Herantreten der Vorläufer der heutigen Benguelaströmung an das Festland. Die Zeit ist mit einiger Wahrscheinlichkeit in das Neokom zu setzen.

Die weite Einebnung einer Abtragungsfläche humiden Klimas, die wir als eine Endrumpffläche im Sinne von W. Penck[1]) bezeichnen dürfen, wird nun durch das unter Einfluß des Benguelastromes in das Festland einziehende aride Klima umgestaltet und mit neuen Sedimenten überdeckt. Der II. Band des Werkes ist diesen Fragen gewidmet.

---

[1]) W. Penck, Die Morphologische Analyse. Ein Kapitel der physikalischen Geologie. Stuttgart 1924.

Ist eine genaue Zeitdatierung für die Umwandlung der Küsten-
verhältnisse und die klimatischen Erscheinungen auf dem Festlande nicht zu geben, so erhalten wir doch einen Anhaltspunkt
nach oben hin durch die marine Ingression, welche in dem
südlichen Teile des untersuchten Gebietes in das Land eindrang.
Joh. Böhm und W. Weißermel hatten schon früher die von
H. Lotz mitgebrachten Fossilien untersucht. Joh. Böhm bezeichnete damals das Alter als Untermiocaen (Burdigalien). Er
konnte nun neuerdings, ebenso wie W. Weißermel, verschiedene
neue Aufsammlungen bearbeiten, woraus sich nach Joh. Böhm ergibt, daß die Ingression mittel- bis obereocaenes Alter hat. J. Böhm
gibt viele Einzelangaben über die Fauna. W. Weißermel lieferte
einen weit ausholenden Beitrag zur Frage der postpaläozoischen
Tabulaten. Um Mißverständnisse zu vermeiden, muß ich aber
hier betonen, daß die von ihm gegebene Zusammenstellung bereits im Sommer 1922 vorlag, und daß neuere Arbeiten anderer
Forscher von W. Weißermel nicht mehr berücksichtigt werden
konnten, da eben sein Beitrag schon vor längerer Zeit gedruckt
wurde. Ich muß es mir versagen, auf Einzelheiten der Darstellungen dieser Mitarbeiter hinzuweisen.

Ist diese marine Ingression sicher belegt, so können wir von
den älteren beobachteten Schichtgliedern auf der kretazeischen
Endrumpffläche nur sagen, daß sie prämitteleocaen sind, weil sie
von der marinen Ingression angeschnitten sind. Herr W. Beetz
hat sie als „Tertiär-Bildungen der Küstennamib" in einem Auf-
satze behandelt, der mir ebenfalls schon im Jahre 1922 zuging,
aber mit der Veröffentlichung bis zum Abschluß des Karten-
druckes warten mußte. Nachdem nun später die Altersbestim-
mung für die marinen Schichten für Granitberg-Bogenfels durch
Joh. Böhm vorlag, wurde die Sicherheit gegeben, daß ein Teil der
in dem Werke und auf den Karten noch als Tertiär bezeichneten
prämitteleocaenen Schichten schon der Kreide angehören muß.

Auf der kretazeischen, tiefgründig unter humidem Klimaeinfluß verwitterten Endrumpffläche haben sich nun, wenn auch
nicht mächtige, so doch bedeutungsvolle Ablagerungen gebildet,
die zum Teil die Dolinen, Karren und Karstbildungen der alten
Landoberfläche überdecken. Sie zeigen nach dem petrographi-
schen Habitus und den wenigen, darin aufgefundenen Landkon-

chylien, die W. Wenz bearbeitete, daß diese Schichtenserie zumeist
unter extrem-aridem Klimaeinfluß abgelagert worden ist. Es sind
die von W. Beetz eingehend behandelten Quarzitschotter und
Pomonaschichten, deren Entzifferung den früher nur flüchtig
das Gebiet durcheilenden Forschern nicht gelungen war. Während
die Quarzitschotter sich als Ablagerungen von Trockenflüssen in
großen Schotterdeltas erwiesen, wie sie sich ähnlich auch heute
noch am Rand der Namib am Steilanstieg gegen das innere Hoch-
plateau ausbilden, sind die Pomonaschichten terrestre Ablagerungen mit nur wenig eingestreuten Gerölllagern, bestehen sonst
aber aus einem eckig scharfkantigen, fein- und mittelkörnigen
Schutt, der zunächst eine Kalkkruste und dann später eine Ver-
kieselungsdecke erhielt in einer zweiten Zeit lebhafter Bewegung
der Kieselsäure, die ähnlich ist einer älteren Verkieselung, welche
bereits schon die ältere Landoberfläche mit einer Kieselkruste
überzogen hatte. Von den Pomonaschichten sind heute relikt-
artige Zeugenformen in Tafelbergen und Senken erhalten, die als
besondere Formelemente des Landschaftbildes eine besondere Behandlung in dem Werke erfahren haben.

Ein wichtiger Erfolg der Untersuchungen von W. Beetz
war der Nachweis einer zweimaligen starken fluviatilen Tätigkeit, einer älteren, prämitteleocaenen („ältere Revierzeit"), aus
welchen Vorgängen eine entwicklungsgeschichtliche Betrachtung
nicht nur für die Stratigraphie, sondern auch für die Erklärung
der Oberflächenformen wesentliche Folgerungen zu ziehen vermag, auf die in dem Werke mehrfach eingegangen wird.

In den posteocaenen Flußablagerungen der jüngeren Revierzeit
wurden nun an mehreren Stellen, zunächst an einer von mir,
dann an mehreren anderen von W. Beetz Wirbeltierreste auf-
gesammelt, deren Bearbeitung E. Stromer übernahm. Er konnte
in seinem Berichte die ersten tertiären Landwirbeltiere Südafrikas
behandeln. Wenn ich auch hier nicht auf alle, zum Teil weittragenden Ergebnisse eingehe, so möchte ich doch betonen, daß
E. Stromer die Funde in den Ablagerungen der jüngeren
Revierzeit als untermiocaen, höchstens oberoligocaen bezeichnet[1]).

---

[1]) Vgl. auch E. Stromer, diese Sitzungsber. 1922, S. 331—340; 1923,
S. 353—370.

Zweifellos sind die einzelnen untersuchten Fundpunkte nicht unbedingt gleichalterig und die jüngere fluviatile Periode mag eine
gewisse Zeitlang gedauert haben.

Nach dieser untermiocaenen Flußtätigkeit erlischt aber in
der südlichen Namib jegliche weitere Eintiefung der ausgebildeten
Flußsysteme. Das steht im Gegensatz zu den Verhältnissen in
der nördlichen Namib, wo auch heute noch große Erosionsrinnen
mit weit in das Inland zurückgreifendem Entwässerungsgebiet bis
an das Meer hindurch eingeschnitten sind und von Zeit zu Zeit
noch erhebliche Wassermassen in das Meer abführen („Abkommen"
der Reviere). Dieser Unterschied in den orographischen Verhältnissen der südlichen und nördlichen Namib ist darauf zurückzuführen, daß bald nach dem Untermiocaen oder schon in dieser
Periode ein Rückwärtseinschneiden der Flüsse nicht mehr erfolgt,
während in der nördlichen Namib eine weitere Eintiefung der
zweifellos zur selben Zeit schon angelegten Flußsysteme durch-
dauert. Das ist eine Folge verschiedenen klimatischen Verhaltens
der südlichen und nördlichen Namib. Auch andere, im Werke
näher behandelte Erscheinungen führen zu der Folgerung, daß
die südliche Namib früher und stärker ausgetrocknet ist, als die
nördliche Namib.

Alle jüngeren Ablagerungen der südlichen Namib sind unter
dem Einfluß extrem-ariden Klimas gebildet, sind Wüstenablage-
rungen, deren Bildungsvorgänge in einem besonderen Abschnitte
besprochen werden sollen. Landkonchylien aus verschiedenen
Horizonten dieser jungen Auflagerungen auf der alten Endrumpffläche hat W. Wenz untersucht, ohne daß aber die nur spär-
lichen Funde verwertet werden konnten, um einzelne Horizonte
zu unterscheiden, besonders, da auch die aufgefundenen Formen
sich durch eine außerordentlich lange Persistenz auszeichnen.

H. Rauff übernahm die Bearbeitung von Fossilresten, die
M. Storz in einem Süßwasserhornstein bei der Untersuchung der
Verkieselungserscheinungen gefunden hatte. Es zeigte sich, daß
es sich um Gemmulae-Nadeln von Spongilliden, d. h. von Süßwasser-
schwämmen, handelt, also um Keimkörper in einer Kapsel, die
durch kieselige Spikule verstärkt werden. Dieser Fund bestätigt
so recht die Auffassung von dem terrestren Charakter der Dolinen,
in denen die Verkieselungsmassen aufgefunden worden waren.

IV. Die Sedimentneubildungen im extrem-ariden Klima, in der Wüste.[1])

Wenn auch schon mehrfache Versuche zu einer Zusammenfassung der Vorgänge zur Gesteinsaufbereitung und Gesteinsneu-
bildung im extrem-ariden Klima vorliegen, so war es für mich
sowohl bei den Feldaufnahmen, wie nachher bei der Bearbeitung
des gesammelten Materials eine erste Pflicht, für das Beispiel
der südwestafrikanischen Namib die gesamten Erscheinungen der
Wüstenumbildung und Sedimentation möglichst eingehend darzustellen. Ich beschränkte mich nicht nur darauf, die gebildeten
Sedimente zu analysieren, sondern suchte die einzelnen Faktoren,
welche zu der Umbildung beitrugen, möglichst weitgehend ziffern-
mäßig zu erfassen. Erscheint es merkwürdig, wenn in einem
vorwiegend geologischen Werke ausgedehnte Angaben und Tabellen
zur Meteorologie des Gebietes vorgelegt werden, so war aber doch
eine Behandlung der meteorologischen Daten vom geologischen
Standpunkte aus direkt notwendig, denn die Form, in der uns
gewöhnlich die Beobachtungsergebnisse meteorologischer Stationen
zugestellt werden, sind nur wenig für geologische und sediment-
petrographische Betrachtungen verwertbar. Von diesem Gesichtspunkte aus mußten die Niederschläge, der Abfluß des Wassers,
der Wind und die Sonnenwirkung in Einzelheiten geschildert
werden, um daraus dann die Umwandlungen der Gesteine und die
Sedimentneubildungen zu erklären.

Die Betrachtung des Windes führt im Gegensatz zu den Angaben von S. Passarge zu einer scharfen Trennung zwischen
Deflation und Korrasion. Während bei der Korrasion erst
bei höheren Windstärken härtere und schwerere Teilchen nur in
der Nähe des Bodens bewegt werden und Schleifspuren in die
verschiedensten Gesteine eingraben, hebt die Deflation schon bei
geringen und auch bei höheren Windstärken die durch andere
Vorgänge gelockerten, feinen, staubigen Teilchen ab, trägt sie
hoch in die Luft empor und meist weit aus dem Ursprungs-
gebiet fort. Deflation entstaubt, Korrasion zerschleift
die Oberfläche.

---

[1]) Über die Begriffsbestimmungen der extrem-ariden Klimazone vgl.
E. Kaiser, Was ist eine Wüste? Mitt. d. Geogr. Ges. München. 16. Heft 3,
S. 1—20, 1923.

Die für die Wüste oft geleugnete chemische Verwitterung mußte ganz besonders behandelt werden. Chemische Verwitterung ist in der südlichen Namib sehr beträchtlich. Eine tiefgründige Kaolinisierung wurde an vielen Stellen an den Silikatgesteinen beobachtet. Diese chemische Verwitterung ist aber oft so versteckt, daß es mich nicht wundert, wenn man auch heute noch so oft von einem völligen Fehlen der chemischen Verwitterung in der Wüste spricht. Die Schleifwirkung des Sandes nimmt auf der Windseite der Berge, im Luv derselben, alle gebildeten feinen Verwitterungsreste fort, während im Windschatten, im Lee, sich die tonigen Verwitterungsreste wohl halten können, aber sehr oft unter einer mächtigeren Schuttbedeckung oder unter Flugsandanwehungen versteckt sind. Dort wo Korrasion und Deflation im extrem-ariden Gebiete arbeiten, kann die chemische Verwitterung aber zumeist nicht mit ihnen Schritt halten. Deflation und Korrasion tragen an den dem Sandwind ausgesetzten Berghängen rascher ab, als chemische Verwitterung voranschreitet. Deflation und Korrasion führen andererseits zu Gleichgewichtsformen, die hauptsächlich abhängig sind von den Hauptwindstärken, weniger von der Zusammensetzung des umgewandelten Gesteines. Es bilden sich im idealen Falle Formen aus, die man Stromlinienkörpern der Aerodynamik vergleichen kann. Auf der Luvseite der Berge wirkt dann in erster Linie Korrasion umgestaltend, während im Lee hauptsächlich Deflation tätig ist. Korrasion schleift aber nicht nur die Blöcke, Felsen und Berge an, sondern poliert auch jede einzelne Felsfläche. Diese Politur, die nicht mit dem Wüstenlack verwechselt werden darf, gibt einen gewissen Schutz gegen weiteren chemischen Angriff. Die Deflation wirkt nicht polierend, sondern befördert sogar die Ausbildung rauher Oberflächen. Die einzelnen Blöcke, wie auch größere Berge sind somit auf der einen Seite gegen den Angriff der Niederschläge geschützt, im Windschatten aber nicht. Sind Stromlinienkörper ausgeformt, so greift im Windschatten chemische Verwitterung noch unter die Oberfläche des Stromlinienkörpers herunter, im Luv aber nicht. Aber trotzdem ist bei derartig gestalteten Bergen die chemische Verwitterung im Lee oft schwer erkennbar, aber unter einer äußeren verhüllenden Rinde doch sehr tiefgründig, was man meist erst durch Aufgraben feststellen kann. Selektive Verwitterung setzt dort ein, wo für Wasser undurchlässige Gesteine aneinander stoßen.

Chemische Verwitterung zeigt sich nicht nur in den Verwitterungsresten, sondern auch in den durch das Wasser zusammengeschwemmten, feinstaubigen Massen in den einzelnen Hohlformen nach Regengüssen, in dem Ausblühen der Gesteine nach oft nur geringen Niederschlägen, selbst an Tautagen, sowie in Rinden- und Krustenbildungen verschiedener Art.

Ein besonderes Zeichen der eigenartigen chemischen Verhältnisse in dem extrem-ariden Gebiete ist die starke Verkieselung als ein Zeichen des Wanderns der bei der chemischen Gesteinsaufbereitung gebildeten Kieselsäure. Diese Verkieselung ergreift alle Gesteine, besonders alle Karbonatgesteine. Die Kieselsäure wandert im Gegensatz zu den humiden Gebieten in den extrem-ariden nicht weit. Wenn in dem Hauptwerke nur die Verkieselungsvorgänge in der Namib behandelt sind, so liegen doch genügend zahlreiche Literaturangaben dafür vor, um die Verkieselung als eine fast an alle Wüstengebiete gebundene Erscheinung anzusprechen. Auch das Eisen wird ausgelaugt, wandert ebenfalls in der Solform, aber nicht weit, so daß es zu Rot- und Brauneisenkrusten kommt. Kieselsäure und Eisengele haben sich bei der Verkieselung gegenseitig ausgefällt, so daß in den Verkieselungszonen und -krusten sehr häufig an Eisengelen reiche Hornsteine vorliegen, die auf der einen Seite fast frei von Eisen, aber an anderen Stellen so eisenreich sind, daß die Kieselsäure fast völlig zurücktritt. M. Storz hat die mikroskopischen Verhältnisse der Verkieselung in dem Hauptwerke eingehend geschildert. Er kann scharf die schon von Kalkowsky unterschiedenen Vorgänge der Verkieselung und Einkieselung einander gegenüber stellen und fügt als dritten Vorgang noch die Durchkieselung hinzu. Die Darlegungen von M. Storz sind auch für andere diagenetische Vorgänge von Bedeutung.

Nachdem die Hauptzüge der heutigen chemischen Verwitterung erkannt waren, gelang es auch, Vorzeiterscheinungen der chemischen Verwitterung nachzuweisen, und diese zu benutzen, um jüngere Klimaschwankungen aus den Eigenschaften des Gesteinsmaterials zu folgern, deren zeitliche Festlegung teilweise sogar möglich war. Verkieselung und Einkieselung sind zum Beispiel in der Küstennamib ein über lange Zeiträume sich abspielender Prozeß, der bereits in der Kreidezeit einsetzte, seinen Höhepunkt nach der Ablagerung der Pomonaschichten erreichte, aber auch jetzt noch fortdauert.

Vergleich des extrem-ariden mit dem benachbarten normal-ariden Gebiete führte zu dem Nachweis von gebietsfremden Erscheinungen in der extrem-ariden Klimazone, wobei unter den gebietsfremden Erscheinungen auch sedimentäre Neubildungen eingeschlossen sind. Es zeigte sich weiter, daß man auch in sedimentpetrographischer Beziehung die Oasen besonders beachten muß, nicht nur für die heutigen, sondern auch für alte Wüsten, da man sonst das gesamte Bild der Wüstensedimente nicht erklären kann.

Die Umlagerung der durch Zerspaltung, chemische Verwitterung, Korrasion, Deflation und Einwirkung der Bodentiere gelockerten Massen erfolgt durch trockenen Massentransport, äolisch, sodann bei den episodisch eintretenden Niederschlägen in Schlammströmen in breiter Front am Gehänge und auf den Flächen in Flächenspülungen (Schichtfluten, sheet-floots), nur sehr selten im eigentlichen extrem-ariden Gebiet fluviatil. Den episodisch eintretenden Abtragungsvorgang, zumeist in Schlammströmen, bezeichne ich als fluvio-arid und spreche auch von fluvio-ariden Ablagerungen und Erscheinungen.

Wir mußten uns hier auf einen nur rohen Überblick über die Faktoren der Wüstenbildung beschränken und konnten auch nicht das Ineinanderwirken der verschiedenen Faktoren besprechen, welcher Frage in dem Hauptwerke längere Ausführungen gewidmet sind.

Die neugebildeten Sedimente sind einmal grobe Schuttmassen, die sich in fächerartig ausgebreiteten Schuttkegeln vor das Gehänge legen, oft, aber nicht immer, an Erosionsschluchten und -rinnen gebunden, und durch die Schichtfluten wie äolische Auflagerung mehr und mehr eingeebnet werden. Das abgelagerte Gestein sieht oft ähnlich aus wie die Blocklehme humiden und nivalen Klimas, ohne daß aber die Eigenschaften dieser Bildungen mit jenen der extrem-ariden Klimazone völlig übereinstimmen. A. C. Lawson[1]) hat sich nun bereits eingehend mit den umge-

---

[1]) University of California Publications. Bull. Dep. of Geology 1913, 7. 825—334.

lagerten Schuttmassen ariden Klimas beschäftigt und hat die
meist in großen Schuttfächern (fan) abgesetzten Ablagerungen
ariden, besonders extrem-ariden Klimas als Fanglomerate bezeichnet, welchen Ausdruck ich gerne wegen der notwendigen
Unterscheidung von Blocklehmen, Breccien und Konglomeraten
übernahm. Ich bezeichne dann als Fanglomerate die grobkörnigen bis grobstückigen Ablagerungen ariden Klimas
mit viel beigemengten feineren Bestandteilen, die sich
bei ihrer Ablagerung durch eine relativ große Frische ihrer
Bestandmassen auszeichnen, die zuweilen geschichtet, aber noch
nicht gut nach den Korngrößen getrennt, sondern oft in
wildem Durcheinander durch trockenen Massentransport und
durch Schlammströme fluvio-ariden Abflusses im ariden,
besonders im normal- und im extrem-ariden Gebiete gebildet
worden sind. Lockere, verschiedenartigem Untergrunde auflagernde
Massen meist ganz geringer Mächtigkeit können als Schutt bezeichnet werden, während dann die Fanglomerate mehr die mächtigeren, durch Verwitterung und Diagenese teilweise umgewandelten, oft verhärteten Massen darstellen, die bei der Abtragung
selbstverständlich wieder zu lockerem Schutt werden. Eine scharfe
Grenze zwischen Schutt und Fanglomeraten ist nicht zu ziehen.

Der Schutt und die Fanglomerate in der Küstennamib sind
autochthon, d. h. stammen aus der näheren Nachbarschaft. Erst
weiter landeinwärts in der Innennamib und bei den älteren flächen-
haften kretazeisch-eocaenen Eindeckungen der Küstennamib findet
man auch von weither zugeführte Bestandteile im Schutt und
Fanglomerat. Windabtragung kann aus einer mächtigen Schutt-
und Fanglomeratmasse alle feinerkörnigen Bestandteile entfernen,
so daß nur eine Lage von groben Schuttbruchstücken zurückbleibt, die aber wieder durch Korrasion zerschliffen und durch
Sonnenwirkung mit plötzlicher Abkühlung bei Regengüssen zer-
spalten werden. Solche konzentrierten Schuttlager aus einem
mächtigeren Profile von Fanglomeraten bezeichne ich als Defla-
tionsrückstand. Zeiten mächtigerer Auflagerung in der Küstennamib treten nur episodisch ein und sind durch lange Zeiten
stärkerer Windabtragung getrennt. Im einzelnen Profile sind deshalb häufig die episodischen Aufschüttungen von Fanglomeraten
an ihrer Oberkante durch Deflationsrückstände gekennzeichnet und

von einer nächsten Fanglomeratlage getrennt. Diese Deflationsrückstände können Geröllager vortäuschen, was namentlich für
ältere Ablagerungen extrem-ariden Klimas von Wichtigkeit ist
und unbedingt an Profilen älterer Ablagerungen geprüft werden
muß. Dabei ist zu beachten, daß sich Deflationsrückstände auch
in anderen Teilen des ariden Klimareiches bilden, aber stellenweise sogar auch noch im humiden und nivalen Klimareich.

Neben einer fluvio-ariden Abtragung erfolgt trockener Massentransport am Gehänge, der die Lockerprodukte arider Entstehung
von den eluvialen Lagerformen am Orte der Lockerung über
eine kolluviale Lagerform am Gehänge nach der alluvialen
Lagerform in der nächsten Senke bringt. Schuttleisten, Schutt-
rinnen, Schuttrillen, Schuttgräben und Schuttschleier sind besondere Lagerformen kolluvialer Natur. Schuttströme und Schutt-
zungen führen dann zu den großen Schuttkegeln der alluvial ge-
lagerten Fanglomerate über.

Ein besonderer Bestandteil des Schutts und der Fanglomerate
ist der Diamant, dessen Auftreten, Lagerstätte und Eigenschaften
näher behandelt werden. Es zeigt sich, daß bereits die ältesten
Eindeckungen der Pomonaschichten und der Quarzitschotter Diamanten, aber nur in großer Verdünnung, führen. Der Diamant
befand sich in jenen Schichten bereits auf sekundärer Lagerstätte.
Eine Zurückverfolgung von diesen kretazeisch-eocaenen Ablagerungen auf eine primäre Lagerstätte der Diamanten ist noch nicht
möglich, denn die Diamanten treten in jenen Sedimenten nach
den bisherigen Untersuchungen nur in so geringer Verbreitung
auf, daß eine Zurückverfolgung mit den größten Schwierigkeiten
verbunden ist. Von jenen Lagerstätten in den ältesten Schichten
des Deckgebirges aus bis in die jungen Schuttauffüllungen der
Hohlformen haben die Diamanten eine vielfache Umlagerung erfahren, sind fluviatil, fluvio-arid, äolisch und trocken mannigfach
umgelagert worden, so daß sie sich heute auf xter Lagerstätte
befinden. Aus den Umlagerungsvorgängen erklärt sich auch zum
Teil die Verbreitung der Diamanten, die selbst in der einzelnen
Hohlform oft strichartig und in Streukegeln auftreten[1]).

---

[1]) Neuere Zeitungsnachrichten melden das Auftreten von Diamant in
Seifen auch südlich des Oranje bei Port Nolloth. Wenn sich die Angaben
bestätigen, so braucht doch nicht eine gemeinsame Ursprungsstelle dieser

Eine frühere Angabe von mir[1]), daß nur an ganz wenigen Diamanten eine Abrundung der Kanten unter feiner Verletzung zu beobachten sei, ist von mehreren südafrikanischen Geologen angegriffen worden, die von einer starken Abrollung infolge langen Transportes sprechen. Das gab Veranlassung, große Mengen von Namibdiamanten auf die Abrollung hin zu untersuchen, wobei ich aber immer wieder zu dem Ergebnis von 1909 kam, daß nur in wenigen Ausnahmen Anzeichen starker Abrollung zu erkennen sind.

Die Herkunft der Diamanten ist noch ungeklärt. Sehr wichtig war, daß G. Scheuring und W. Beetz[2]) alle Begleiter des Diamanten in der Namib aus dem Nachbargebiete herleiten konnten, und daß deshalb auch die Diamanten nicht aus weiter Entfernung zugeführt sein dürften. Die primäre Fundstelle muß im Inland liegen. Die prätertiären und die untermiocaenen Flüsse haben wohl bei der Umlagerung von der primären Lagerstätte aus besonders mitgewirkt.

Nächst den Schuttmassen ist der Flugsand wie in anderen Wüsten weit verbreitet. Er stammt von dem an der Küste angeschwemmten Strandsand oder aus den Schuttmassen des Inlandes. Die Hauptumlagerung erfolgt durch Südwind, während Ost- und Nordwinde ihn nur auf geringe Strecken fortbewegen. Als Ruheformen des Flugsandes haben wir Sandwehen, vor und hinter den Hindernissen, und Wanderdünen (Sicheldünen, Barchane) scharf voneinander zu trennen.

Es erwies sich als sehr praktisch, die Sandwehen besonders zu behandeln. Sie bilden sich als Ausgleich unregelmäßiger Oberflächenformen zu geschlossenen Stromlinienkörpern. Die Verfolgung der Sandwehen im einzelnen führte zur Benennung durch besondere Vorgänge bedingter Formen. Das Hauptwesen der Sandwehen besteht aber darin, daß sie sich überall dem Gelände anpassen und die Oberflächenformen zu geschlossenen Stromlinienkörpern auffüllen. Wo dann an einem Blocke, Hügel oder Berge Sandwehen sich bilden, hängt dann davon ab, wo sich etwa wind-

---

Diamanten im Kleinen Namalande und der in der Namib bei Lüderitzbucht vorzuliegen.

[1]) Centralbl. für Mineralogie 1909, S. 241.

[2]) Vgl. W. Beetz, Neues Jahrb. f. Min. etc. 1923. Beil.-Bd. 47, 347—389.

stille Räume befinden. Der eine Berg zeigt nur eine Vorsandwehe im Luv, der andere eine Sandzunge im Windschatten, ein
dritter beides. Vor steilen Hindernissen trennt ein Windgraben
eine Vorsandwehe von dem steiler ansteigenden Blocke oder Berge.

Einen besonderen Typus der Flugsandanwehungen bilden die
Sandschilde, die in Schuttschilde übergehen. Elliptisch gestreckte, flache Sandanwehungen treten oft auf, ohne daß ein
Hindernis diese Sandanhäufung veranlaßte. Die von E. v. Chol-
nocky beschriebenen Garmaden sind ähnliche Bildungen.

Wie die Sandwehen, so sind auch die Wanderdünen (Sicheldünen, Barchane) Gleichgewichtsformen des bewegten Flugsandes
unter Einfluß der an den Sandmassen entlang gleitenden Strom-
linien, aber doch ganz verschiedener Gestalt als die Sandwehen,
so daß man Sandwehen und Wanderdünen wegen der Verschieden-
artigkeit in Form und Entstehung scharf voneinander halten muß.

Wanderdünen entstehen überall dort, wo auf eine irgend wie
gestaltete Flugsandmasse immer neuer Flugsand aufgelagert wird,
so daß zum Schluß die Auflagerung so hoch wird, daß die bisherige Grundform nicht haltbar ist. Windwirbel im Lee tragen
ab, bilden zunächst den Steilabsturz der Wanderdünen, unter all-
mählichem Vorschieben der Sichelarme. Abschnüren der Sand-
masse rückwärts von dem Steilabsturz führt dann zu der neuen
Grundform des losgelösten und für sich vorschreitenden Barchans.
Wanderdünen bilden sich aus dem Strandsand am Meeresufer, aber
ohne Beteiligung von Hindernissen für die erste Ansammlung von
Flugsand, weiter aus Sandwehen und aus Sandschilden. Wanderdünen haben immer die charakteristische Sichelform, die aber nach
den Geländeverhältnissen durch Zusammenlaufen mehrerer oder
durch das Loslösen einzelner Teile umgestaltet wird. Sie wandern einzeln oder zu mehreren vereint, auch in Wanderdünen-
zügen oder Wanderdünenherden, vereinigen sich zu großen Wander-
dünenmeeren, wandern bergauf und bergab, verlanden aber an
höheren Bergmassiven.

Einzelne größere Hindernisse halten an sie herantretende
größere Wanderdünen lange fest. Dann lösen sich im Lee kleine
Wanderdünen aus der großen zusammengesetzten, welche Erscheinung als das Kalben der Wanderdünen bezeichnet wird.

Die Hohlformen sammeln bei den gelegentlichen Regengüssen

die feinstaubigen Verwitterungsreste, die aber beim Eintrocknen
stark salzig werden durch die aus der zusammengelaufenen Ver-
witterungslösung ausgeschiedenen Salze, so daß sich verschieden-
artige Salzpsammite und Salzpelite ebenfalls wieder als Zeichen
starker chemischer Verwitterung in unserem Gebiete bilden. Salz-
krusten sind auch nicht selten. Deflation und Korrasion heben
aber diese feinstaubigen Vley-(Pfannen-)Absätze wieder ab oder
zerschleifen sie.

V. Morphogenesis.

Bei Betrachtung der Oberflächenformen extrem-arider Gebiete
muß ganz besonderer Wert darauf gelegt werden, Arbeitsformen
von Vorzeitformen zu trennen, wobei man aber auch berücksichtigen muß, daß einzelne Arbeitsformen zeitweise zu ruhenden
Arbeitsformen werden und dann noch nicht gleich als Vorzeitformen betrachtet werden dürfen. Von der Ausscheidung der Vorzeitformen aus wird man dann auch zu einer Abtrennung von
Vorzeiterscheinungen der Sedimentation kommen. Aber eine Gliederung in Arbeits- und Vorzeitformen ist nur dann möglich, wenn
eine genaue sedimentpetrogenetische und klimatologische Untersuchung als Unterlage zur Trennung vorliegt.

Unter den Großformen erweckt die Wannenlandschaft
unser besonderes Interesse. Den Faltungsformen des Untergrundes
angepaßte Hohlformen (Wannen) sind durch die nacheinander
wirkende chemische Verwitterung und Deflation in großer Zahl
ausgebildet worden. Die Anpassung an den Faltenbau ist so stark,
daß man Synklinalwannen, Isoklinalwannen, Doppelwannen usw.
unterscheiden, schmale, langgestreckte Wannen im Gebiete enger
Faltung, breite Wannenformen im Gebiete flacheren Faltenwurfes
finden kann. Langgestreckte Wannen sind infolge des Empor-
hebens und Untertauchens der Muldenachsen durch Querriegel in
Teilwannen zerlegt. Die Umbiegungen der Faltenachsen spiegeln
sich auch in Umbiegungen der Hohlformen wieder, welche Ge-
staltung bei der Gleichmäßigkeit der Windrichtung durch Korrasion nicht ausgearbeitet werden kann. Auch lassen sich dicht
nebeneinander Wannen in verschiedenen Stadien der Eintiefung
voneinander unterscheiden. Die Wannen entsprechen den Bol-
sonen der amerikanischen Literatur.

Im Gegensatz zu der Wannenlandschaft stehen die weiten, fast ebenen Formen der Flächennamib, die zum Teil durch die Endrumpffläche jurassisch-kretazeischer Abtragung, zum Teil aber durch jüngere Eindeckung in Folge fluvio-arider Auflagerung und äolischer Aufschüttung entstanden ist. Zeugenberge weisen auf starke Abtragung, Inselberge auf darauf folgende Wiedereindeckung hin. Hohlformen in dieser Eindeckungslandschaft, die bereits in der extrem-ariden Klimazone beginnt und bis weit in semi-arides Gebiet hinüberzieht, werden mehr und mehr aufgefüllt, während in der Wannenlandschaft eine weitergehende Eintiefung auch dann noch erfolgt, wenn einmal zeitweise starke Eindeckung eingetreten war. Dieser Gegensatz einer zahlreiche Hohlformen zeigenden Wannenlandschaft gegenüber der fast ebenen Eindeckung in der Flächennamib ist durch das Vorherrschen der Windabtragung in ersterer, durch Zurücktreten der Windabtragung in letzterer zu erklären. Wir müssen deshalb in extrem-aridem Gebiete noch verschiedene Landschaftstypen unterscheiden. Besondere Blockdiagramme erläutern diese Erscheinungen.

Die Grenze von Flächennamib zu Wannennamib ist während der rein extrem-ariden Klimabedingungen unseres Gebietes, spätestens seit dem Untermiocaen, nicht stationär gewesen, sondern wanderte hin und her.

Größere Erosionsrinnen zeigen sich in den Resten untermiocaener Flußtätigkeit.

Eine Verfolgung der marinen formgebenden Vorgänge führte zu dem Nachweise einer weitgehenden Verlandung an allen nach Süden geöffneten Buchten in Folge starker Strandversetzung, auf welche Erscheinungen auch L. Schultze-Jena und H. Lotz bereits hingewiesen hatten. Die Verlandung geht bis zur Ausbildung einer Ausgleichsküste, an der dann weiter antreibender Sand immer wieder abgetragen und durch Strandversetzung fortgeführt wird. Die nach Norden geöffneten Buchten versanden weniger durch marin angespülten Sand, als durch den aus dem Inland wieder in das Meer hinaustransportierten Flugsand.

Die Buchten selbst aber sind zum allergrößten Teile unter den Meeresspiegel untergetauchte, auf dem Festlande im extrem-ariden Klima vorgebildete Hohlformen, die bei einer positiven Strandverschiebung unter den Meeresspiegel sanken. Die verzweigten Buchten von Lüderitzbucht geben das schönste Beispiel einer solchen auf dem Festlande gebildeten, aber nun versenkten Wannenlandschaft. Die Verlandung in den nach Süden geöffneten Buchten ist bereits an vielen Stellen so weit gegangen, daß man weit landeinwärts junge Strandwälle und Strandterrassen feststellt. Ist die Verlandung bis zur Ausbildung einer Ausgleichsküste vorgeschritten, dann hört die Bildung von Wanderdünen in diesem Küstenstücke auf. Daß diese Verlandung nicht überall gleich weit vorgeschritten ist, hängt wohl mit einer nachgewiesenen Verbiegung des Festlandes zusammen.

Die Portugiesen haben den Namen Angras Juntas (Vereinigte Buchten) einem Küstenstücke gegeben, wo jetzt keine Buchten mehr vorhanden sind, wo aber das Auftreten vieler Buchten in relativ kurz zurückliegender Zeit aus den Höhenverhältnissen, aus Strandwällen und dem Auftreten von Lagunenschlick zu entnehmen ist. Es liegt deshalb die Annahme nahe, daß die Verlandung zum größten Teile erst seit der Zeit der Namengebung durch die entdeckenden Portugiesen erfolgte, was uns dann auch einen Maßstab geben würde für die Jugendlichkeit nicht nur der Verlandung, sondern auch eines großen Teiles des Wanderdünenmeeres nördlich von Lüderitzbucht.

Eine zusammenfassende Entwicklungsgeschichte und stratigraphische Gliederung der Oberflächenformen führt dazu, von kretazeischen Flächen mit Dolinen, Senken und alten Flußtälern, jungkretazeischen bis untereocaenen Eindeckungsformen, mittel- bis obereocaenen Strandnischen, Strandkolken, Strandwällen und Abrasionsstufen, untermiocaenen Talformen, großen, ebenfalls untermiocaenen Schotterkegeln, und dann von der jungtertiären bis rezenten Wannenlandschaft zu sprechen. Alle diese in verschiedenen Zeiten gebildeten Oberflächenformen sind noch heute stellenweise als Zeugenformen vorhanden und lassen sich gut voneinander unterscheiden. Daneben sind untergetauchte Stücke der Wannenlandschaft als Vorzeitformen unterscheidbar von den durch Strandsand verlandeten Buchten, deren Küste zum Teil noch fortschreitet, zum Teil aber ausgeglichen ist, während zwischen den Buchten das jetzt noch zurückweichende Kliff eine weitere heutige Arbeitsform darstellt.

Positive und negative Strandverschiebungen sind an dieser
Küste mehrfach eingetreten, aber nicht gleichsinnig, sondern unter
Verbiegung der alten Landoberfläche.

VI. Tiere, Mensch und Wüste.

An den verschiedensten Stellen des Werkes ist darauf hingewiesen worden, welche hohe Bedeutung das selbst der Wüste
nicht fehlende Tier- und Pflanzenleben für die Umgestaltung des
Wüstenbildes hat. Selbst die bewegten Flugsandmassen enthalten
reiches Tierleben, da in ihnen sich an windgeschützten Plätzen
ein an organischen Bestandteilen reiches äolisches Genist sammelt,
das viele Tiere anlockt. Das Auffinden der Gemmulae von Spongilliden zeigte die Anpassung von Organismen an die Eigenschaften
extrem-ariden Klimas in der Vorzeit. Wir staunen oft, wie rasch
sich in den heute episodisch zusammenlaufenden Regenseen ein
reges Leben entwickelt. Zahlreiche Bodentiere spielen für die
Umlagerung der Lockerprodukte eine große Rolle.

Die Buschmänner, als die Ureinwohner unserer Namib,
haben mannigfache Spuren ihrer Tätigkeit zurückgelassen. Sie
haben sich namentlich die erwähnten, so weit verbreiteten Verkieselungsmassen zu Nutzen gemacht, so daß Hunderte von Busch-
mannplätzen von ihrer Anwesenheit künden. Zur Schilderung
dieser Ureinwohner jener Diamantenwüste übernahm Rud. Martin
die Untersuchung der von mir mitgebrachten Buschmannschädel
und eines Buschmannskelettes. Er hat sich nicht darauf be-
schränkt, nur die Skelettreste zu untersuchen und zahlreiche Zahlen
über deren Bau wiederzugeben, sondern hat die weit verzweigte
und zum Teil sehr versteckte Buschmannliteratur zusammenge-
tragen, ein Bild über diese dem Untergang geweihte Rasse gebend,
die Frage nach der Urrasse Südafrikas prüfend, den Merkmal-
komplex des Buschmanns umreißend und die genetischen Beziehungen zu den Hottentotten erörternd. So gibt uns dann
dieser Bericht von Rudolf Martin, den er vor seinem leider
allzu frühen Tode fertig stellte, eine recht willkommene Ergänzung zu dem Bilde der Diamantenwüste, das in dem ganzen
Werke von den verschiedensten Mitarbeitern mit mir zusammen
geschaffen wurde.

Dieser Bericht über den Inhalt des Hauptwerkes kann nur Stichproben geben, einige Ergänzungen hinzufügen und Ausblicke auf weitere Arbeiten andeuten. Einzelheiten müssen in dem Hauptwerke nachgelesen werden, zu dessen Benutzung ein ausführliches Inhaltsverzeichnis, eine umfangreiche Literaturzusammenstellung und ein Schlagwortregister beigefügt sind. Da die meisten der im Texte aus Südwestafrika genannten Örtlichkeiten vielen Lesern unbekannt sein dürften und auf vielen Atlanten nicht zu finden sind, wurden alle im Texte genannten Örtlichkeiten mit ihrer Länge und Breite angegeben und dazu eine Karte erwähnt, auf der die Örtlichkeit sicher zu finden ist. Wenn man nur allgemein die Lage des Ortes wissen will, so genügt dann zur Orientierung auch jeder andere Atlas.

Über besondere räumliche Geradenanordnungen derart, dass durch jeden Schnittpunkt gleichviele Gerade hindurchgehen.

Von H. Graf und R. Sauer[1].

Mit 18 Figuren.

Vorgelegt von S. Finsterwalder in der Sitzung am 6. März 1926.

Einleitung.

In einer früheren Arbeit[2]) haben wir die allgemeinste Anordnung gerader Linien in der Ebene untersucht derart, daß immer drei Gerade sich in einem Punkt schneiden. Es ergab sich, daß alle Geraden Tangenten einer ebenen Kurve 3. Klasse sind, und umgekehrt, daß die Tangenten jeder beliebigen ebenen Kurve 3. Klasse so angeordnet werden können, daß sie zu je dreien durch einen Punkt gehen und dadurch ein Dreiecksnetz erzeugen, bei dem um jeden Knotenpunkt sechs Dreiecke herumliegen.

Es liegt nahe, das Problem auf den Raum zu übertragen. Nach einer Richtung hin ist dies auf Grund der Analogie zwischen den ebenen Kurven 3. Klasse und den Developpablen 4. Klasse 1. Spezies bereits geschehen durch die Untersuchung der allgemeinsten Anordnung von Ebenen, die zu je vieren sich in einem Punkte schneiden und dadurch eine Raumeinteilung in Tetraeder und in Oktaeder mit windschiefen Gegenkanten herbeiführen[3]).

Nicht minder bemerkenswert ist eine andere räumliche und zwar liniengeometrische Verallgemeinerung der von Geraden er-

---

[1]) An der Arbeit haben beide Verfasser zu gleichen Teilen mitgewirkt.

[2]) H. Graf und R. Sauer, Über dreifache Geradensysteme usw., Sitzungsber. der bayer. Akad. der Wiss., math.-nat. Abtg., 1924, p. 119 ff.

[3]) R. Sauer, Die Raumeinteilungen, welche durch Ebenen erzeugt werden, von denen je vier sich in einem Punkte schneiden, Sitzungsber. der bayer. Akad. der Wiss., math.-nat. Abtg., 1925, p. 41 ff.

zeugten ebenen Dreiecksnetze, wie sie in folgender Frage zum Ausdruck kommt:

Wie können im Raume gerade Linien so ange-ordnet werden, daß immer gleichviele sich in einem Punkte schneiden?

Bei den ebenen Dreiecksnetzen existiert ein regulärer Grund-typus, nämlich das Netz kongruenter gleichseitiger Dreiecke. Die von den Netzgeraden umhüllte Kurve 3. Klasse zerfällt in diesem Falle in drei Punkte auf der unendlich fernen Geraden. In ähn-licher Weise bietet sich für die liniengeometrische Verallgemei-nerung ein reguläres Beispiel:

Betrachten wir die Einteilung des Raumes in kon-gruente Würfel! Die Gesamtheit der Würfelkanten bildet eine Geradenanordnung, bei der durch jeden Knotenpunkt drei Gerade hindurchgehen, ferner ergibt die Gesamtheit der Raumdiagonalen, d. h. der Diagonalen durch die Würfelgegenecken eine Geraden-anordnung mit je vier sich schneidenden Geraden, und schließlich bekommt man noch eine Anordnung mit je sieben sich schnei-denden Geraden, wenn man die Würfelkanten und ihre Parallelen durch die Würfelmittelpunkte gleichzeitig mit den Würfeldiago-nalen ins Auge faßt.

In der vorliegenden Abhandlung sollen nun die allgemeinsten Geradenanordnungen oder „Gestänge", wie wir der Kürze halber sagen wollen, untersucht werden, welche aus den eben erwähnten regulären Sonderfällen durch einen gewissen Deformationsprozeß entstehen, den wir als „Zerschränkung" bezeichnen; die Ge-raden des Systems bleiben geradlinig und die Zusammenhangs-verhältnisse in den Knotenpunkten ändern sich nicht, dagegen werden die in den regulären Fällen parallelen Geraden „zer-schränkt", d. h. im allgemeinen zueinander windschief.

Es sind also der Reihe nach folgende drei Probleme zu erörtern:

a) Wie kann die Gesamtheit der Kanten eines regulären Würfelgefüges in all-gemeinster Weise zerschränkt werden, so daß lediglich die Würfelkanten ge-radlinig bleiben, die Raumdiagonalen der Würfel dagegen krummlinig werden?

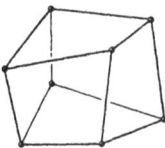

Figur 1a.

b) Wie kann die Gesamtheit der Diagonalen eines regulären Würfelgefüges
   in allgemeinster Weise zerschränkt
   werden, so daß lediglich die Raumdiagonalen der Würfel geradlinig
   bleiben, die Würfelkanten dagegen
   krummlinig werden?

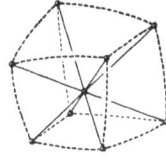

Figur 1 b.

c) Wie kann die Gesamtheit der Kanten
   und Raumdiagonalen eines regulären
   Würfelgefüges in allgemeinster Weise
   zerschränkt werden, so daß sowohl
   die Würfelkanten und ihre Parallelen
   durch die Würfelmitten als auch die
   Würfeldiagonalen geradlinig bleiben?

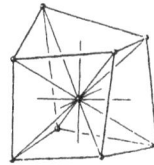

Figur 1 c.

In Figur 1 a, 1 b und 1 c sind die zerschränkten „Würfel"
mit ihren Kanten und Diagonalen in schematischer Weise angedeutet. Die geraden Linien sind ausgezogen, die krummen Kurven
gestrichelt.

Die Antwort der Frage a) ergibt Strahlenanordnungen, bei
denen von jedem Knotenpunkt drei Gerade ausgehen. Anstelle
der drei Parallelstrahlenbündel des regulären Falles oder, projektiv verallgemeinert, anstelle dreier beliebiger Strahlenbündel
treten nach der Zerschränkung drei Strahlenkongruenzen. Im
regulären Falle liegen die Würfelseitenebenen in drei Parallelebenenbüscheln. Diese werden durch die Zerschränkung in drei
Systeme von Regelflächen 2. Grades deformiert, welche die Würfelkanten zu Erzeugenden haben.

Die Frage b) führt auf Strahlenanordnungen mit je vier sich
in einem Knotenpunkt schneidenden Geraden. Die vier Parallelstrahlenbündel des regulären Falles oder, in projektiver Ausdrucksweise, die vier Strahlenbündel, deren Mittelpunkte in einer Ebene
liegen, werden zu vier Strahlenkongruenzen zerschränkt. Im regulären Falle enthalten die Diagonalebenen durch je zwei Würfelgegenkanten je zwei Parallelstrahlenbüschel von Würfeldiagonalen
und je ein Parallelstrahlenbüschel von Würfelkanten und Parallelen
zu den Kanten durch die Würfelmittelpunkte. Diese drei Parallelstrahlenbüschel bilden ein Dreiecksnetz. Die Gesamtheit der Würfel-

diagonalebenen besteht aus sechs Parallelebenenbüscheln, entsprechend den sechs Paaren von Würfelgegenkanten. Bei der
Zerschränkung werden die Würfelkanten krummlinig und daher
treten anstelle der sechs Parallelbüschel der Würfeldiagonalebenen
sechs Systeme von Regelflächen 2. Grades, welche die Würfeldiagonalen zu Erzeugenden haben.

Durch die Beantwortung der Frage c) gelangt man zu Anordnungen, bei denen je sieben Gerade durch einen Knotenpunkt
gehen. Im regulären Falle bilden die Geraden sieben Parallelstrahlenbündel, in projektiver Verallgemeinerung sieben Strahlenbündel, deren Mittelpunkte die Ecken eines vollständigen ebenen
Vierseits bilden. Daß auch dieser Fall, wie sich im Verlaufe
unserer Untersuchungen zeigen wird, noch eine gewisse Zerschränkung zuläßt, ist eine besonders merkwürdige Tatsache. Da in
diesem dritten Falle die Kanten und zugleich die Diagonalen der
Würfel bei der Zerschränkung als gerade Linien erhalten werden,
so müssen die sechs Systeme der Diagonalebenen eben bleiben;
die in den Diagonalebenen liegenden Kanten und ihre Parallelen
durch die Würfelmittelpunkte bilden auch noch nach der Zerschränkung zusammen mit den Diagonalen der Würfel ebene Dreiecksnetze. Die drei Parallelbüschel der Würfelseitenebenen des
regulären Falles werden in drei Systeme von Regelflächen 2. Grades
zerschränkt mit den Würfelkanten als Erzeugenden.

Ausdrücklich sei noch darauf hingewiesen, daß es sowohl in
dem zweiten als auch in dem dritten Falle zunächst zwei Arten
von Knotenpunkten zu geben scheint, nämlich die Würfelecken
und die Würfelmitten. Tatsächlich sind jedoch alle Knotenpunkte
gleichberechtigt, denn man hätte zu den nämlichen Geradenanordnungen gelangen können durch Würfelgefüge, bei denen die
Ecken und Mitten der ursprünglichen Würfel ihre Rollen ver-
tauscht haben.

Nun wollen wir uns einen Überblick verschaffen über die sämtlichen Gestänge, welche aus einem regulären oder halbregulären
Grundtypus durch Zerschränkung abgeleitet werden können. Wir
bezeichnen dabei als regulär oder halbregulär solche Geradenanordnungen, bei denen alle Knotenpunkte gleichberechtigt sind
und sämtliche irgend einem Knotenpunkt benachbarte Knotenpunkte die Ecken eines regulären oder halbregulären Körpers

bilden. Die zu besprechenden Gestänge treten sonach in Zusammenhang mit der Einteilung des Raumes in kongruente Würfel und
der Einteilung des Raumes in kongruente Rhombendodekaeder,
weil diese Raumeinteilungen die einzig möglichen Raumausfüllungen durch kongruente reguläre oder halbreguläre Körper darstellen.

Betrachten wir zunächst die Raumausfüllungen durch
kongruente Würfel:

Wenn wir die Mittelpunkte der parallelen Gegenseitenflächen
verbinden, so erhalten wir den regulären Typus der Gestänge
mit je drei sich schneidenden Geraden, von denen in
Frage a) die Rede war. Sämtliche Gerade sind miteinander gleichberechtigt. Die sechs einem Knotenpunkte benachbarten Knotenpunkte sind gleichweit entfernt und bilden die Ecken eines regulären Oktaeders.

Verbinden wir die Gegenecken der Würfel, so entsteht der
reguläre Typus der in Frage b) erwähnten Gestänge mit je
vier sich schneidenden Geraden. Sämtliche Gerade sind
gleichberechtigt.

Nun wenden wir uns zu den Raumausfüllungen durch
kongruente Rhombendodekaeder:

Die sieben Systeme der Hauptdiagonalen geben den Grundtypus der in Frage c) angegebenen Gestänge mit je sieben
sich schneidenden Geraden. Das Gestänge ist nur halbregulär. Die sieben von einem Knotenpunkt ausgehenden Geraden sind nicht alle gleichberechtigt. Drei Gerade verbinden
diejenigen Dodekaederecken, an denen je vier Rhomben zusammentreffen, und entsprechen bei den in Frage c) beschriebenen Würfelgefügen den Kanten und Kantenparallelen. Die übrigen vier Geraden gehen durch die Dodekaederecken, welche je drei Rhomben
gemeinsam sind, und bilden bei den in Frage c) angegebenen
Würfelgefügen die Raumdiagonalen.

Als letzter möglicher halbregulärer Typus bietet sich schließlich noch das Gestänge mit je sechs sich schneidenden
Geraden, welches dadurch entsteht, daß man die Mittelpunkte
der gegenüberliegenden Seitenflächen des Rhombendodekaeders miteinander verbindet. Die sämtlichen Geraden sind gleichberechtigt.
Alle einem Knotenpunkte benachbarten Knotenpunkte sind gleich-

weit entfernt und bilden die Eckpunkte eines zwölfeckigen halbregulären Vierzehnflachs. Dieses wird begrenzt von sechs Quadraten und acht gleichseitigen Dreiecken. Alle zwölf Körper-
ecken sind gleichberechtigt.

In der vorliegenden Abhandlung werden die Zerschränkungen sämtlicher möglichen regulären und halbregulären Gestänge, wie wir sie soeben aufgezählt haben, untersucht. Die regulären Gestänge mit je drei und je vier sich
schneidenden Geraden sind im Anschluß an Frage a) und b) in
den §§ 1 bis 4 behandelt. Als Ausartungen ergeben sich in § 5
die halbregulären Gestänge mit je sechs sich schneidenden Geraden. Schließlich werden in § 6 die halbregulären Gestänge mit
je sieben sich schneidenden Geraden besprochen. Die Gestänge
mit je fünf sich schneidenden Geraden besitzen, wie aus den
vorangehenden Überlegungen folgt, keinen regulären oder halbregulären Grundtypus. Die Untersuchung dieser Gestänge gehört
daher nicht zum Thema der Abhandlung. Beiläufig sollen jedoch
auch über Gestänge mit je fünf sich schneidenden Geraden die
wesentlichen Tatsachen mitgeteilt werden.

§ 1.

Die Geradenanordnungen mit je drei sich schneidenden Geraden.

Wir wenden uns zunächst zu den Geradenanordnungen mit
je drei sich schneidenden Geraden, welche aus einem regulären
Würfelgefüge durch eine Zerschränkung abgeleitet werden können,
bei der lediglich die Kanten geradlinig bleiben. Die drei Systeme
der Würfelseitenflächen bestehen, wie schon in der Einleitung
erwähnt wurde, aus Regelflächen 2. Grades mit je zwei Systemen
von Würfelkanten als Erzeugenden. Alle Regelflächen eines Systems, also alle Regelflächen, denen im regulären Falle parallele
Ebenen entsprechen, werden durch das dritte System der Würfelkanten, nämlich durch diejenigen Geraden, welche nicht als Erzeugende in dem System der Regelflächen enthalten sind, punkt-
weise aufeinander bezogen. Dabei entsprechen sich die Erzeu-

genden der verschiedenen Flächen gegenseitig und das Doppel-
verhältnis von vier Punkten einer Erzeugenden bleibt erhalten.
Die Zuordnung der Regelflächen ist demnach eine projektive.
Damit ist aber die Natur des Strahlensystems, dem die die Projektivität vermittelnden Würfelkanten entnommen sind, geklärt:
Es handelt sich um ein Strahlensystem 6. Ordnung 2. Klasse
zweiter Art ohne singuläre Linien; denn die Verbindungsgeraden
entsprechender Punkte auf zwei kollinearen Flächen 2. Grades
bilden stets ein Strahlensystem (6,2), wie wir in Übereinstimmung
mit der von Sturm verwendeten Bezeichnungsweise die Kongruenzen 6. Ordnung 2. Klasse zweiter Art ohne singuläre Linien
nennen wollen[1].

Jedes der drei Kantensysteme gehört sonach zu einem Strahlensystem (6,2). Wie aus der Theorie der Strahlenkongruenzen bekannt ist[1], sind in jeder Strahlenkongruenz (6,2) zwei Systeme
von Regelscharen 2. Grades enthalten. Dies sind gerade diejenigen Regelscharen, welche in dem zerschränkten Würfelgefüge
als Regelscharen in den Seitenflächen auftreten. Jede Regelschar
aus einem der drei Kantensysteme bildet die zugehörige Leitschar
zu einer Regelschar aus einem der beiden anderen Kantensysteme.
Die drei Strahlenkongruenzen (6,2), denen die Kanten des Würfelgefüges entnommen sind, stellen demnach drei konfokale Kongruenzen dar[1]. Sie besitzen die nämliche Brennfläche 12. Ordnung 4. Klasse mit 12 Berührungskegelschnitten. Die Gesamtheit
der Doppeltangenten dieser Brennfläche zerfällt in die drei Kongruenzen (6,2) sowie in eine Restkongruenz 10. Ordnung.

Damit haben wir folgenden Satz bewiesen:

Satz 1a: Jede Geradenanordnung mit je drei sich schneidenden Geraden, welche durch eine Zerschränkung
eines regulären Würfelgefüges entsteht, so daß lediglich die Kanten geradlinig bleiben, ist herausgegriffen aus drei konfokalen Strahlensystemen 6. Ordnung
2. Klasse zweiter Art ohne singuläre Linien. Die
drei Systeme der Würfelseitenflächen sind Regel-

---

[1] R. Sturm, Liniengeometrie II. Teil, 1893, p. 285 ff.; ferner: Th. Reye,
Geometrie der Lage III. Teil, 1892, p. 45 ff. Die Bezeichnung Kongruenz
„zweiter Art" bezieht sich auf die von Sturm gewählte Ausdrucksweise.

flächen 2. Grades. Die Regelscharen dieser Flächen
sind den 3×2 Systemen von Regelscharen entnommen, welche in den drei konfokalen Kongruenzen
enthalten sind.

Daß in der Tat stets aus drei konfokalen Kongruenzen (6,2)
in diskreter Aufeinanderfolge Strahlen so herausgegriffen werden
können, daß sie die Kanten eines zerschränkten Würfelgefüges
bilden, daß also die gesuchten Geradenanordnungen wirklich existieren, liegt auf der Hand und ist im wesentlichen schon in den
Untersuchungen von Reye (vgl. Fußnote 1 der vorigen Seite) enthalten. Die zu drei vorgegebenen Kongruenzen (6,2) gehörenden
zerschränkten Würfelgefüge mit geradlinigen Kanten ergeben sich
nämlich unmittelbar dadurch, daß man aus den drei Systemen
von Regelflächen 2. Grades, die in den gegebenen Kongruenzen
enthalten sind, drei beliebige Folgen von Regelflächen heraus-
greift und damit den Raum zerteilt. Die Elemente dieser Raumeinteilungen sind dabei stets zerschränkte „Würfel" und die
Kanten bilden eine Geradenanordnung von der verlangten Beschaffenheit. So können wir den Satz 1a) noch ergänzen:

Satz 1b: Aus drei konfokalen Strahlensystemen (6,2) können
  stets Geradenanordnungen herausgegriffen werden,
  welche die Kanten eines zerschränkten Würfelgefüges bilden. Diese Eigenschaft ist für die Strahlensysteme (6,2) charakteristisch; denn die geradlinigen
  Kanten eines jeden beliebigen zerschränkten Würfelgefüges sind stets drei konfokalen Kongruenzen (6,2)
  entnommen.

Oder mit anderen Worten:

  Die Gesamtheit der Würfelgefüge mit geradlinigen Kanten ist identisch mit der Gesamtheit der
Raumeinteilungen, welche durch die drei Systeme
von Regelflächen 2. Grades vermittelt werden, die
zu irgend 3 konfokalen Kongruenzen (6,2) gehören.
Die Würfelgefüge mit geradlinigen Kanten erscheinen
sonach als die naturgemäße und einfachste Anordnung der Strahlen aus drei konfokalen Kongruenzen (6,2).

Wir fragen jetzt: Wie viele Geradenanordnungen der verlangten Art können aus drei vorgegebenen Kongruenzen (6,2) mit gemeinsamer Brennfläche herausgegriffen werden? Aus jedem der drei zu den Kongruenzen gehörigen Systeme von Regelflächen 2. Grades können nach einer willkürlichen Vorschrift in diskreter Aufeinanderfolge Flächen herausgenommen werden. Diese drei Gruppen von Flächen bilden dann stets ein zerschränktes Würfelgefüge mit geradlinigen Kanten. Je nachdem man aus den drei Systemen eine endliche oder unendliche Anzahl von Regelflächen auswählt, ergeben sich Geradenanordnungen der verlangten Art mit endlich vielen oder unendlich vielen geraden Linien.

Bemerkt sei noch, daß von jedem Punkte 3×6 Gerade der drei Kongruenzen ausgehen, während die zerschränkten Würfelgefüge nur je 3×1 Gerade in den Knotenpunkten ergeben. Da man also bei jeder der drei Kongruenzen sechs Möglichkeiten der Auswahl hat, so gibt es zu den vorgegebenen Kongruenzen insgesamt $6 \times 6 \times 6 = 216$ verschiedene Arten von zerschränkten Würfelgefügen, abgesehen noch von den drei willkürlichen Funktionen, welche die Aufeinanderfolge der Seitenflächen des Würfelgefüges regeln.

Daß die Aufeinanderfolge der Würfelseitenflächen völlig willkürlich bleibt, unterscheidet unser Problem wesentlich von dem in der Einleitung erwähnten Problem der ebenen Dreiecksnetze. Bei diesen verläuft die Konstruktion nach wenigen Schritten zwangsläufig, während bei unseren räumlichen Geradengefügen auch bei beliebiger Fortsetzung immer noch eine dreifache Willkür bestehen bleibt.

Dies hat insbesondere zur Folge, daß auch die Unterteilung der zerschränkten Würfelgefüge mit geradlinigen Kanten eine dreifache Willkürlichkeit in sich schließt, welche bei jedem weiteren sukzessiven Schritte der Unterteilung von neuem zur Geltung kommt. Demzufolge sind die Systeme von Kurven, zu denen sich bei infinitesimaler Unterteilung die Raumdiagonalen und die Seitenflächendiagonalen der zerschränkten Würfel zusammensetzen, von willkürlichen Funktionen abhängig. Die nämliche Abhängigkeit besteht auch für die Diagonalflächen durch die Würfelgegenkanten. Erst wenn man über die bei der Unterteilung eintretenden Willkürlichkeiten irgendwie bestimmt verfügt hat, bekommen die Diagonalkurven und Diagonalflächen einen wohldefinierten Sinn.

Zu jeder der drei konfokalen Kongruenzen gehören je vier Ebenen, welche für diese Kongruenz vom vierten Grade und für die beiden anderen Kongruenzen vom zweiten Grade singulär sind[1]). Je vier dieser Ebenen sind gemeinsame Tangentialebenen an alle Flächen aus zwei von den drei Systemen von Regelflächen 2. Grades und können als ausgeartete, d. h. zu Ebenen zusammengeklappte Regelflächen aus dem dritten System betrachtet werden. Ob diese zu Ebenen zusammengeklappten Regelflächen 2. Grades, deren Erzeugende den Berührungskegelschnitt der betreffenden singulären Ebene mit der Brennfläche umhüllen, unter der diskreten Folge der Würfelseitenflächen enthalten sind, bleibt unserer Willkür überlassen. Wenn man will, kann man aber die 12 singulären Ebenen in die diskrete Folge von Regelflächen 2. Grades aufnehmen. Die singulären Ebenen bilden dann die Seitenebenen von zwei zerschränkten „Würfeln", welche sich vor den übrigen zerschränkten „Würfeln" dadurch auszeichnen, daß die Seitenflächen Ebenen sind. Dabei wird lediglich anschaulich gemacht, daß die Ebenen für zwei Kongruenzen vom 2. Grade singulär sind, während der Umstand, daß sie für die dritte Kongruenz vom 4. Grade singulär sind, nicht in Erscheinung tritt.

Nachdem wir die Mannigfaltigkeit und die grundlegenden Eigenschaften der zerschränkten Würfelgefüge mit geradlinigen Kanten klargestellt haben, deuten wir im Anschlusse daran eine lineare Erzeugungsweise an, durch die jedes beliebige Geradengestänge der verlangten Art, also auch jede Kongruenz (6,2) samt den beiden konfokalen Kongruenzen (6,2), in einfacher Weise hergestellt werden kann:

Drei Gerade g_1, g_2, g_3 und drei sie schneidende Gerade h_1, h_2, h_3, ferner drei Gerade g_1', g_2', g_3' und drei sie schneidende Gerade h_1', h_2', h_3' sind beliebig im Raume angenommen (Figur 2). Durch die Geraden g_i, h_i' ist eine Regelfläche 2. Grades Φ bestimmt, ebenso durch die Geraden g_i', h_i' eine Regelfläche 2. Grades Φ'. Φ und Φ' werden projektiv aufeinander bezogen in der Weise, daß die Er-

---

[1]) R. Sturm, Liniengeometrie II. Teil, 1893, p. 285 ff.

zeugenden $g_1, g_2, g_3, h_1, h_2, h_3$ den Erzeugenden $g'_1, g'_2, g'_3, h'_1, h'_2, h'_3$ entsprechen. Die Punkte 1, 2, 3 ... auf Φ in der Figur 2 sind dann homolog zu den Punkten 1', 2', 3' ... Auf h_1 und g_1 sollen zwei ganz willkürliche Reihen von Punkten angenommen und durch diese Punkte die mit g_1 bzw. mit h_1 gleichartigen Erzeugenden von Φ gezogen worden. Auf diese Weise entsteht auf der Fläche Φ ein Netz von windschiefen Vierseiten. Auf Grund des kollinearen Zusammenhangs ist diesem Netz auf Φ' ein projektives Viereseitnetz zugeordnet. Die entsprechenden Knotenpunkte der Netze auf Φ und Φ' werden sodann durch

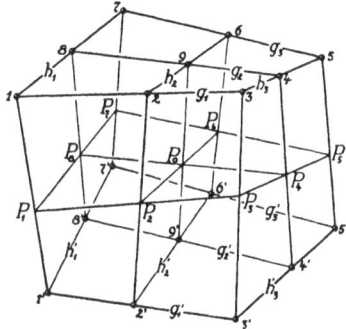

Figur 2.

gerade Linien verbunden. Auf irgend einer Verbindungsgeraden, beispielsweise auf 11', wollen wir nun wiederum eine ganz beliebige Reihe diskreter Punkte festlegen. Von irgend einem Punkte P_1 dieser Reihe aus ziehen wir die Gerade $P_1 P_3$, welche 22' in P_2 trifft, ebenso dann die Gerade $P_3 P_5$, welche 44' in P_4 trifft, und schließlich noch die Gerade $P_5 P_7$, welche 66' in P_6 trifft. Wir erkennen, daß dann stets die Gerade $P_7 P_1$ von 88' in einem Punkte P_8 getroffen wird, und daß sich die drei Geraden $P_2 P_6$, $P_4 P_8$ und 99' in einem gemeinsamen Punkte P_9 schneiden. Diese Tatsachen sind eine unmittelbare Folge der Eigenschaften der Kongruenzen (6,2), wie sie in den Sätzen 1a) und 1b) zum Ausdruck gebracht werden.

Durch unsere Konstruktionen sind nunmehr insgesamt neun Regelflächen bestimmt und zwar jede derselben durch drei Erzeugende der einen und drei Erzeugende der anderen Art. Durch die neun Regelflächen haben wir bereits ein Gefüge von acht um P_9 herumliegenden zerschränkten Würfeln vor uns. Durch jede Würfelecke gehen drei geradlinige Kanten. Die drei Paare von Würfelgegenseitenflächen sind in der Konfiguration durchaus gleichberechtigt.

Ebenso wie zu P_1 gehört zu jedem anderen Punkte der auf 11' angenommenen Reihe ein windschiefer geschlossener Vierseitzug und eine wohldefinierte Regelfläche 2. Grades. Alle diese

Regelflächen $\Phi^{(i)}$ zusammen mit den ursprünglichen Flächen Φ und Φ' sind projektiv aufeinander bezogen durch das nämliche Strahlensystem 11′, 22′, 33′... Zieht man also in jeder Fläche $\Phi^{(i)}$ das von Erzeugenden gebildete Netz windschiefer Vierseite, welches den ursprünglich festgesetzten Netzen in Φ und Φ' kollinear entspricht, so ist damit in der Tat das denkbar allgemeinste zerschränkte Würfelgefüge mit geradlinigen Kanten erzeugt.

Wir fügen dieses Ergebnis als weiteren Satz an:

Satz 2: Jedes beliebige zerschränkte Würfelgefüge mit geradlinigen Kanten läßt sich schrittweise durch lineare Konstruktionen erzeugen. Ausgegangen wird dabei von zwei willkürlichen Regelflächen 2. Grades mit je drei Erzeugenden der einen und je drei Erzeugenden der anderen Art. Außerdem kann noch auf jeder der drei von einem beliebig zu wählenden Knotenpunkt ausgehenden Geraden die Reihe der Knotenpunkte willkürlich fixiert werden. Im übrigen ist dann die Konfiguration eindeutig bestimmt.

Zusatz: Die Tatsache, daß die Gerade $P_7 P_1$ stets von 88′ in einem Punkte P_8 geschnitten wird, kann in Form eines Schliessungssatzes (Figur 2) ausgedrückt werden:

Zieht man von irgend einem Punkte P_1 die Gerade, welche 22′ und 33′ in P_2 und P_3 trifft, dann von P_3 die Gerade, welche 44′ und 55′ in P_4 und P_5 trifft, ferner die Gerade von P_5 aus, welche 66′ und 77′ in P_6 und P_7 schneidet, so führt stets die von P_7 ausgehende Gerade, welche 88′ und 11′ schneidet, wiederum auf den ursprünglichen Punkt P_1.

Beispiel.

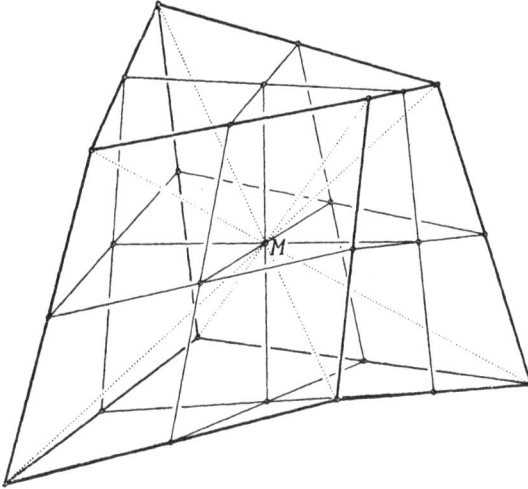

Figur 3.

Als einfachstes Beispiel ist in Figur 3 ein dreifach symme-
trischer „windschiefer Würfel" gezeichnet: Die Eckpunkte desselben sind die Ecken eines regulären Tetraeders und die Endpunkte gleichlanger Lote, welche auf den Seitenebenen des Tetraeders in den Schwerpunkten der Seitendreiecke alle nach außen
oder alle nach innen angetragen sind. Die zwölf Kanten sind
die Verbindungslinien der Endpunkte der Lote mit den Ecken
der zugehörigen Tetraederseitendreiecke. Sämtliche Kanten des
windschiefen Würfels sind gleichlang. Wenn man die Kanten
halbiert und die Halbierungspunkte der Gegenseiten in den windschiefen Vierseiten durch gerade Linien miteinander verbindet, so
erhält man einen besonders einfachen Fall der in Figur 2 dargestellten Anordnung. Der Schließungssatz wird in diesem Falle
trivial. Sämtliche Regelflächen sind Paraboloide. Die drei willkürlichen Reihen der Knotenpunkte mögen so angenommen sein,
daß die Knotenpunkte in gleichen Abständen aufeinander folgen.
Da alle Regelflächen Paraboloide sind, gilt diese Eigenschaft dann
auch für die Knotenpunkte auf allen Geraden überhaupt. Die
dreifach symmetrische Konfiguration hat den Schwerpunkt M des
windschiefen Würfels als Mittelpunkt. Die vier von M aus-

gehenden Raumdiagonalen des Würfelgefüges sind aus Symmetriegründen geradlinig. Sie sind in der Figur punktiert, während
die geradlinigen Kanten ausgezogen sind. Die Knotenpunkte sind
durch kleine Kugeln hervorgehoben.

Unser Beispiel unterscheidet sich von dem allgemeinen Fall
besonders dadurch, daß die Regelflächen 2. Grades aller drei Systeme eine gemeinsame Tangentialebene, nämlich die unendlich
ferne Ebene, besitzen. Die in dem Gestänge enthaltenen Paraboloide eines jeden der drei Systeme haben jeweils die nämliche
Hauptaxe und sind projektiv so aufeinander bezogen, daß sie je
einen Punkt, nämlich den unendlich fernen Punkt ihrer Hauptachse
entsprechend gemeinsam haben. Die drei konfokalen Strahlensysteme sind wie im allgemeinen Falle von der 2. Klasse, dagegen
nur von der 5. Ordnung, weil jedesmal in dem sich selbst entsprechenden Punkte ein Strahlenbündel ausgesondert wird[1]).

Zu dem angegebenen Beispiel gehört eine merkwürdige räumliche Konfiguration von Kegelschnitten:

Auf den Paraboloiden entstehen nämlich durch die Erzeugenden der Geradenanordnung Vierecksnetze, welche als Diagonalkurven je zwei Systeme von Parabeln haben, die jeweils parallele
Achsen besitzen und in parallelen Ebenen liegen. In jedem Knotenpunkt der Geradenanordnung treffen sechs solche Parabeln zusammen. Dadurch entsteht eine räumliche Konfiguration von Parabeln derart, daß sich jeweils sechs von ihnen in einem Punkte
schneiden und daß andere Schnittpunkte im Endlichen nicht vorhanden sind.

§ 2.

Grundlegende Eigenschaften und lineare Erzeugungsweise der Geradenanordnungen mit je vier sich schneidenden Geraden.

Die Gestänge mit je drei sich schneidenden Geraden führen,
wie wir gesehen haben, unmittelbar auf die Raumeinteilungen
durch die drei Systeme von Regelflächen 2. Ordnung, die zu drei
konfokalen Kongruenzen (6,2) gehören. Das grundsätzlich Neue
gegenüber den Untersuchungen von Sturm und Reye liegt in der
Erkenntnis, daß bei jedem beliebigen zerschränkten Würfelgefüge
mit geradlinigen Kanten stets alle Geraden in drei konfokalen

---

[1]) Vgl. Th. Reye, Geometrie der Lage III. Teil, 1892, p. 53.

Kongruenzen (6,2) enthalten sind. Diese Tatsache ist in ähnlichem Sinne neu, wie die Existenz der von Geraden gebildeten ebenen Dreiecksnetze früher in der Theorie der Kurven 3. Klasse nicht bemerkt worden war.

Wesentlich verwickelter als bei den Gestängen mit je drei sich schneidenden Geraden liegen die Verhältnisse bei den Geradenanordnungen, welche durch die Zerschränkung der vier Systeme von Hauptdiagonalen eines regulären Würfelgefüges entstehen und bei welchen durch jeden Knotenpunkt vier Gerade hindurchgehen. Erst dieser Fall bietet ein sinnvolles Analogon zu den ebenen Dreiecksnetzen, weil diese Anordnungen, ähnlich wie es bei den ebenen Dreiecksnetzen der Fall ist, abgesehen von einer endlichen Anzahl beliebig zu wählender Anfangsbedingungen keine weiteren Willkürlichkeiten zulassen.

Schon bevor wir die Existenz und die Erzeugungsweise der zu untersuchenden Geradenanordnungen klargestellt haben, können wir eine grundlegende Eigenschaft der Gestänge leicht einsehen: Wenn wir im regulären Falle ein Parallelstrahlenbündel der Würfeldiagonalen wegnehmen, so bleiben noch drei Geradenbündel von Würfeldiagonalen übrig, welche ein Gestänge bilden mit je drei sich schneidenden Geraden. Ebenso können wir im allgemeinen Falle der zerschränkten Gestänge mit je vier sich schneidenden Geraden auf viererlei Weise eine Anzahl von Geraden so aussondern, daß eine Geradenanordnung übrig bleibt, bei der von jedem Knotenpunkt nur noch drei Gerade ausgehen. Daraus folgt dann unmittelbar, daß die gesuchte Geradenanordnung ein Sonderfall der in § 1 behandelten Gestänge ist, welche aus drei konfokalen Kongruenzen (6,2) herausgegriffen sind. Die gesuchten Geradenanordnungen erscheinen in diesem Zusammenhange als zerschränkte Würfelgefüge, bei denen die drei Systeme der Kanten und ein System der Würfeldiagonalen geradlinig sind. Über die bei den Gestängen mit je drei sich schneidenden Geraden zulässigen Willkürlichkeiten muß also so verfügt werden, daß das eine System der Würfeldiagonalen geradlinig wird. Es wird sich herausstellen, daß diese Forderung nur erfüllt werden kann, wenn die konfokalen Kongruenzen, denen die Geraden entnommen sind, durch Absonderung von mehreren Bündeln sich mindestens auf die 4. Ordnung reduzieren.

Wir können unserer Forderung noch folgende Formulie-
rung geben:

Bei einer Geradenanordnung mit je drei sich schneidenden
Geraden kann jede Gerade auf zweierlei Weise längs anderer
Geraden des Gestänges so geführt werden, daß sie eine Regelschar 2. Grades beschreibt. Wenn dagegen von jedem Knotenpunkt vier Gerade ausgehen, so gibt es für jede Gerade drei Möglichkeiten, sie längs anderer Geraden des Gestänges so hingleiten
zu lassen, daß sie eine Regelschar 2. Grades erzeugt. Nun läßt
sich aber aus der Theorie der algebraischen Strahlensysteme zeigen
(vgl. S. 141, Fußnote 1), daß nur dann, wenn eine Kongruenz (6,2)
durch Absonderung von Strahlenbündeln sich mindestens auf den
4. Grad, also mindestens auf eine Kongruenz (4,2) reduziert, die
Strahlen dieser Kongruenz in mehr als in zwei Systemen von
Regelscharen 2. Ordnung zusammengefaßt werden können. Die
zu den Regelscharen gehörenden Leitscharen bilden zu dem ursprünglichen Strahlensystem konfokale Kongruenzen:

Damit ist folgender Satz bewiesen:

Satz 3: Jede Geradenanordnung, welche durch Zerschrän-
    kung der vier Systeme von Hauptdiagonalen eines
    regulären Würfelgefüges entsteht und bei der dem-
    nach in jedem Knotenpunkt vier und nur vier Ge-
    rade zusammentreffen, läßt sich herausgreifen aus
    vier konfokalen Strahlensystemen (4,2) oder Aus-
    artungen dieser Strahlensysteme, in dem nämlichen
    Sinne, wie jedes Gestänge mit je drei sich schnei-
    denden Geraden in drei konfokalen Kongruenzen (6,2)
    enthalten ist.

In Satz 3 ist festgestellt, daß die gesuchten Geradenanordnungen, wenn sie überhaupt existieren, stets aus vier konfokalen
Kongruenzen (4,2) herausgegriffen sind. Unsere nächste Aufgabe
ist es jetzt, festzustellen, daß die gesuchten Gestänge wirklich
vorhanden sind. Wir werden zu diesem Zwecke beweisen, daß
in irgend welchen vier konfokalen Kongruenzen (4,2) stets zerschränkte Geradenanordnungen der verlangten Art enthalten sind,
und wir werden zeigen, wie diese Geradenanordnungen durch lineare
Konstruktionen erzeugt werden können.

Wir schicken einige Bemerkungen aus der Theorie der Strahlensysteme voraus:

Wenn zwei Flächen 2. Grades kollinear aufeinander bezogen sind, so bilden die Verbindungslinien entsprechender Punkte ein Strahlensystem (6,2). Dieses Strahlensystem artet in zwei Strahlenbündel und ein Strahlensystem (4,2) aus, wenn die projektiven Flächen 2. Ordnung zwei Punkte entsprechend gemeinsam haben. Die Strahlen einer jeden auf diese Weise definierten Kongruenz können in drei Systemen von Regelscharen angeordnet werden, die zugehörigen Systeme der Leitscharen bilden dann drei weitere Kongruenzen (4,2), welche zu der ursprünglichen Kongruenz konfokal sind. Die gemeinsame Brennfläche, zu der noch eine Restkongruenz 6. Ordnung 4. Klasse gehört, ist von der 8. Ordnung und 4. Klasse und hat vierzehn Doppelberührungsebenen. Sechs von diesen Ebenen sind für alle vier Kongruenzen (4,2) singulär vom 2. Grade, während je zwei der übrigen acht Ebenen für eine Kongruenz vom 3. Grade und für die drei anderen Kongruenzen vom 1. Grade singulär sind. Die letztgenannten acht singulären Ebenen bilden ein Oktaeder mit windschiefen Gegenkanten, während die sechs singulären Ebenen 2. Grades zu je zweien durch je zwei Gegenecken des windschiefen Oktaeders hindurchgehen. Die Konfiguration der singulären Ebenen ist auf diese Weise sehr anschaulich dargestellt gegenüber den sehr wenig übersichtlichen Verhältnissen bei den dualen Strahlensystemen (2,4), wie sie bei Sturm[1]) behandelt sind.

Wir werden nun weiter sehen, daß wir, ausgehend vom Oktaeder der singulären Ebenen 1. und 3. Grades durch einfache lineare Konstruktionen die vier konfokalen Strahlensysteme (4,2) gleichzeitig gewinnen können, und zwar gerade in der Anordnung, daß sie Gestänge mit je vier sich schneidenden Geraden bilden. Die gesuchten Gestänge erscheinen in diesem Zusammenhange als die naturgemäße Anordnung und Zusammenfassung der vier konfokalen Kongruenzen.

In Figur 4 ist das Oktaeder der singulären Ebenen 1. und 3. Grades von vier konfokalen Kongruenzen (4,2) dargestellt. A, A'; B, B'; C, C' sind die drei Paare von Gegenecken. Wir

---

[1]) R. Sturm, Liniengeometrie II. Teil, 1893, p. 246 ff.

betrachten nun zwei Gegenebenen, beispielsweise ABC und $A'B'C'$, die wir kurz mit ε und ε' bezeichnen wollen. Sie sind für das eine der vier konfokalen Strahlensysteme Σ_1 singulär vom 3. Grade,

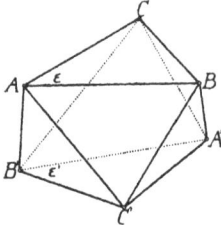

Figur 4.

während sie für die drei weiteren Strahlensysteme Σ_2, Σ_3, Σ_4 vom 1. Grade singulär sind.

Durch die Strahlen von Σ_1 werden die Ebenen ε und ε' in einer Cremonaschen Verwandtschaft 2. Grades ein-eindeutig aufeinander abgebildet, wobei A, B, C und A', B', C' die Ausnahmepunkte in den beiden Ebenen sind und wobei ε und ε' keinen Punkt entsprechend gemeinsam haben, wenn es sich um eine Kongruenz (4,2) handelt: Jeder Geraden in ε entspricht ein Kegelschnitt durch A', B', C' und jeder Geraden von ε' ein Kegelschnitt durch A, B, C. Das Bild einer Geraden durch einen Ausnahmepunkt ist ein zerfallender Kegelschnitt. So ist beispielsweise einer Geraden in ε durch A zugeordnet eine Gerade in ε' durch A' und dazu noch stets die ganze Gerade $B'C'$. Das Strahlenbüschel in ε mit dem Mittelpunkt A geht durch die Cremonasche Abbildung über in ein Strahlenbüschel in ε' mit dem Scheitel A' und in die feste Gerade $B'C'$. Die beiden einander entsprechenden Strahlenbüschel sind gegenseitig projektiv bezogen, wobei insbesondere AC und $A'B'$ und ebenso AB und $A'C'$ homologe Elemente sind. In ähnlicher Weise entsprechen die Strahlenbüschel mit den Scheiteln B und C projektiven Büscheln mit den Scheiteln B' und C'.

Was wir für die Ebenen ε und ε' und das Strahlensystem Σ_1 auseinander gesetzt haben, gilt natürlich in analoger Weise für die drei anderen Paare von Gegenebenen des Oktaeders und die Strahlensysteme Σ_2, Σ_3, Σ_4.

Der nun schließlich zum Ziele führende Gedanke liegt darin, daß wir die Cremonasche Verwandtschaft 2. Grades zwischen den Ebenen ε und ε' in anschaulichen Zusammenhang bringen mit einem speziellen ausgearteten Typus von ebenen Dreiecksnetzen, der in einer früheren Arbeit[1]) von uns diskutiert wurde:

---

[1]) H. Graf und R. Sauer, Über dreifache Geradensysteme usw., Sitzgsber. d. bayer. Akad. d. Wiss., math.-nat. Abt., 1924, p.119 f., insbesondere p.148, 151.

Durch die drei Strahlenbüschel in der Ebene ε mit den Scheiteln A, B, C soll ein Dreiecksnetz gebildet werden (Figur 5). Dabei kann ein beliebiger Punkt D als Anfangsknotenpunkt gewählt werden und außerdem läßt sich noch über die erste Maschenweite DD_1 beliebig verfügen. Im übrigen ist das Netz dann zwangsläufig bestimmt und kann durch lineare Konstruktionen schrittweise erzeugt werden. Dreiecksnetze dieser Art sind die nächstliegende Verallgemeinerung der von gleichseitigen Dreiecken gebildeten Netze und deren kollinearen Umformungen. Bei diesen nämlich artet die umhüllende Kurve 3. Klasse in drei Punkte aus, die in gerader Linie liegen, während bei den hier in Rede stehenden allgemeineren Dreiecksnetzen die umhüllende Kurve 3. Klasse in drei beliebige Punkte zerfällt, welche ein Dreieck bilden. Die Seiten des Dreiecks sind Häufungslinien des Dreiecksnetzes, d. h. das Netz kann nicht durch eine endliche Anzahl von geraden Linien zum Abschluß gebracht werden, sondern bei beliebiger Fortsetzung des Erzeugungsprozesses werden die einzelnen Netzdreiecke immer flacher und die netzbildenden geraden Linien nähern sich mehr und mehr den Dreiecksseiten als Grenzlagen. Durch die drei Häufungslinien wird die Ebene in vier gleichberechtigte Gebiete zerlegt. Jedes derselben kann bis auf eine beliebig schmale Umgebung der Häufungslinien von dem Dreiecksnetz ausgefüllt werden. In Figur 8 ist das Dreiecksnetz nur im Inneren des von den Häufungslinien gebildeten Dreiecks dargestellt. Wie alle vier Gebiete der Ebene von einem einzigen Dreiecksnetz überzogen sind, ist aus unserer schon vorher erwähnten Arbeit, S. 148, Abbildung VIII, zu ersehen.

Wir denken uns nun die Ebene ε mit einem von den Strahlenbüscheln mit den Scheiteln A, B, C erzeugten Dreiecksnetz überdeckt und übertragen das Dreiecksnetz kollinear auf die Ebene ε'. Bei dieser projektiven Beziehung entsprechen die Punkte A, B, C den Punkten A', B', C' und schließlich soll noch dem Anfangsknotenpunkte D derjenige Punkt D' zugeordnet werden, welcher mit D auf dem nämlichen Kongruenzstrahl von Σ_1 liegt.

Durch die beiden zueinander kollinearen Dreiecksnetze in ε

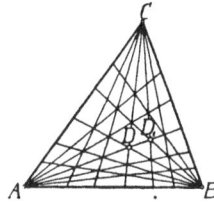

Figur 5.

und ε' werden diese Ebenen in sehr anschaulicher Weise noch auf eine weitere und zwar nicht mehr kollineare Art aufeinander abgebildet. Wir beziehen nämlich die Netzknotenpunkte aufeinander in der Weise, daß wieder die Punkte D und D' einander entsprechen und daß wiederum die drei in D zusammentreffenden Knotenpunktreihen den drei von D' ausgehenden Knotenpunktreihen zugeordnet werden. Aber die Knotenpunktreihen sollen jetzt von D' aus in entgegengesetztem Sinne, d. h. in der Richtung von A' bezw. B' oder C' weg durchlaufen werden, wenn die entsprechenden Knotenpunktreihen von D aus in der Richtung nach A bzw. B oder C hin durchlaufen werden. Die Zuordnung der Ebenen ε, ε' ist dann, wie man leicht einsieht, gerade die Cremonasche Verwandtschaft 2. Grades, die vorher besprochen wurde. Wenn man also sämtliche in dieser Cremonaschen Verwandtschaft einander entsprechenden Knotenpunkte der beiden Dreiecksnetze in ε und ε' miteinander verbindet, so erhält man eine diskrete Auswahl von Strahlen aus der Kongruenz (4,2) Σ_1. Durch fortgesetzte Unterteilung der beiden Dreiecksnetze kann die Auswahl der Kongruenzstrahlen sukzessive enger gemacht werden.

Ebenso wie man die Ebenen ε und ε' mit Dreiecksnetzen überdecken kann und dadurch in der angegebenen Weise eine diskrete Auswahl von Strahlen der Kongruenz Σ_1 gewinnt, können auch die übrigen drei Paare von Gegenebenen des Oktaeders der singulären Ebenen 1. und 3. Grades mit Dreiecksnetzen so überzogen werden, daß sich eine diskrete Aufeinanderfolge von Strahlen aus den drei konfokalen Systemen Σ_2, Σ_3, Σ_4 ergibt. Wir werden nun zum gestellten Ziele gelangen, wenn wir zeigen, daß die vier Paare von Dreiecksnetzen so aufeinander abgestimmt werden können, daß die vier zugehörigen diskreten Strahlenmannigfaltigkeiten aus den Kongruenzen Σ_1, Σ_2, Σ_3, Σ_4 jeweils vier Strahlen durch feste Knotenpunkte senden und damit ein Gestänge der verlangten Art erzeugen.

Zu diesem Zwecke geben wir jetzt im Anschluß an die vorangehenden Überlegungen eine lineare Erzeugungsweise an, welche von einer passenden Aneinanderreihung von Dreiecksnetzen der vorher beschriebenen Art in den acht Ebenen eines beliebigen windschiefen Oktaeders ausgeht und schließlich auf die gesuchten Geradengefüge führt.

Wir nehmen irgend welche sechs Punkte A, B, C, A', B', C' in beliebiger Lage an (Figur 6) und zeichnen das Oktaeder ABC $A'B'C'$, so daß A, A'; B, B'; C, C' die drei Paare von Gegenecken sind. In der Ebene des Dreiecks ABC wird ein Punkt D und in der Ebene des Dreiecks $A'B'C'$ ein Punkt D' willkürlich angenommen. In den Ebenen ε bzw. ε' zieht man durch D bzw. D' jeweils die drei Eckpunkttransversalen der Dreiecke ABC bzw. $A'B'C'$. Die Schnittpunkte der Transversalen mit den Seiten der beiden Dreiecke werden mit den Oktaedergegenecken verbunden. Dadurch ergeben sich die Geraden AA_0', BB_0', CC_0'; $A'A_0$, $B'B_0$, $C'C_0$. Auf einer dieser sechs Verbindungsgeraden, beispielsweise auf AA_0', soll ein Punkt P beliebig angenommen und durch ihn das noch fehlende Eckpunkttransversalenpaar des Drei-
ecks $AB'C'$ gezogen werden.
Ebenso werde in jedem der
übrigen fünf Seitendreiecke
des Oktaeders noch je ein
Eckpunkttransversalenpaar so
gezeichnet, daß dessen Schnittpunkt auf eine der vorer-
wähnten Verbindungsgeraden
BB_0', ... zu liegen kommt.
Dabei wird insbesondere verlangt, daß auf jeder der Oktaederkanten die beiden Transversalen, welche benachbarten
Seitendreiecken angehören, in

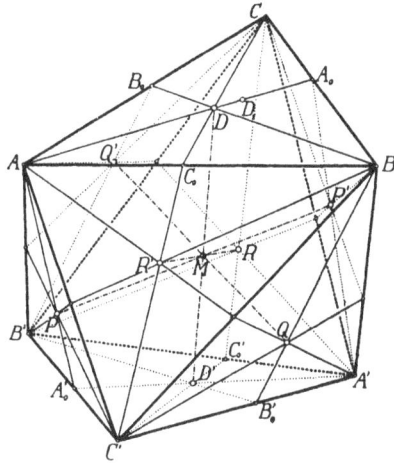

Figur 6.

dem nämlichen Punkt zusammentreffen. Daß diese Forderung für sämtliche Oktaederseitendreiecke durchgängig in eindeutiger Weise erfüllbar ist, daß also, wenn einmal P fest angenommen wurde, keine weitere Willkürlichkeit eintritt, läßt sich mit Hilfe des Satzes von Ceva unschwer zeigen.

Die in gegenüberliegenden Oktaederebenen liegenden Schnittpunkte der Transversalentripel sind in der Figur mit D, D'; P, P'; Q, Q'; R, R' bezeichnet und durch strichpunktierte Linien verbunden.

Wir greifen irgend zwei von diesen vier Linien heraus, etwa DD' und PP': Durch AA_0', DD', A_0A' ist eine Regelschar

2. Grades definiert. AA_0 und $A_0'A'$ gehören zu der Leitschar derselben. Daß auch PP' eine Leitgerade der Regelschar ist, kann man wieder mit Hilfe des Satzes von Ceva und außerdem mittels des Brianchonschen Satzes einsehen; es handelt sich lediglich darum, zu beweisen, daß $D'P$ und DP' sich auf der Verbindungslinie der Gegenpunkte AA' schneiden. Da DD' und PP' als Erzeugende ungleicher Art zur nämlichen Regelfläche 2. Grades gehören, müssen sie einen gemeinsamen Schnittpunkt besitzen. Dasselbe gilt aus analogen Gründen für irgend zwei andere der Geraden DD', PP', QQ', RR'. Da nun nicht alle diese vier Gerade in der nämlichen Ebene liegen, müssen sie notwendig durch einen gemeinsamen Punkt M hindurchgehen.

(*Zusatz*: Ein trivialer, aber immerhin bemerkenswerter Sonderfall des eben entwickelten Schließungs- und Schnittpunktsatzes ist folgende Behauptung:

Die vier Verbindungslinien der Schwerpunkte der gegenüberliegenden Seitendreiecke eines Oktaeders mit windschiefen Gegenkanten schneiden sich stets in einem gemeinsamen Punkte.)

Durch den Punkt M gehen nun also vier gerade Linien. Wir können den Punkt M als Anfangsknotenpunkt einer Geradenanordnung mit je vier sich schneidenden Geraden auffassen und wir werden sogleich sehen, daß das ganze Gestänge bis auf einen willkürlichen Parameter, welcher die „Maschenweite" repräsentiert, bereits eindeutig festgelegt ist: Wir nehmen auf AD einen Punkt D_1 als Knotenpunkt beliebig an. Dadurch ist in der Ebene ABC ein Dreiecksnetz eindeutig definiert, das von den drei Strahlenbüscheln mit den Scheiteln A, B, C gebildet wird (vgl. Figur 5). Indem wir die Schnittpunkte dieses Netzes auf den Seiten AB, BC, CA mit C', A', B' verbinden werden auch in den Ebenen $C'AB$, $A'BC$, $B'CA$ derartige Dreiecksnetze bestimmt. So können wir der Reihe nach alle acht Seitenebenen des Oktaeders mit Dreiecksnetzen überziehen. Durch Annahme des Punktes D_1 sind alle diese Netze der Reihe nach zwangsläufig fixiert. Daß alle Geraden der Netze in benachbarten Oktaederseitenebenen die gemeinsame Oktaederkante in den nämlichen Punkten treffen, folgt aus der Tatsache, daß die sämtlichen Dreiecksnetze zueinander kollinear sind.

Durch die Dreiecksnetze werden die vier Paare von gegenüberliegenden Oktaederebenen durch Cremonasche Verwandtschaften 2. Grades aufeinander bezogen, so wie wir es weiter vorne (S. 152) auseinander gesetzt haben. Verbindet man alle in den Cremonaschen Verwandtschaften einander entsprechenden Netzknotenpunkte in den gegenüberliegenden Ebenen durch gerade Linien, so bekommt man vier diskrete Strahlengefüge aus vier Kongruenzen (4,2). Daß dabei immer je vier Strahlen aus diesen Mannigfaltigkeiten sich in einem Punkt schneiden, folgt in der nämlichen Weise wie die Tatsache, daß die vier Geraden DD', PP', QQ', RR' einen gemeinsamen Schnittpunkt besitzen.

So bilden also die Verbindungsgeraden der entsprechenden Punkte der gegenüberliegenden Dreiecksnetze eine Geradenanordnung der gesuchten Art, bei der in jedem Knotenpunkt vier und nur vier Gerade zusammentreffen. Damit ist unsere hauptsächlichste Aufgabe gelöst. Das erzeugte Geradengestänge ist gemäß unseren vorangehenden Betrachtungen aus vier konfokalen Kongruenzen (4,2) herausgegriffen, welche die acht Ebenen des zugrunde gelegten Oktaeders zu singulären Ebenen 1. und 3. Grades haben.

Es liegt auf der Hand, daß durch passende Annahme der Punkte A, B, C, D; A', B', C' D' irgend welche beliebigen vier konfokalen Kongruenzen (4,2) auf die angegebene Weise erzeugt werden können. Dabei ist zu beachten, daß von irgend einem Punkte je vier Strahlen von jeder der vier konfokalen Kongruenzen (4,2) ausgehen, während unsere Gestänge zunächst nur jeweils einen Strahl ergeben. Es existieren also insgesamt $4 \times 4 \times 4 \times 4 = 256$ Möglichkeiten, aus vier gegebenen konfokalen Kongruenzen (4,2) Geradengestänge mit je vier sich schneidenden Geraden herauszugreifen. Im übrigen kann dann noch über den Anfangsknotenpunkt und die erste „Maschenweite" beliebig verfügt werden.

Wir fassen die Ergebnisse in folgendem Satze zusammen:

Satz 4: Jede Kongruenz (4,2) kann zugleich mit den drei zu ihr konkokalen Kongruenzen (4,2) durch lineare Konstruktionen erzeugt werden und zwar derart, daß je vier Gerade der vier Kongruenzen sich in einem Knotenpunkte schneiden. Es gibt 256 ver-

schiedene Möglichkeiten, aus vier gegebenen konfokalen Kongruenzen (4,2) Geradengestänge der erwähnten Art herauszugreifen. Dabei kann jedesmal
der Anfangsknotenpunkt und die erste Maschenweite
willkürlich gewählt werden. Im übrigen ist die Geradenanordnung dann eindeutig bestimmt. Auf diese
Weise entsteht die allgemeinste mögliche Zerschränkung der vier Systeme der Hauptdiagonalen eines
regulären Würfelgefüges, bei der die Würfelkanten
krummlinig werden. Die Eigenschaft, Geradenanordnungen in sich zu enthalten, bei denen in jedem
Knotenpunkt vier und nur vier Gerade sich schneiden, ist also für die Strahlensysteme (4,2) charakteristisch. Die genannten Geradenanordnungen erscheinen in diesem Zusammenhange als die naturgemäße Anordnung der Strahlen von vier konfokalen Kongruenzen (4,2).

§ 3.

Folgerungen aus der linearen Erzeugungsweise der Geradenanordnungen mit je vier sich schneidenden Geraden.

Im vorangehenden Paragraphen haben wir erkannt, daß die
allgemeinste Zerschränkung des Gestänges der vier Systeme von
Hauptdiagonalen eines regulären Würfelgefüges stets so vor sich
gehen muß, daß sämtliche Diagonalen vier konfokalen Kongruenzen (4,2) entnommen sind. Umgekehrt wurde festgestellt, daß
aus irgend welchen vier vorgegebenen konfokalen Kongruenzen (4,2)
stets Gestänge der verlangten Art herausgegriffen werden können.

Ausgehend von der linearen Erzeugungsweise sollen jetzt die
wesentlichsten Eigenschaften der Geradenanordnungen und der
zugehörigen zerschränkten Würfelgefüge erörtert werden.

Die singulären Ebenen als Häufungsebenen und die
Brennfläche als Umhüllende des Gestänges.

Die acht singulären Ebenen 1. bzw. 3. Grades, welche zu
den vier konfokalen Kongruenzen (4,2) gehören, denen das Gestänge entnommen ist, werden durch das Gestänge anschaulich
gemacht; denn jede der acht Ebenen, welche das der Erzeugungs-

weise der Gestänge zugrunde gelegte Oktaeder bilden, trägt Strahlenbüschel des Gestänges aus drei von den Kongruenzen und erweist
sich dadurch als singulär vom 1. Grade für diese drei Strahlensysteme. Dagegen wird durch das Gestänge nicht unmittelbar
deutlich gemacht, daß die betreffenden Ebenen gleichzeitig für
das vierte Strahlensystem vom 3. Grade singulär sind.

    Die sechs singulären Ebenen 2. Grades werden im allge-
meinen durch das Gestänge nicht zur Anschauung gebracht, sondern werden nur dann ersichtlich, wenn über die willkürlichen
Anfangsbedingungen bei der Erzeugungsweise passend verfügt wird.
In diesem Falle tragen die sechs singulären Ebenen 2. Grades
Mannigfaltigkeiten von Strahlen des Gestänges, welche Kegelschnitte umhüllen. Längs dieser Kegelschnitte wird von den singulären Ebenen die Brennfläche der Strahlensysteme berührt.

    **Auch die Brennfläche 8. Ordnung 4. Klasse (vgl. S. 151)
hat für das Gestänge eine sehr anschauliche Bedeutung.
Sie ist nämlich die Umhüllende der Geradenanordnung
in ähnlichem Sinne, wie die ebenen Dreiecksnetze von
Kurven 3. Klasse umhüllt werden.** Wenn man das Würfelgefüge betrachtet, dessen Diagonalen das vorliegende Gestänge
bilden, und nach der angegebenen Erzeugungsweise das Gestänge
weiter und weiter fortsetzt, so werden die „Würfel" immer flacher,
wenn man in die Umgebung der Brennfläche gelangt und klappen,
wenn das Würfelgefüge unendlich engmaschig angenommen wird,
auf der Brennfläche selbst in Flächenelemente derselben zusammen.
Bei weiterer Fortsetzung des Erzeugungsprozesses tritt dann ein
Umschlagen an der Brennfläche ein. Auf diese Weise kommt
ähnlich wie bei den ebenen Dreiecksnetzen eine mehrfache, im
allgemeinen unendlich vielfache Ausfüllung des Raumes durch die
Geradenanordnungen zustande. Bei hinreichender Weiterführung
des Prozesses treten auch die 256 auf S. 157 besprochenen Aus-
wahlmöglichkeiten in Erscheinung. Der ganze Raum wird durch
die Brennfläche in solche Gebiete zerlegt, in denen reelle Geradenanordnungen vorhanden sind und in solche Bereiche, in
denen Paare von Doppeltangenten der Brennfläche imaginär sind
und in denen daher aus reellen Geraden kein Gestänge gebildet
werden kann.

    Die Brennfläche als Umhüllende des von ihren Doppeltan-

genten gebildeten Gestänges steht, wie wir gesehen haben, zu den die
ebenen Dreiecksnetze begrenzenden ebenen Kurven 3. Klasse in
deutlicher Analogie. Außerdem spielen die acht singulären
Ebenen 1. Grades für das Gestänge die nämliche Rolle wie
die Häufungslinien für die ausgearteten Dreiecksnetze:
Es gibt bekanntlich[1]) Dreiecksnetze, welche nicht durch eine endliche Anzahl von Geraden zum Abschluß gebracht werden können,
und bei denen die einzelnen Dreiecke sich in der Umgebung gewisser
Linien häufen. Von dieser Art sind nur solche Dreiecksnetze,
bei denen die umhüllende Kurve 3. Klasse rational ist oder zerfällt.
Die Doppeltangenten dieser rationalen oder zerfallenden Kurven
sind dann stets Häufungslinien des Netzes. Als Beispiel verweisen wir auf das in § 2 erwähnte Netz (vgl. S. 153), dessen
Umhüllende in drei Punkte zerfällt. Die anderen Typen der Dreiecksnetze mit Häufungslinien sind in unserer schon mehrfach
zitierten Arbeit besprochen. Die nämliche Rolle nun, welche für
die Dreiecksnetze die Doppeltangenten der umhüllenden Kurve
3. Klasse spielen, wird bei unseren Gestängen vertreten von den
acht singulären Ebenen 1. Grades der umhüllenden Brennfläche.
In der Tat zeigt die Erzeugungsweise unmittelbar, daß die Gestänge nicht durch eine endliche Anzahl von Strahlen zum Abschluß gebracht werden, sondern daß vielmehr die Geraden sich
schließlich in der Umgebung der acht singulären Ebenen 1. Grades
häufen, ebenso wie die in den singulären Ebenen liegenden, die
Cremonaschen Verwandtschaften repräsentierenden Dreiecksnetze
jeweils drei Oktaederkanten zu Häufungslinien haben.

Das gesamte Raumgebiet, innerhalb dessen das Gestänge reell
vorhanden ist, wird durch die acht Häufungsebenen in Einzel-
bereiche zerlegt, entsprechend wie die Dreiecksnetze in den Oktaederebenen durch die Oktaederkanten als Häufungslinien in jeweils
vier Gebiete getrennt werden. Um alle Einzelgebiete des Gestänges
aus der in § 2 auseinandergesetzten Erzeugungsweise zu gewinnen,
ist es nötig, daß wir bei den Dreiecksnetzen in den Oktaederseitenebenen jeweils alle vier Gebiete berücksichtigen, wie dies in
Figur VIII des schon mehrfach zitierten Akademieberichts (1924,

---

[1]) H. Graf und R. Sauer, Über dreifache Geradensysteme usw., Sitzgsb.
d. bayer. Akad. d. Wiss., math.-na. Atbtg., 1924, p. 151 ff., I, II, VIII, X, XI.

S. 148) ersichtlich ist. Statt das Innere der gegenüberliegenden Dreiecke des Häufungsoktaeders (Figur 6) bei der Cremonaschen Verwandtschaft aufeinander zu beziehen, kann man auch das Innere des Dreiecks ABC abbilden in einen der drei äußeren Bereiche, welche von den Häufungslinien $A'B'$, $B'C'$, $C'A'$ in der Ebene ε' gebildet werden. Dabei bleiben die allgemeinen Überlegungen hinsichtlich der Erzeugungsweise unverändert bestehen; jedoch durchdringen die einzelnen Gebiete des Gestänges sich dann gegenseitig und werden nicht mehr so anschaulich wie bisher durch die Häufungsebenen voneinander getrennt.

Besonders bemerkenswert an den vorangehenden Ausführungen ist der innige Zusammenhang, welcher zwischen den allgemeinsten Gestängen mit je vier sich schneidenden Geraden besteht und dem ganz speziellen Typus der ebenen Dreiecksnetze, die von drei Geradenbüscheln gebildet werden. Obwohl also das räumliche Problem der Geradenanordnungen mit je vier sich schneidenden Geraden zunächst wesentlich schwieriger scheint als das Problem der ebenen Geradenanordnungen mit je drei sich schneidenden Geraden, stellt sich schließlich doch heraus, daß die räumlichen Geradengefüge grundsätzlich einfacheren Charakter haben und nur zu einem ganz speziellen ausgearteten Typus der ebenen Dreiecksnetze ein Analogon darstellen. Der Grund hierfür liegt darin, daß die umhüllende Fläche der räumlichen Geradengestänge stets acht singuläre Ebenen besitzt, welche Häufungsebenen für das Gestänge sind, während die allgemeinen ebenen Dreiecksnetze von einer singularitätenfreien Kurve 3. Klasse umhüllt werden und keine Häufungslinien besitzen. Der innige Zusammenhang zwischen den speziellen Dreiecksnetzen, deren Umhüllende in drei Punkte zerfällt, und den allgemeinen räumlichen Gestängen kommt am deutlichsten in der Erzeugungsweise, wie sie in § 2 gegeben ist, zum Ausdruck; denn die gegenüberliegenden singulären Ebenen 1. Grades müssen durch eine Cremonasche quadratische Verwandtschaft aufeinander bezogen werden und diese Abbildung wird nun gerade durch einen speziellen Typus von ebenen Dreiecksnetzen repräsentiert, nicht aber durch allgemeine Dreiecksnetze.

Bisher haben wir die Häufungsebenen sämtlich reell angenommen; sie können natürlich auch imaginär sein, wenn nämlich unter den Ausnahmepunkten der Cremonaschen Verwandtschaften konjugiert imaginäre Punkte sich befinden. In diesem Falle ist die in § 2 angegebene Erzeugungsweise nicht unmittelbar anwendbar. Wie wir dann zu anderen praktisch brauchbaren Konstruktionen der Gestänge gelangen, werden die Ausführungen des nächsten Paragraphen zeigen. Bei imaginären Häufungsebenen tritt im reellen Bereich keine Häufung der Geraden des Gestänges zu Tage und daher kann das Gestänge bei passender Wahl der Anfangsbedingungen aus einer endlichen Anzahl von Geraden aufgebaut werden. Es handelt sich dann um einen ähnlichen Fall wie beispielsweise bei dem ebenen Dreiecksnetz, das von den Durchmessern und Tangenten eines Kreises gebildet wird[1]) und die imaginären Asymptoten des Kreises zu Häufungslinien hat (vgl. S. 187, Figur 14). Durch die erläuternden Beispiele der folgenden Paragraphen werden diese Verhältnisse noch näher beleuchtet werden:

Zusammenfassend stellen wir fest:

Satz 5: Ein Gestänge mit je vier sich schneidenden Geraden hat als Umhüllende die Brennfläche der vier konfokalen Kongruenzen (4,2), aus denen das Gestänge herausgegriffen ist. Diese Brennfläche hat alle Geraden des Gestänges als Doppeltangenten und zerlegt den Raum in solche Gebiete, in denen das Gestänge reell vorhanden ist, und in solche Gebiete, in welchen aus reellen Doppeltangenten ein Gestänge nicht hergestellt werden kann.

Die acht singulären Ebenen 1. Grades sind Häufungsebenen des Gestänges. Nur wenn sämtliche Häufungsebenen imaginär sind, kann das Gestänge durch eine endliche Anzahl von Geraden zum Abschluß gebracht werden.

Die allgemeinen von uns hier betrachteten Gestänge sind grundsätzlich einfacheren Charakters

---

[1]) H. Graf und R. Sauer, Über dreifache Geradensysteme usw., Sitzgsb. d. bayer. Akad. d. Wiss., math.-naturw. Abtlg., 1924, p. 151, IX; ferner: S. Finsterwalder, Mech. Beziehungen bei der Flächendeformation, Jahresber. d. Math.-Vereinigung, 6, 1897.

als die allgemeinen ebenen Dreiecksnetze. Sie stehen in unmittelbarem geometrischen Zusammenhang mit einem ganz speziellen ausgearteten Typus von Dreiecksnetzen, nämlich mit den von drei Strahlenbüscheln gebildeten Netzen.

Die sechs Systeme von Regelflächen 2. Grades, welche in dem Gestänge enthalten sind.

Die Strahlen einer Kongruenz (4,2) können zu drei Systemen von Regelscharen 2. Grades zusammengefaßt werden[1]. Die zugehörigen Systeme der Leitscharen bilden dann die drei konfokalen Kongruenzen (4,2). So ergeben die vier konfokalen Kongruenzen (4,2) zusammen sechs Systeme von Regelflächen 2. Grades, deren beide Scharen von Erzeugenden den Strahlenkongruenzen angehören. Auch diese Zusammenhänge werden durch unsere Geradengestänge in übersichtlicher Weise anschaulich gemacht:

Die sechs Systeme von Regelflächen 2. Grades sind nichts anderes als die schon in der Einleitung besprochenen sechs Systeme von Diagonalflächen des Würfelgefüges, dessen Raumdiagonalen das vorgegebene Gestänge repräsentieren.

Wir nehmen wieder Bezug auf die in § 2 angegebene Erzeugungsweise. Den drei Strahlenbüscheln, welche in den Ebenen ε und ε' Dreiecksnetze bilden, sind die drei Systeme von Regelscharen 2. Grades aus der Kongruenz Σ_1 zugeordnet und in der nämlichen Weise entsprechen die in den Kongruenzen $\Sigma_2, \Sigma_3, \Sigma_4$ enthaltenen Regelscharen 2. Grades den Strahlenbüscheln in den anderen Oktaederebenen.

Je zwei Systeme von Regelflächen haben ein Paar Gegenecken des Oktaeders gemeinsam.

Die Gesamtheit der sechs Systeme von Regelflächen 2. Grades bringt diejenige Raumeinteilung mit sich, welche in dem natürlichsten Zusammenhange mit dem Gestänge steht und bei der sämtliche Knotenpunkte des Gestänges gleichberechtigt bleiben. Die Regelflächen schneiden sich nämlich zu je sechsen in den Knotenpunkten des Gestänges und durchdringen sich dabei jeweils zu dreien nach vier Geraden des Gestänges und jeweils

---

[1] R. Sturm, Liniengeometrie II. Teil, 1893, p. 246 ff.

zu zweien nach drei krummen Linien, die wir bald als Kegelschnitte erkennen werden. Diese Kegelschnitte sind in dem zu
dem Gestänge gehörigen zerschränkten Würfelgefüge die Würfelkanten, bzw. die Verbindungskurven der Mittelpunkte benachbarter Würfel.

Die zustande kommende Raumeinteilung besteht aus lauter
„Tetraedern", deren Seitenflächen Regelflächen 2. Grades sind.
Je vier Kanten eines Tetraeders sind geradlinig und bilden ein
windschiefes Vierseit, die beiden übrigen Kanten des Tetraeders
sind Bögen von Kegelschnitten. In jedem der gleichwertigen
Knotenpunkte treffen $3 \times 8 = 24$ Tetraeder zusammen. Jede geradlinige Kante ist sechs Tetraedern, jede krummlinige Kante
vier Tetraedern gemeinsam. Im Falle des regulären Würfelgefüges geht die hier genannte Raumeinteilung in eine Raumerfüllung durch gewöhnliche ebenflächige, nicht reguläre Tetraeder über, die alle zueinander kongruent sind, und die von sechs
Ebenenbüscheln erzeugt werden, nämlich den Diagonalebenen des
regulären Würfelgefüges. Bei der Zerschränkung des Gestänges
wird gleichzeitig das ebenflächige Tetraedergefüge in der beschriebenen Weise deformiert.

Auf Grund unserer vorangehenden Ausführungen erscheinen
die in Rede stehenden Gestänge als die naturgemäße Anordnung der Strahlen aus vier konfokalen Kongruenzen (4,2), indem sie die geradlinigen Kanten der denkbar einfachsten Raumeinteilung darstellen, welche durch die sechs in den Strahlenkongruenzen enthaltenen Systeme von Regelflächen 2. Grades her-
beigeführt wird.

(Bemerkung: Indem man je vier Tetraeder, welche eine
krummlinige Kante gemeinsam haben, zusammenfaßt, gelangt man
zu einer Raumausfüllung durch Achtflächner. Diese können als
verallgemeinerte „Oktaeder" betrachtet werden, welche je acht
von zwei Gegenecken ausgehende geradlinige und je vier krummlinige Kanten besitzen.)

Ebenso wie bei den räumlichen Geradenanordnungen mit je
drei sich schneidenden Geraden alle Regelflächen eines Systems
durch die Geraden des Gestänges projektiv aufeinander bezogen
werden, besteht auch bei den Gestängen mit je vier sich schneidenden Geraden zwischen allen Regelflächen 2. Grades eines der

sechs Systeme ein kollinearer Zusammenhang. Die Projektivität ist hier aber von besonderer Art:

Alle Regelflächen eines Systems haben zwei Punkte entsprechend gemeinsam. Betrachten wir beispielsweise in Figur 6 die Strahlenbüschel in ε und ε' mit den Scheiteln A und A'. Diese projektiven Strahlenbüschel führen auf ein System von Regelflächen 2. Grades, deren Erzeugende den Strahlensystemen Σ_1 und Σ_2 angehören. Alle Regelflächen des genannten Systems haben die Oktaedergegenecken A und A' gemeinsam. Sie werden sowohl durch die Strahlen von Σ_3 als auch durch die Strahlen von Σ_4 kollinear aufeinander bezogen und bei diesen Kollineationen sind für alle Regelflächen A und A' einander selbst entsprechende Punkte. Alle Bemerkungen gelten natürlich analog für die fünf übrigen Systeme von Regelflächen 2. Grades.

Was nun die diskrete Anordnung der Erzeugenden und der Knotenpunkte auf den einzelnen Regelflächen 2. Grades betrifft, so kann dieselbe unmittelbar auf die Anordnung der Geraden und der Knotenpunkte in den Dreiecksnetzen zurückgeführt werden, welche in den Häufungsebenen des Gestänges liegen.

Die grundlegenden Eigenschaften dieser Dreiecksnetze haben wir bereits auf S. 153 besprochen. Wir fügen hier noch folgende Bemerkungen hinzu, welche sich auf die Anordnung der Knotenpunkte auf den Netzgeraden beziehen:

In Figur 7 ist eine beliebige Netzgerade mit den auf ihr liegenden Knotenpunkten $N_1, N_2, N_3, N_4 \ldots$ dargestellt. A ist ein Eckpunkt des Dreiecks der Häufungslinien, B ist der Schnittpunkt der Netzgeraden

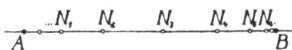

Figur 7.

mit der A gegenüberliegenden Häufungslinie. Für die Anordnung der Knotenpunkte gilt nun stets die Beziehung

$$A \ldotp\ldotp N_1 N_2 N_3 \ldotp\ldotp B \overline{\wedge} A \ldotp\ldotp N_2 N_3 N_4 \ldotp\ldotp B \overline{\wedge} A \ldotp\ldotp N_3 N_4 N_5 \ldotp\ldotp B \text{ usw.,}$$

ferner auch

$$A \ldotp\ldotp N_1 N_2 N_3 \ldotp\ldotp B \overline{\wedge} B \ldotp\ldotp N_3 N_2 N_1 \ldotp\ldotp A \text{ usw.}$$

Die Punkte N_i häufen sich sowohl in der Umgebung von A wie auch in der Umgebung von B; A und B sind die Doppel-

elemente für alle vorgenannten Projektivitäten. Durch irgend
welche zwei Punkte N_1 und N_2 sowie die Häufungspunkte A
und B ist die ganze Reihe diskreter Punkte linear definiert.

Ein ähnlicher Zusammenhang, auf das zweidimensionale Gebiet übertragen, gilt für die Anordnung der Knotenpunkte des
gesamten Dreiecksnetzes: Wenn man nämlich die Ebene des Dreiecksnetzes auf sich selbst kollinear so abbildet, daß das Dreieck
der Häufungslinien das Fundamentaldreieck der Kollineation wird
und irgend ein Netzknotenpunkt D einem beliebigen anderen
Netzknotenpunkt D_i entsprechen soll, so geht stets das gesamte
Dreiecksnetz projektiv in sich selbst über.

Da das Dreiecksnetz ∞^2 Knotenpunkte umfaßt, kann man
sagen:

Das gesamte Dreiecksnetz kann auf ∞^2 verschiedene Arten
projektiv in sich selbst transformiert werden.

Was nun aber für die Dreiecksnetze in den Häufungsebenen
gilt, die übrigens alle acht untereinander kollinear sind, das gilt
in unveränderter Weise für die Anordnung der Erzeugenden in
den Regelflächen 2. Grades. Jede Regelfläche 2. Grades schneidet
das Oktaeder der singulären Ebenen 1. Grades nach zwei Erzeugenden der einen und zwei Erzeugenden der anderen Art. Diese
Erzeugenden sind Strahlen aus vier Büscheln in den Häufungsebenen und treffen sich in zwei Gegenecken des Oktaeders und
zwei Punkten auf zwei Gegenkanten des Oktaeders. Als Beispiel
betrachte man in Figur 6 das windschiefe Vierseit $A A_0 A' A_0'$!
Die vier in den Häufungsebenen liegenden Erzeugenden sind
Häufungslinien für die Anordnung der übrigen dem Gestänge
angehörenden Erzeugenden auf der betreffenden Regelfläche. Das
durch die Erzeugenden des Gestänges auf der Regelfläche gebildete Netz windschiefer Vierseite ist auf ∞^2 fache Art in sich
selbst projektiv transformierbar derart, daß dabei stets die Häufungserzeugenden sich selbst entsprechende Elemente der Projektivität sind.

In Figur 7 ist der hyperbolische Fall bevorzugt, bei dem die
Doppelelemente A und B reell sind.

Daneben existiert der elliptische Fall mit konjugiert imaginären Häufungspunkten. Hier können die Punkte N_i eine end-

liche in sich zurücklaufende Gruppe bilden, eine sogenannte „zyklische Projektivität". Die Punktanordnung ist projektiv zu einer
Reihe gleichabständiger Punkte auf einem Kreise. Ein Beispiel
bildet die Knotenpunktreihe auf jeder Erzeugenden eines Drehhyperboloids, auf dem durch gleichabständige Erzeugende beider
Arten ein windschiefes Vierseitnetz gebildet ist.

Wenn die beiden Punkte A und B zusammenfallen, im parabolischen Falle, bilden die Punkte N_i eine unendliche Reihe und
folgen, wenn der Häufungspunkt ins Unendliche verlegt wird, in
gleichen Abständen aufeinander.

Bei den ebenen Dreiecksnetzen, deren Umhüllende in einen
Kegelschnitt und in einen singulären Punkt zerfällt (vgl. S. 135,
Fußnote 1, p. 151, IX, X, XI) treten alle drei Arten von Punktanordnungen auf, wie wir sie eben besprochen haben. Die Kegelschnitt-Tangenten tragen Punktanordnungen des hyperbolischen
Typus, wenn der singuläre Punkt außerhalb des Kegelschnitts
liegt (XI), bzw. Punktanordnungen des parabolischen oder elliptischen Typus, wenn der singuläre Punkt auf dem Kegelschnitt (X)
oder im Inneren desselben (IX) gelegen ist.

Zusammenfassend stellen wir fest:

Satz 6: In jedem Geradengestänge sind sechs Systeme von
    Regelflächen 2. Grades enthalten. Sie bewerkstel-
    ligen eine Raumeinteilung in lauter „Tetraeder" mit
    gekrümmten Seitenflächen. Diese kann als Zer-
    schränkung der regulären Raumerfüllung aus lauter
    kongruenten ebenflächigen Tetraedern aufgefaßt
    werden, wie sie von den Diagonalebenen eines regu-
    lären Würfelgefüges gebildet wird. Je vier Kanten
    eines krummflächigen Tetraeders sind geradlinig,
    die beiden übrigen Kanten sind Kegelschnittbögen.

Alle Regelflächen 2. Grades eines Systems haben
    zwei Gegenecken des Oktaeders der singulären Ebenen
    1. Grades gemeinsam und sind durch die Geraden des
    Gestänges in doppelter Weise projektiv so aufein-
    ander bezogen, daß die Oktaedergegenecken und
    nur diese beiden Punkte sich selbst entsprechen. Die
    Anordnung der einzelnen Erzeugenden auf einer
    Regelfläche hat die vier Erzeugenden in den Häu-

fungsebenen des Gestänges zu Häufungslinien. Das von den Erzeugenden einer Regelfläche gebildete Netz windschiefer Vierseite kann durch ∞^2 Kollineationen in sich selbst transformiert werden, wobei stets die Häufungserzeugenden Doppelelemente der Projektivität sind.

Die Unterteilung des Gestänges.

Nachdem wir die diskrete Anordnung der Knotenpunkte und der Erzeugenden auf den Regelflächen 2. Grades diskutiert haben, sind wir unmittelbar in der Lage, die Unterteilung des Gestänges durchzuführen. Erst durch die Erledigung der Unterteilung bekommen dann die Kanten und Seitenflächendiagonalen der zerschränkten mit dem Gestänge verknüpften Würfelgefüge einen wohldefinierten Sinn.

Die Unterteilung läuft lediglich darauf hinaus, die Knotenpunktreihen, deren Gesetzmäßigkeiten wir auf S. 165 studiert haben, zu unterteilen, oder was das nämliche ist, die speziellen Dreiecksnetze in den Häufungsebenen zu verengern. Wenn wir die Unterteilung auf dem Wege der fortgesetzten Halbierung bewerkstelligen, so handelt es sich um lauter Aufgaben 1. und 2. Grades[1]. Dadurch kommt wieder in deutlicher Weise zum Ausdruck, daß die räumlichen Gestänge grundsätzlich einfacher sind als die allgemeinen ebenen Dreiecksnetze. Bei den letzteren ist das Problem der fortgesetzten Halbierung vom 6. Grade, während bei den Gestängen und den besonderen in ihren Häufungsebenen liegenden Dreiecksnetzen die fortgesetzte Halbierung lediglich mit Hilfe des Zirkels und Lineals geleistet werden kann.

Durch fortgesetzte Unterteilung eines vorgegebenen Gestänges gelangt man zu einer unendlich engmaschigen Geradenanordnung.

Zusammengefaßt bekommen wir folgenden Satz:

Satz 7: Die Unterteilung einer Geradenanordnung mit je vier sich schneidenden Geraden kann auf dem Wege sukzessiver Halbierung mit Hilfe des Lineals und Zirkels geleistet werden.

---

[1] H. Graf, Einteilung der Ebene in Dreiecke usw., Diss., München, Technische Hochschule, 1925.

Die mit dem Gestänge verknüpfte räumliche Konfiguration von Kegelschnitten.

Durch fortgesetzte Unterteilung eines vorgegebenen Gestänges entstehen auf allen Regelflächen 2. Grades infinitesimale Vierseitnetze. Schon früher haben wir gelegentlich (vgl. S. 166) erwähnt, daß ein projektiver Sonderfall der auf den Regelflächen vorliegenden Vierseitnetze durch das Netz gleichabständiger Erzeugender beider Arten auf einem Drehhyperboloid repräsentiert wird. Die Diagonalkurven dieses Netzes sind Kreise mit gemeinsamen unendlich fernen Punkten und kongruente Hyperbeln, welche sich auf der Drehachse in einem imaginären Punktepaar schneiden. Ausgehend von diesem metrischen Beispiel ergibt sich allgemein, daß die auf den Regelflächen eines Gestänges liegenden Vierseitnetze als Diagonalkurven lauter Kegelschnitte haben, welche sich zu zwei Gruppen zusammenfassen lassen, die jeweils ein Punktepaar gemeinsam haben.

Wir fragen nun nach der anschaulichen Bedeutung, welche den Diagonalkegelschnitten in dem Gestänge und den damit verknüpften Würfelgefügen zukommt:

In jedem Knotenpunkt treffen sechs Regelflächen zusammen. Diese schneiden sich, wie wir schon vorne (vgl. S. 163) gesehen haben, zu je dreien nach vier Geraden und zu je zweien nach drei krummen Linien. Diese krummen Linien bilden drei Mannigfaltigkeiten von den hier erörterten Diagonalkegelschnitten. Außerdem laufen in jedem Knotenpunkt noch sechs weitere Diagonalkurven zusammen, welche insgesamt sechs weitere Mannigfaltigkeiten von Kegelschnitten bilden.

Die drei ersten doppelten Kegelschnittmannigfaltigkeiten, die wir kurz als Kegelschnittkongruenzen bezeichnen, sind identisch mit den krummlinigen Kanten der zerschränkten Würfelgefüge und den Verbindungskurven der Mittelpunkte benachbarter Würfel oder, was das nämliche bedeutet, mit den krummlinigen Kanten des auf S. 164 auseinander gesetzten zerschränkten Tetraedergefüges. Wir haben jetzt nachträglich erkannt, daß es sich bei diesen Kurven tatsächlich um Kegelschnitte handelt, wie wir dies früher ohne Beweis behauptet hatten. Jede der drei Kegelschnittkongruenzen hat ein Paar Gegenecken des Oktaeders der Häufungsebenen als zwei feste Grundpunkte.

Die sechs übrigen Kongruenzen der Diagonalkegelschnitte sind diejenigen Kurven, welche im regulären Würfelgefüge den sechs Bündeln der geradlinigen Diagonalen in den
Seitenquadraten der Würfel und der Parallelen durch die Würfelmittelpunkte entsprechen. Jede dieser sechs Kegelschnittkongruenzen kann in einer einfachen Reihe von einfachen Mannigfaltigkeiten angeordnet werden derart, daß jede Mannigfaltigkeit zwei
feste Grundpunkte auf zwei Gegenkanten des Oktaeders der Häufungsebenen besitzt. Die sechs Paare von Gegenkanten des Oktaeders erscheinen so als Brennlinien für die sechs Kegelschnittkongruenzen.

Die neun Kongruenzen von Kegelschnitten zusammengenommen bilden die nämliche Konfiguration wie im
regulären Falle die drei Bündel der Würfelkanten und
die sechs Bündel der Diagonalen in den Würfelseiten-
quadraten samt den Parallelen zu allen diesen Geraden
durch die Würfelmittelpunkte. In jedem Knotenpunkte des
Gestänges, d. i. in jedem Würfelmittelpunkt und in jeder Würfelecke, treffen demnach neun Kegelschnitte zusammen. Außerdem schneiden sich noch je drei Kegelschnitte in gewissen anderen
Punkten. In jedem „Mittelpunkt" der Würfelseitenflächen und
in jedem „Mittelpunkt" einer Würfelkante begegnet nämlich ein
Kegelschnitt der drei ersteren Kongruenzen zwei Kegelschnitten der
sechs letzteren Kongruenzen. Weitere Schnittpunkte gibt es nicht,
abgesehen natürlich von den Kanten und Eckpunkten des Häufungsoktaeders, welche für die Kegelschnittkongruenzen singuläre
Örter darsellen.

Betrachten wir noch die Seitenflächen des zerschränkten Würfelgefüges. Jede dieser Flächen enthält zwei Kegelschnittsysteme
der ersten Art und zwei Kegelschnittsysteme der zweiten Art.
Die vier Kegelschnittsysteme bilden auf der Fläche eine Konfiguration, welche den geradlinigen Möbiusschen Netzen in der
Ebene analog ist. Im regulären Falle, in dem die Seitenflächen
eben werden, gehen in der Tat die auf ihnen ausgebreiteten Kegel-
schnittnetze in geradlinige Möbiussche Netze über.

Weiter wollen wir auf die Eigenschaften der Seitenflächen
nicht eingehen. Lediglich auf die Tatsache sei aufmerksam gemacht, daß unter der Gesamtheit der Flächen, zu denen sich die

Würfelseiten zusammensetzen, die Brennfläche, die Umhüllende des Gestänges, als Grenzfall enthalten ist, in ähnlicher Weise, wie bei den ebenen Dreiecksnetzen die umhüllende Kurve 3. Klasse zu der Gesamtheit der Diagonalkurven gehört.

Alle diese Ergebnisse stellen wir in folgendem Satz zusammen:

Satz 8: Bei der Zerschränkung eines regulären Würfelgefüges, bei der lediglich die vier Systeme von Hauptdiagonalen geradlinig bleiben, gehen die drei Bündel von Würfelkanten und ihre Parallelen durch die Würfelmittelpunkte in drei Kongruenzen von Kegelschnitten über, welche jeweils ein Paar von Gegenecken des Häufungsoktaeders als feste Grundpunkte besitzen. Ferner werden die sechs Systeme von Diagonalen in den Seitenquadraten der Würfel und ihre Parallelen durch die Würfelmittelpunkte bei der Zerschränkung deformiert in sechs Kegelschnittkongruenzen, welche die sechs Paar Gegenkanten des Häufungsoktaeders zu Brennlinien haben.

Die neun diskreten Mannigfaltigkeiten von Kegelschnitten bilden zusammen eine merkwürdige räumliche Konfiguration, bei der durch jeden Knotenpunkt des Geradengestänges neun und nur neun Kegelschnitte hindurchgehen. Zwischen je zwei derartigen Knotenpunkten liegt auf den verbindenden Kegelschnitten jeweils noch ein Punkt, in dem drei und nur drei Kegelschnitte zusammentreffen.

Die Seitenflächen der zerschränkten Würfel haben die bemerkenswerte Eigenschaft, daß sie vier Kegelschnittmannigfaltigkeiten tragen, welche ähnliche Verknüpfungsverhältnisse aufweisen wie die geradlinigen Möbiusschen Netze in der Ebene.

Eine weitere auffällige Eigenschaft der zerschränkten „Würfel".

Zum Schlusse besprechen wir noch eine auffällige Eigenschaft der Anordnung der Eckpunkte der zerschränkten Würfel.

Der denkbar weitestmaschige Würfel hat die Punkte D, D'; P, P'; Q, Q'; R, R' (vgl. Figur 6, S. 155) zu Eckpunkten und M als Diagonalenschnittpunkt. Nun kann man leicht einsehen, daß die

zwölf geradlinigen Sehnen der krummen Kanten dieses Würfels
sich nicht zu windschiefen, sondern zu sechs ebenen Vierseiten
zusammensetzen. Die zwölf Sehnen schneiden sich zu je vieren
in drei Punkten der drei Verbindungsgeraden der Gegenecken des
Häufungsoktaeders.

Da die Knotenpunktreihen auf den vier durch M laufenden
Geraden des Gestänges zueinander perspektiv sind, müssen auch
für alle engeren Würfel mit M als Diagonalenschnittpunkt die
Sehnen der krummlinigen Kanten durch die nämlichen eben erwähnten drei Punkte auf den Verbindungslinien der Gegenecken
des Häufungsoktaeders hindurchgehen. Ebenso bilden die Sehnen
der krummlinigen Kanten aller Würfel mit einem anderen gemeinsamen Diagonalenschnittpunkt drei Bündel, deren Mittelpunkte
drei i. a. von den vorerwähnten verschiedene Punkte auf den Verbindungslinien der Oktaedergegenecken sind.

Wenn wir in irgend einem Würfel die krummlinigen Kanten
durch die geradlinigen Sehnen ersetzen, so ergibt sich ein Sechsflächner, der kollinear auf einen regulären Würfel bezogen werden kann.

Zusammenfassend haben wir folgenden Satz:

Satz 9: Die acht Eckpunkte eines zerschränkten Würfels
    können stets projektiv auf die acht Eckpunkte eines
    regulären Würfels bezogen werden; je vier Eckpunkte
    liegen in einer Ebene und je vier Sehnen der krumm-
    linigen Kanten schneiden sich in einem Punkt.

    Die Sehnen der krummen Kanten aller zerschränk-
    ten Würfel mit gemeinsamem Diagonalenschnitt-
    punkt liegen in drei Bündeln, deren Mittelpunkte
    den Verbindungslinien der Gegenecken des Häufungs-
    oktaeders angehören.

(*Zusatz*: Im Anschluß an den Zusatz auf S. 156 erwähnen
wir folgenden aus Satz 9 fließenden stereometrischen Satz:

    Die Schwerpunkte der acht Seitendreiecke eines
    beliebigen Oktaeders mit windschiefen Gegenkanten
    liegen zu je vieren in sechs Ebenen und bilden die
    Ecken eines Parallelflachs, dessen Kanten zu je vieren
    den Hauptdiagonalen des Oktaeders parallel sind.)

Da die acht Punkte DD'; PP'; QQ'; RR' (Figur 6) kollinear in die Eckpunkte eines Würfels deformiert werden können, ergibt sich aus Satz 9 noch diese Folgerung:

Satz 10: Ein Gestänge mit je vier sich schneidenden Geraden kann stets projektiv so transformiert werden, daß die vier von einem bestimmten, aber beliebig wählbaren Knotenpunkt auslaufenden Geraden wie die Hauptdiagonalen eines regulären Würfels gegenseitig liegen und kongruente Knotenpunktreihen tragen, die zu dem gemeinsamen Mittelpunkt symmetrisch angeordnet sind. Eine durchgängige vierfach symmetrische Anordnung der gesamten Gestänge läßt sich i. a. nicht erzielen.

§ 4.

Beispiele von Geradenanordnungen mit je vier sich schneidenden Geraden.

1. Zunächst betrachten wir ein vierfach symmetrisches Gestänge mit lauter reellen Häufungsebenen (hyperbolischer Fall): Die Anordnung der Knotenpunkte auf allen Geraden ist eine hyperbolische (S. 166).

Das Oktaeder der Häufungsebenen ist regulär angenommen und die Schwerpunkte der acht Seitendreiecke sind als Anfangsknotenpunkte für die Dreiecksnetze in den Häufungsebenen gewählt. Daher sind diese Netze dreifach symmetrisch, ebenso wie das in unserer schon mehrfach zitierten Arbeit abgebildete Netz[1]).

Die Dreiecksnetze in den gegenüberliegenden Häufungsebenen, welche die Cremonaschen quadratischen Verwandtschaften definieren, schneiden sich jeweils in der unendlich fernen Geraden und haben keinen Punkt entsprechend gemeinsam. Durch unsere Erzeugungsweise entstehen also vier konfokale Kongruenzen (4,2), wie wir es in § 2 auseinander gesetzt haben.

In Figur 8 sind die acht um den Schwerpunkt M des Oktaeders herumliegenden zerschränkten Würfel dargestellt. Die Würfel-

---

[1]) H. Graf und R. Sauer, Über dreifache Geradensysteme usw., Sitzgsb. d. bayer. Akad. d. Wiss., math.-nat. Abtg., 1924, p. 148, VIII.

diagonalen, welche das Geradengestänge bilden, sind ausgezogen, die Kegelschnittbögen, welche als Kanten zu den zerschränkten Würfeln gehören, sind gestrichelt gezeichnet.

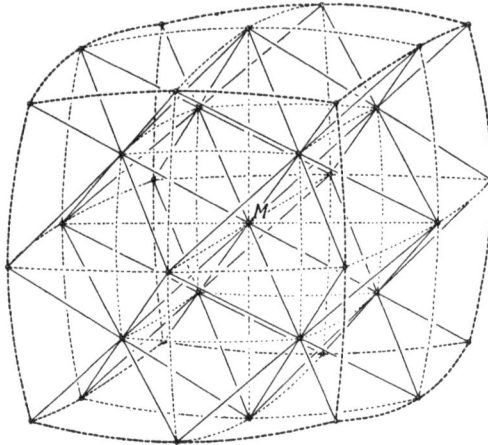

Figur 8.

Die vier von M ausgehenden Geraden tragen kongruente und hinsichtlich M symmetrische Knotenpunktreihen und liegen gegenseitig so, wie die Diagonalen eines regulären Würfels (vgl. Satz 10, S. 173). Die vierfache Symmetrie ist in dem vorliegen- den Beispiel nicht auf die vier von M auslaufenden Geraden be- schränkt, sondern gilt für den gesamten Aufbau des Gestänges in Beziehung zu den vier in M sich treffenden Geraden. Daß diese Symmetrie erreicht werden kann, ist eine Folge der speziellen Wahl der Anfangsbedingungen.

Da die drei Verbindungslinien der Gegenecken des Häufungs- oktaeders in unserem speziellen Falle sich schneiden und dieser Schnittpunkt als Anfangsknotenpunkt M gewählt wurde, so sind auch die sechs singulären Ebenen 2. Grades anschaulich ge- macht: Die sechs Regelflächen 2. Grades, die in M zusammen- treffen, klappen in ebene Vierecksnetze zusammen, welche von den Tangenten an sechs kongruente Kegelschnitte gebildet werden. Diese Kegelschnitte, längs denen die singulären Ebenen 2. Grades die Brennfläche berühren, liegen mitsamt der ganzen Brennfläche außerhalb des von den Häufungsebenen begrenzten regulären Oktaeders. Das Innere des Oktaeders kann daher vollständig von dem Gestänge ausgefüllt werden.

Aus Symmetriegründen sind die neun von M ausgehenden Diagonalkegelschnitte (vgl. S. 169) zu Geraden ausgeartet; insbesondere sind also die drei von M ausgehenden Kanten des Würfelgefüges geradlinig und fallen zusammen mit den drei Verbindungslinien der Gegenecken des Häufungsoktaeders.

Betrachtet man dasjenige zu dem vorgegebenen Gestänge gehörige Würfelgefüge, welches die Würfelecken des in Figur 8 dargestellten Gefüges zu Würfelmittelpunkten hat, so sind die sämtlichen Sehnen zu den krummlinigen Kanten aller Würfel mit dem gemeinsamen Diagonalenschnittpunkt M parallel zu den drei Verbindungslinien der Gegenecken des Häufungsoktaeders und bilden reguläre Würfel mit M als gemeinsamem Mittelpunkt.

2. Als weiteres Beispiel geben wir ein drehsymmetrisches Gestänge mit lauter imaginären Häufungsebenen (elliptischer Fall): Die Anordnung der Knotenpunkte auf den Geraden ist eine elliptische und bildet eine zyklische Projektivität (vgl. S. 165).

Zwei beliebige einschalige Drehhyperboloide Φ und Φ' mit gemeinsamem Mittelpunkt und gemeinsamer Drehachse werden durch die gleiche Anzahl gleichabständiger Erzeugender beider Arten mit Netzen windschiefer Vierseite überdeckt, und zwar so, daß unter den Diagonalkurven der Vierseitnetze beidemale der Kehlkreis enthalten ist, und daß die Diagonalhyperbeln beider Vierseitnetze paarweise in den nämlichen Meridianebenen liegen.

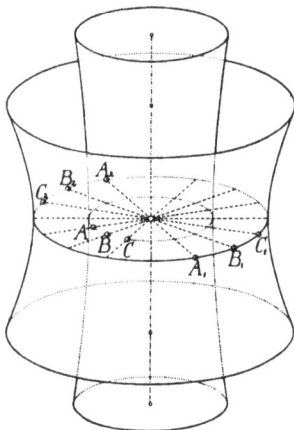

Figur 9.

Die Vierseitnetze werden projektiv aufeinander bezogen in zweifacher Weise derart, daß den Punkten A, B, C ... des einen Kehlkreises die Punkte A_1, B_1, C_1 ... bzw. A_2, B_2, C_3 ... des anderen Kehlkreises entsprechen (Figur 9) und daß in beiden Kollineationen die gleichen Scharen der Erzeugenden einander zugeordnet werden. A_1, A_2, ebenso

B_1, B_2, ferner C_1, C_2 usw. liegen jeweils symmetrisch zu der Meridianebene durch A bzw. B, bzw. C usw. Bei den eben definierten Projektivitäten sind beide Systeme von Diagonalkurven, nämlich sowohl die Breitenkreise wie auch die Meridianhyperbeln, auf Φ und Φ' einander homolog und insbesondere haben die Breitenkreise auf beiden Hyperboloiden ihre zwei unendlich fernen Punkte entsprechend gemeinsam. Andere entsprechend gemeinsame Punkte sind nicht vorhanden. Die Verbindungslinien PP_1 und PP_2 der entsprechenden Knotenpunkte der auf doppelte Weise kollinear bezogenen Flächen Φ und Φ' sind demnach in zwei Kongruenzen $(4,2)$ enthalten (vgl. S. 167, Satz 6)[1]).

Betrachten wir diese Verbindungslinien PP_1 bzw. PP_2, welche zu je zweien von den Knotenpunkten auf Φ ausgehen, die längs eines Breitenkreises aufeinander folgen! Alle diese Geraden bilden die Erzeugenden beider Arten eines Drehhyperboloids, weil stets die beiden von einem Knotenpunkt von Φ ausgehenden Verbindungsstrahlen PP_1 und PP_2 symmetrisch liegen zu der Meridianebene durch den betreffenden Knotenpunkt P. So entstehen auf allen Verbindungsstrahlen PP_1 und PP_2 Reihen von Punkten, in welchen je zwei Verbindungsstrahlen sich schneiden und welche eine zyklische Projektivität bilden. Die Punkte sind also gerade so angeordnet, wie es in der Theorie der Gestänge verlangt wird (vgl. S. 166). In der Tat überzeugt man sich, daß durch jeden Schnittpunkt zweier Verbindungsstrahlen jeweils noch zwei weitere Gerade so gelegt werden können, daß insgesamt eine zerschränkte Geradenanordnung mit je vier sich schneidenden Geraden schließlich entsteht.

Das gesamte Gestänge ist drehsymmetrisch und außerdem noch symmetrisch in Bezug auf die gemeinsame Kehlkreisebene von Φ und Φ'. Es wird durch eine endliche Anzahl von Geraden zum Abschluß gebracht.

Wir diskutieren nun die sechs Systeme von Regelflächen 2. Grades, die in dem Gestänge enthalten sind:

Ein erstes System S_1 von Regelflächen besteht aus koaxialen Drehhyperboloiden, deren Erzeugende die Verbindungslinien PP_1 und PP_2 sind, und welche mit Φ und Φ' je zwei Breitenkreise

---

[1]) Vgl. auch R. Sturm, Liniengeometrie II. Teil, 1893, p. 294.

gemeinsam haben. Unter der diskreten Folge dieser Drehhyperboloide ist stets die Kehlkreisebene als Ausartung enthalten, und falls die Zahl der Knotenpunkte längs einer Erzeugenden eine gerade Zahl ist, auch die unendlich ferne Ebene. Die Geraden des Gestänges in diesen zwei Ebenen umhüllen je einen Kreis und bilden zusammen mit den Büscheln von Kreisdurchmessern zwei Dreiecksnetze (vgl. S. 187, Figur 14). Die beiden genannten Ebenen werden von der Brennfläche nach den eben erwähnten Kreisen berührt. Je zwei Drehhyperboloide des Systems S_1 gehen durch Spiegelung an der Kehlkreisebene ineinander über.

Ein zweites System S_2 von Regelflächen wird von koaxialen und konzentrischen Drehhyperboloiden gebildet. Die Erzeugenden sind die dritten und vierten Geraden, welche durch die Schnittpunkte der Verbindungslinien entsprechender Punkte von Φ und Φ' gelegt wurden. Zu diesem Regelflächensystem gehören insbesondere Φ und Φ' selbst.

Die vier weiteren Systeme S_3, S_4, S_5, S_6 von Regelflächen 2. Grades ergeben sich, wenn man die Verbindungslinien PP_1 bzw. die Verbindungslinien PP_2 längs der Erzeugenden der einen oder der anderen Art auf Φ und Φ' hingleiten läßt. Alle Regelflächen aus einem dieser vier Systeme sind kongruent und gehen ineinander über durch Drehung um die Symmetrieachse des Gestänges. Die Systeme S_3 und S_4 sind zueinander symmetrisch, ebenso die Systeme S_5 und S_6.

Die Flächen der Systeme S_1 und S_2 haben zwei imaginäre Kreispunkte entsprechend gemeinsam. Die Flächen der Systeme S_3 und S_4 haben zwei imaginäre Punkte auf der Drehachse des Gestänges entsprechend gemein, zwei andere imaginäre Punkte auf der Drehachse haben schließlich auch die Flächen der Systeme S_5 und S_6 entsprechend gemeinsam. Die sechs genannten Punkte, von denen vier in gerader Linie liegen, bilden die Eckpunkte des ausgearteten Häufungsoktaeders. Alle Häufungsebenen sind imaginär.

In dem in Figur 10 dargestellten Beispiel sind auf Φ und Φ' je drei Erzeugende beider Arten gezeichnet. Dadurch entsteht das denkbar weitestmaschige Gestänge. Es umfaßt 36 gerade Linien, die sich zu vieren in 27 Knotenpunkten schneiden. Die jeweils zum nämlichen Strahlensystem gehörenden neun Geraden sind ausgezogen bzw. gestrichelt bzw. punktiert bzw. strich-

punktiert. Jede Gerade trägt drei Knotenpunkte. Aus der Geradenanordnung lassen sich 18 Regelflächen 2. Grades heraus-
greifen, je drei für jedes der sechs Systeme. Eine der Regelflächen ist in die Kehlkreisebene zusammengeklappt. Besonders
sei darauf aufmerksam gemacht, daß sämtliche Geraden und Knotenpunkte des Gestänges in der Figur angegeben sind.

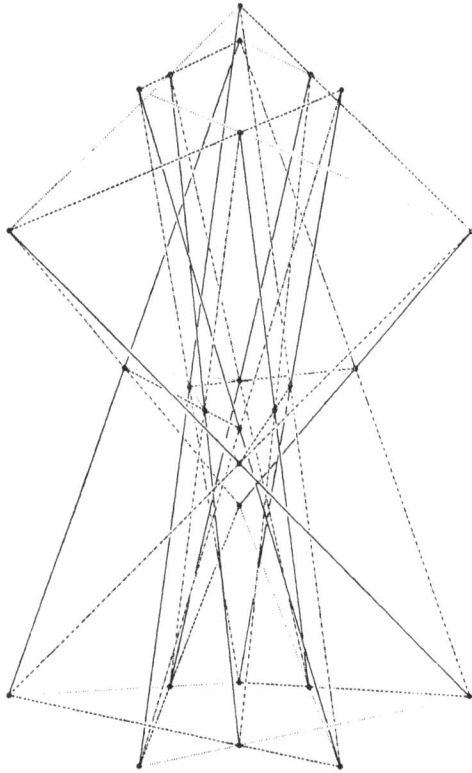

Figur 10.

Während in dem diskutierten und in Figur 10 dargestellten
Beispiel die sechs Eckpunkte des Häufungsoktaeders eine sehr
spezielle Lage haben, indem vier von ihnen in gerader Linie liegen,
kann das allgemeinste Gestänge mit lauter imaginären Eckpunkten
des Häufungsoktaeders nach projektiver Umformung stets dadurch
erzeugt werden, daß man zwei allgemeine einschalige Hyperboloide Φ und Φ' in ähnlicher Weise aufeinander doppelt projektiv

bezieht wie Φ und Φ' in dem speziellen drehsymmetrischen Beispiel. Die Vierseitnetze auf Φ und Φ' sollen jeweils ein System
von Kreisschnitten als das eine System von Diagonalkurven haben
und diese beiden Kreissysteme auf Φ und Φ' sollen in dem nämlichen Parallelebenenbüschel liegen. Die beiden unendlich fernen
Punkte der Diagonalkreise sind als die beiden einzigen sich selbst
entsprechenden Punkte bei den beiden Kollineationen zwischen
Φ und Φ' einzuführen. Das jeweils zweite Diagonalkurvensystem
besteht aus Hyperbeln. Die Knotenpunktreihen auf den Diagonal-
kreisen von Φ und Φ' müssen so angeordnet sein, daß sie jeweils
durch parallele Kreisdurchmesser ausgeschnitten werden.

2 a. Statt noch auf Übergangsbeispiele zwischen dem rein
hyperbolischen Gestänge des 1. Beispiels und dem rein elliptischen
Gestänge des 2. Beispiels einzugehen, wollen wir noch kurz einen
sehr speziellen elliptischen Fall erwähnen, bei dem die das Gestänge enthaltenden Kongruenzen (4,2) ausgeartet sind.

Ein einschaliges Drehhyperboloid Φ wird durch die gleiche
Anzahl gleichabständiger Erzeugender beider Arten mit einem
Netz windschiefer Vierseite überdeckt.
Jedem Knotenpunkt P werden vier Knotenpunkte P_1, P_2, P_3, P_4 zugeordnet, indem
man von P zunächst in der Kreisdiago-
nale des Vierseitnetzes um stets m halbe
„Knotenpunktsabstände" nach rechts und
links und dann in den Diagonalhyperbeln
um stets n halbe „Knotenpunktabstände"
nach oben und unten vorwärts schreitet.
Die Zuordnung ist in Figur 11 schema-
tisch angedeutet. Die ausgezogenen Geraden bezeichnen die Erzeugenden, die
punktierten Linien die Diagonalkurven.

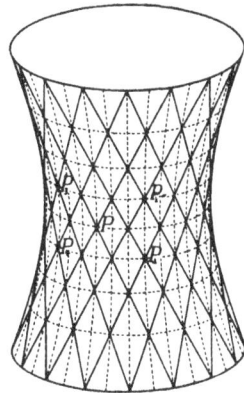

Figur 11.

Das Drehhyperboloid Φ wird auf die
angegebene Weise durch vier Kollinea-
tionen in sich selbst transformiert, wobei jedesmal die vier imaginären Erzeugenden, die sich in den unendlich fernen Punkten
des Kehlkreises und in den imaginären Punkten auf der Achse
des Drehhyperboloids schneiden, die sich selbst entsprechenden
Fundamentalelemente sind.

Die Gesamtheit aller Verbindungslinien PP_1, PP_2, PP_3, PP_4 ergibt eine Gruppe von Schnittpunkten, in denen je zwei Gerade zusammentreffen. Durch diese Schnittpunkte können ähnlich wie im 2. Beispiel jeweils noch zwei weitere Gerade so gelegt werden, daß insgesamt ein Gestänge entsteht mit je vier sich schneidenden Geraden. In den Knotenpunkten von Φ selbst treffen jedoch stets sechs Gerade zusammen. Dadurch, daß neben den Knotenpunkten mit je vier sich schneidenden Geraden noch Knotenpunkte mit je sechs sich schneidenden Geraden existieren, unterscheidet sich das in Rede stehende Gestänge in charakteristischer Weise von den bisher besprochenen Geradenanordnungen. Das gesamte Gebilde erscheint gewissermaßen als ein zusammengestecktes Gefüge von zwei Gestängen mit je vier sich schneidenden Geraden.

Das besprochene Geradengefüge bietet dadurch ein gewisses Interesse, daß es im Gegensatz zu den allgemeinen von uns untersuchten Gestängen zu sich selbst dual deutbar ist. Es kann aufgefaßt werden als eine Anordnung von Geraden, von denen je vier in einer Ebene liegen. Die Tangentialebenen von Φ dagegen enthalten je sechs Gerade des Gestänges. Natürlich ist auch die Entstehungsweise der Geradenanordnung dual übertragbar; die Geraden PP_1, PP_2, PP_3, PP_4 sind nicht nur die Verbindungslinien homologer Punkte, sondern auch die Schnittlinien homologer Ebenen in vier Kollineationen, durch die Φ in sich selbst transformiert wird.

Das Gestänge ist symmetrisch zur Kehlkreisebene von Φ und drehsymmetrisch. Die Drehachse und die unendlich ferne Gerade der Kehlkreisebene von Φ sind in ihrer Beziehung zu dem Gestänge einander durchaus gleichwertig.

3. Angedeutet wenigstens sei noch der Fall, wenn Gegenecken des Häufungsoktaeders zusammenfallen (parabolischer Fall). Dann haben die Regelflächen 2. Grades durch die beiden zusammenfallenden Gegenecken diesen Punkt und in ihm eine Tangente entsprechend gemeinsam. Die Anordnung der Knotenpunkte auf den Erzeugenden dieser Regelflächen ist eine parabolische (vgl. S. 167); anstelle der je vier Häufungserzeugenden der Regelflächen treten je zwei jeweils doppelt zu rechnende Erzeugende, welche von dem sich selbst entsprechenden Punkte ausgehen.

§ 5.

Die Geradenanordnungen mit je sechs sich schneidenden Geraden.

In den bisherigen Untersuchungen wurden die Zerschränkungen der regulären Gestänge mit je drei und je vier sich schneidenden Geraden besprochen. Um nun zu Geradenanordnungen zu gelangen, in deren gleichberechtigten Knotenpunkten mehr als vier Gerade sich schneiden, gehen wir wiederum von einem zerschränkten Würfelgefüge aus und verlangen, daß außer den vier Systemen von Raumdiagonalen noch weitere Geradensysteme auftreten. So können wir in naheliegender Weise fordern, daß noch Systeme von Seitendiagonalen oder Systeme von Kanten der „Würfel" bei der Zerschränkung als gerade Linien erhalten bleiben.

Wenn wir zunächst nur ein weiteres System von geraden Linien zu den vier Systemen der Raumdiagonalen dazu nehmen, gelangen wir zu Gestängen mit je fünf sich schneidenden Geraden. Schon in der Einleitung wurde klar gestellt, daß die Geradenanordnungen mit je fünf sich schneidenden Geraden keinen regulären oder halbregulären Grundtypus besitzen. Sie gehören also nicht zum eigentlichen Gegenstande unserer Untersuchungen. Wir beschränken uns infolgedessen darauf, nur einige wesentliche Tatsachen über diese Gestänge mitzuteilen:

Je nachdem wir als fünftes System von Geraden ein System von Seitendiagonalen oder ein System von Kanten der „Würfel" einführen, — wobei immer die „Parallelen" durch die „Mittelpunkte" der „Würfel" mitzurechnen sind —, ergeben sich zwei verschiedene Typen von Geradenanordnungen mit je fünf sich schneidenden Geraden.

Beim ersten Typus ist neben den vier Systemen der Hauptdiagonalen der „Würfel" noch ein System von Seitendiagonalen geradlinig. Hier tritt ein System von Ebenen auf, in denen von Geraden des Gestänges besondere Dreiecksnetze erzeugt werden. Ein Gestänge dieser Art ergibt sich als Ausartung des auf S. 175 ff. beschriebenen Beispiels: Die Drehhyperboloide Φ und Φ' müssen so gewählt sein, daß ihre in der gleichen Ebene liegenden Meridiane zueinander affin sind, wobei die gemeinsame Drehachse der Hyperboloide Affinitätsachse und die dazu senkrechte Richtung Affinitätsrichtung ist. Die Regelflächen 2. Grades des Systems S_1

arten in parallele Ebenen aus. Die in diesen Ebenen liegenden
Geraden des Gestänges sind Tangenten an Kreise. Wenn man als
fünftes Geradensystem die Durchmesser dieser Kreise einführt,
welche die Netze der Kreistangenten zu Dreiecksnetzen ergänzen,
so ergibt sich ein Gestänge des ersten Typus mit je fünf sich
schneidenden Geraden.

Beim zweiten Typus wird neben den vier Systemen von
Raumdiagonalen noch ein System von Kanten des Würfelgefüges
geradlinig angenommen. Es treten hier zwei Systeme von
Ebenen auf, in denen von Geraden des Gestänges gebildete besondere Dreiecksnetze liegen. Ein einfaches Beispiel ergibt sich
folgendermaßen: Auf einem Drehparaboloid wird durch zwei Systeme paralleler und kongruenter Parabeln ein Vierecksnetz hergestellt, welches sich in der Richtung der Drehachse des Paraboloids als Quadratnetz projiziert. Zieht man in jedem Knotenpunkt des Vierecksnetzes die beiden Tangenten der dort sich treffenden Parabeln und außerdem durch diese Knotenpunkte und die
Schnittpunkte der Tangenten die Durchmesser des Paraboloids,
so erhält man ein Gestänge des zweiten Typus. Die in dem
Gestänge enthaltenen Ebenen tragen Dreiecksnetze, die von Tangenten und Durchmessern einer Parabel erzeugt werden.

Wir kehren nun zu unserem Thema zurück und untersuchen,
wie wir zu den Zerschränkungen der in der Einleitung angegebenen halbregulären Gestänge mit je sechs sich schneidenden Geraden gelangen können.

Wenn wir zu den vier Systemen der Raumdiagonalen noch
zwei Systeme von Kanten samt den „Parallelen" durch die Dia-
gonalenschnittpunkte als gerade Linien einführen, erhalten wir
Gestänge mit je sechs sich schneidenden Geraden. Daß diese
Gestänge die Zerschränkungen des in der Einleitung besprochenen regulären Typus der Geradenanordnung mit je sechs sich schneidenden Geraden
darstellen, werden die nachfolgenden Betrachtungen alsbald zeigen.

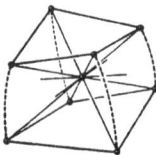

Figur 12.

In Figur 12 ist ein Würfel des Gefüges dargestellt. Man sieht unmittelbar, daß vier von
den sechs Diagonalflächen durch die Würfelgegenkanten in Ebenen
ausgeartet sind, welche Dreiecksnetze tragen. Die beiden übrigen

Diagonalflächen sind wie im allgemeinen Falle der Gestänge mit
je vier sich schneidenden Geraden Regelflächen 2. Grades. Ein
drittes System von Regelflächen 2. Grades wird von den Würfelseitenflächen gebildet, deren Kanten geradlinig sind.

In Figur 12 sind wiederum die geraden Linien ausgezogen,
die krummen Linien gestrichelt. Zu den zwei Systemen gerad-
liniger Würfelkanten sind noch je zwei Gerade durch die Würfelmittelpunkte hinzu zu nehmen, welche die Mittelpunkte solcher
Würfel verbinden, die Seitenflächen mit je zwei geradlinigen und
je zwei krummlinigen Würfelkanten gemeinsam haben. (Vgl. in
Figur 12 die fünfte und sechste von M auslaufende Gerade!)
Alle Knotenpunkte sind dann miteinander gleichberechtigt und
von jedem Knotenpunkt gehen sechs gleichberechtigte Gerade aus,
welche zu je dreien in den vier Diagonalebenen der Würfel liegen.
Das Gestänge hat offenbar den in der Einleitung angegebenen
halbregulären Grundtypus.

Die Gleichberechtigung der sechs von einem Knotenpunkt
ausgehenden Geraden kommt in der durch Figur 12 angedeuteten
Raumeinteilung nicht klar zum Ausdruck. Vielmehr scheinen je
zwei Gerade als Würfelkanten ausgezeichnet zu sein vor den vier
übrigen Geraden als Würfeldiagonalen. Nun überzeugt man sich
aber leicht, daß man zu dem vorgegebenen Gestänge noch zwei
weitere Würfelgefüge angeben kann, welche von den sechs sich
schneidenden Geraden jeweils zwei andere Gerade, die mit keiner
dritten in der nämlichen Ebene liegen, als Kanten und die vier
übrigen Geraden zu Diagonalen haben. Jedes dieser Würfelgefüge hat ein anderes der drei in dem Gestänge enthaltenen
Systeme von Regelflächen 2. Grades zu einem System von Seitenflächen und jeweils die beiden anderen Systeme von Regelflächen
2. Grades zu Diagonalflächen. Betrachtet man alle drei der erwähnten Würfelgefüge zusammen genommen, so wird die Gleichberechtigung der sechs sich schneidenden Geraden deutlich.

Wir richten unser Augenmerk nun insbesondere auf die vier
Ebenensysteme, die in jedem der drei zu dem Gestänge gehörenden zerschränkten Würfelgefüge Diagonalebenen sind, und
erkennen, daß es sich um eine Anordnung von Ebenen handelt,
von denen je vier durch einen Punkt hindurchgehen. Umgekehrt
ist klar, daß jede Anordnung von je vier sich schneidenden Ebenen

zu einem Gestänge der verlangten Art führt. Die allgemeinsten
Ebenenanordnungen mit je vier sich schneidenden Ebenen sind
schon in einer früheren Arbeit[1]) besprochen worden und wurden
bereits in der Einleitung dieser Abhandlung erwähnt. Sie bewerkstelligen eine Raumerfüllung durch Oktaeder mit
windschiefen Gegenkanten und durch Tetraeder. Die
Gesamtheit der Kanten dieser Polyedergefüge ist identisch mit
den hier untersuchten Gestängen; die Theorie der Gestänge mit
je sechs sich schneidenden Geraden, die zu je dreien in vier Ebenen
liegen, fällt also zusammen mit der Theorie der von Ebenen
erzeugten Tetraeder-Oktaeder-Gefüge. Im halbregulären Grundtypus bildet das Gestänge die Gesamtheit der Kanten eines durch
reguläre und kongruente Oktaeder und Tetraeder aufgebauten
Raumgefüges.

Die sämtlichen Ebenen eines Tetraeder-Oktaeder-Gefüges gehören alle zu der nämlichen Developpablen 4. Klasse
1. Spezies[1]), d. h. sie umhüllen eine Schar von Flächen 2. Klasse.
Umgekehrt können die Ebenen jeder beliebigen Developpablen
4. Klasse 1. Spezies so angeordnet werden, daß sie ein Tetraeder-
Oktaeder-Gefüge erzeugen und demnach zu je vieren in den Knotenpunkten sich schneiden. Die Tetraeder-Oktaeder-Gefüge können
durch lineare Konstruktionen schrittweise hergestellt werden, welche
nach Festsetzung der Anfangsbedingungen zwangsläufig weiter-
gehen.

Die Diagonalflächen durch die Gegenkanten der Oktaeder in
dem Tetraeder-Oktaeder-Gefüge werden von den drei Systemen
von Regelflächen 2. Grades gebildet, die in dem Gestänge enthalten
sind und als Seitenflächen bzw. Diagonalflächen zu den auf S. 183
beschriebenen Würfelgefügen gehören. Alle diese Regelflächen
2. Grades bilden eine Schar und haben zur Umhüllenden die mit
dem Tetraeder-Oktaeder-Gefüge verknüpfte Deloppable 4. Klasse
1. Spezies.

Jede Ebene eines der vier in dem Gestänge enthaltenen
Ebenensysteme trägt ein Dreiecksnetz, das von den in der betreffenden Ebene liegenden Geraden des Gestänges gebildet wird.

---

[1]) R. Sauer, Die Raumeinteilungen, welche durch Ebenen erzeugt werden,
von denen je vier sich in einem Punkte schneiden. Sitzungsber. d. bayer.
Akad. d. Wiss., math.-nat. Abt., 1925, p. 41 ff.

Wie aus unseren früheren Untersuchungen der Tetraeder-Okta-eder-Gefüge hervorgeht, sind diese Dreiecksnetze vom allgemeinen Typus, d. h. die Umhüllende ist i. a. eine singularitätenfreie Kurve 3. Klasse[1]). Ein Beispiel eines solchen Netzes ist in Figur 13 angegeben. Die Anordnung der Knotenpunkte auf den Geraden wird durch elliptische Funktionen geregelt.

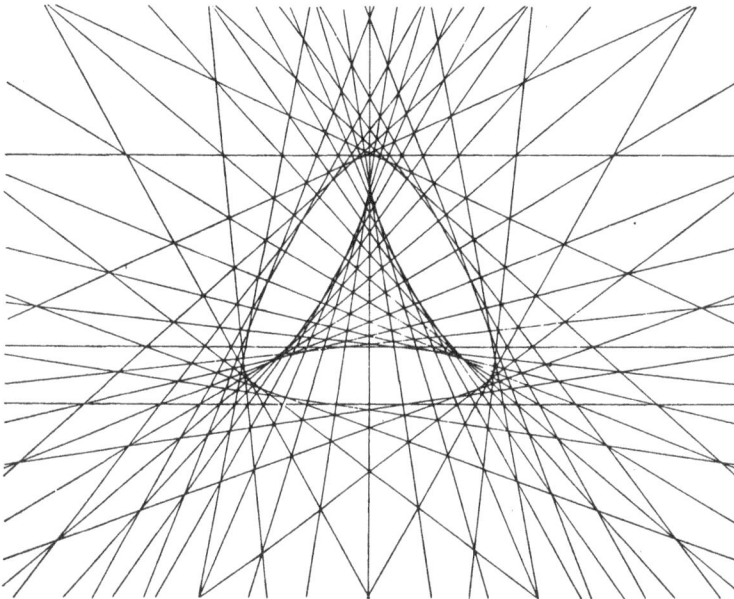

Figur 13.

Es zeigt sich also, daß die Anordnung der Geraden und der Knotenpunkte eine viel allgemeinere ist als bei den in §§ 2, 3 erörterten Gestängen mit je vier sich schneidenden Geraden. Dort nämlich bilden die in den singulären Ebenen 1. Grades liegenden Geraden des Gestänges nicht Dreiecksnetze des allgemeinen Typus, sondern spezielle Dreiecksnetze, deren Umhüllende in drei Strahlen-büschel zerfällt. Die Anordnung der Knotenpunkte wird bei den in §§ 2, 3 untersuchten Gestängen nicht wie bei den allgemeinen

---

[1]) Hinsichtlich dieser Dreiecksnetze verweisen wir auf die schon mehr-fach zitierte Arbeit: H. Graf und R. Sauer, Über dreifache Geradensysteme usw., Sitzungsber. d. bayer. Akad. d. Wiss., math.-naturw. Abt., 1924, S. 145—150.

Dreiecksnetzen und wie bei den in diesem Paragraphen betrachteten Gestängen durch elliptische Funktionen geregelt, sondern ist die nämliche wie die Anordnung der Knotenpunkte auf den Kegelschnitt-Tangenten der ausgearteten Dreiecksnetze und, was das nämliche besagt, wie die Anordnung der Knotenpunkte auf den Geraden der von drei Strahlenbüscheln gebildeten Netze. In diesem Sinne haben wir auf S. 161 festgestellt, daß die Gestänge mit je vier sich schneidenden Geraden nur zu ganz speziellen Dreiecksnetzen ein sinnvolles Analogon darbieten. Jetzt sehen wir, daß erst die Gestänge mit je sechs sich schneidenden gleichberechtigten Geraden zu den allgemeinen ebenen Dreiecksnetzen die naturgemäßen Verallgemeinerungen sind. Der Grund dafür, daß die Gestänge mit sechs sich schneidenden Geraden plötzlich einen wesentlich allgemeineren Charakter der Anordnung der Knotenpunkte mit sich bringen, liegt darin, daß nicht nur mehr einzelne Regelflächen 2. Grades, sondern vier ganze Systeme von Regelflächen 2. Grades in Ebenen ausarten und dadurch für die Anordnung der Geraden gewissermaßen eine neue Bewegungsmöglichkeit zur Geltung kommt.

Der allgemeinere Charakter der hier behandelten Gestänge gegenüber den früher untersuchten Geradenanordnungen zeigt sich auch deutlich in den auf S. 182 besprochenen Würfelgefügen (vgl. Figur 12). Für diese Würfeleinteilungen behält Satz 9, S. 172 keine Gültigkeit mehr: die geradlinigen Kanten sowie die Sehnen der krummlinigen Kanten sind im allgemeinen zueinander windschief. Außerdem sind die krummlinigen Kanten der Würfel nicht mehr wie früher Kegelschnitte, sondern Raumkurven 4. Ordnung 1. Spezies.

Einen Übergangsfall zwischen den in §§ 2, 3 behandelten Gestängen mit je vier sich schneidenden Geraden und den hier diskutierten allgemeinen Geradenanordnungen mit je sechs sich schneidenden Geraden bietet ein spezielles Gestänge mit je sechs sich schneidenden Geraden, das schon bei der Untersuchung der Tetraeder-Oktaeder-Gefüge erwähnt ist[1]):

---

[1]) R. Sauer, Die Raumeinteilungen, welche durch Ebenen erzeugt werden, von denen je vier sich in einem Punkte schneiden. Sitzungsber. d. bayer. Akad. d. Wiss., math.-nat. Abt., 1925, p. 55, I.

Die Developpable 4. Klasse 1. Spezies artet in zwei Kegel
2. Klasse aus, die sich nach zwei Kegelschnitten schneiden. Um
anschauliche metrische Beziehungen vor Augen zu haben, legen
wir einen Drehkegel und einen dazu koaxialen Drehzylinder zugrunde. Dann ergibt sich aus den Tangentialebenen des Dreh-
kegels und aus den Tangentialebenen des Drehzylinders eine dreh-
symmetrische Raumeinteilung in Tetraeder und Oktaeder. Die
Kanten bilden ein spezielles Gestänge mit je sechs sich schneidenden gleichberechtigten Geraden. Das Gestänge kann in seinem
reellen Teil durch eine endliche Anzahl von geraden Linien zum
Abschluß gebracht werden. Die Polyederebenen tragen Dreiecksnetze, deren Umhüllende in einen Kegelschnitt und einen innerhalb des Kegelschnitts liegenden Punkt zerfällt. Diese Dreiecksnetze sind projektiv zu dem schon wiederholt zitierten Netz der
Durchmesser und Tangenten eines Kreises (vgl. z. B. S. 177), wie
es in Figur 14 dargestellt ist. Die Anordnung der Knotenpunkte
auf den Kegelschnitt-Tangenten des vorliegenden Gestänges ist die
nämliche wie bei den Geraden der in §§ 2, 3 erörterten Gestänge.

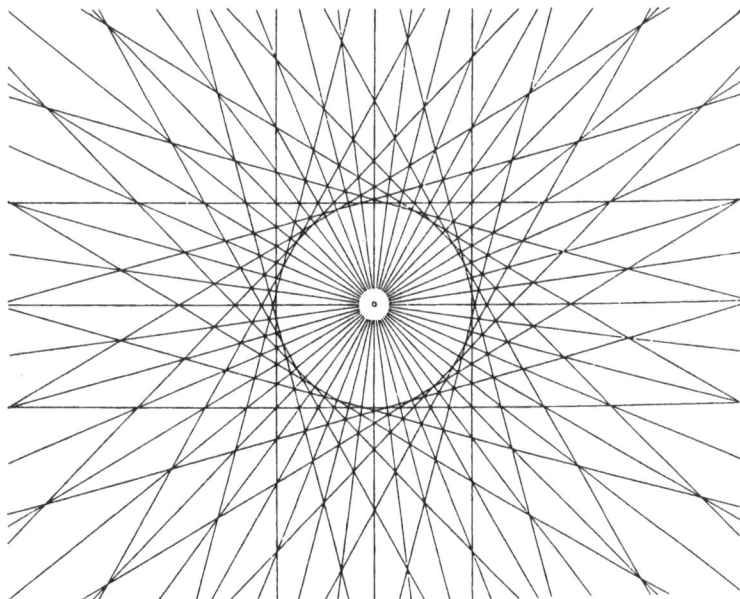

Figur 14.

Die Kanten der Oktaeder des hier besprochenen speziellen Gefüges lassen sich jeweils zu zwei windschiefen und einem ebenen Vierseit zusammenfassen. Von den drei Systemen der Regelflächen 2. Grades ist ein System in die Meridianebenen des eingangs genannten Kegels und Zylinders ausgeartet. Die beiden übrigen Systeme bestehen aus Drehhyperboloiden, die den vorgegebenen Kegel und den vorgegebenen Zylinder berühren.

(*Zusatz*: Wenn man zu den Tangentialebenen des Kegels und Zylinders noch die Meridianebenen dazu nimmt, erhält man die allgemeinste Anordnung von Ebenen, bei der durch jeden Schnittpunkt fünf Ebenen hindurchgehen. Diese Tatsache ist bei der früheren Untersuchung der Tetraeder-Oktaeder-Gefüge nicht bemerkt worden.)

Durch die Meridianebenen, ferner durch die zu dem vorgegebenen Drehkegel koaxialen und konzentrische Drehkegel und die zu dem vorgegebenen Zylinder koaxialen Drehzylinder ergibt sich ein zerschränktes Würfelgefüge von der auf S. 182 beschriebenen Art (vgl. Figur 12). Die beiden Systeme der geradlinigen Kanten sind in diesem Übergangsbeispiel in gewissem Sinne ausgezeichnet vor den übrigen Geraden des Gestänges; sie bilden ein Parallelstrahlenbündel, dessen Strahlen parallel sind zu den Achsen der koaxialen Zylinder, und ein Bündel von Geraden durch die Spitze der konzentrischen Kegel. Die vier Systeme der geradlinigen Diagonalen gehören zu einer speziellen Strahlenkongruenz 4. Ordnung 2. Klasse, welche den vorgegebenen Drehzylinder und den vorgegebenen Drehkegel, also die zerfallende Developpable 4. Klasse 1. Spezies des Tetraeder-Oktaeder-Gefüges, als Brennfläche besitzt. Die Brennfläche ist die Umhüllende des Gestänges und des Tetraeder-Oktaeder-Gefüges. Die krummlinigen Kanten der zerschränkten Würfel sind Kreisbögen. Die Sehnen aller krummlinigen Kanten aller Würfel mit gemeinsamem Diagonalenschnittpunkt sind zueinander parallel. Satz 9, S. 172 ist also in der Tat für das hier besprochene Übergangsbeispiel noch gültig.

(*Bemerkung*: Die Diagonalkurven der Dreiecksnetze, welche in dem Gestänge enthalten sind, bilden eine merkwürdige Konfiguration von Kegelschnitten derart, daß in jedem Knotenpunkt 12 Kegelschnitte zusammentreffen.)

Die allgemeinen Gestänge mit je sechs sich schneidenden gleichberechtigten Geraden gehören, wie wir bereits festgestellt haben, zu allgemeinen nicht zerfallenden Developpablen 4. Klasse 1. Spezies. Sie sind herausgegriffen aus der Achsenkongruenz 6. Ordnung 2. Klasse dieser Developpablen und haben die Developpable zur umhüllenden Brennfläche[1]). Ferner wissen wir, daß die Gestänge entweder in zentrischer Symmetrie angeordnet werden können oder in vierfacher Symmetrie in Bezug auf die Seiten eines windschiefen Vierseits.

Beispiel.

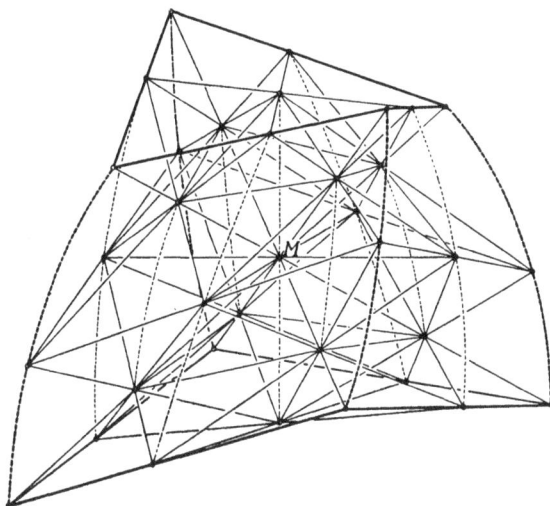

Figur 15.

Als Beispiel betrachten wir ein allgemeines vierfach symmetrisches Gestänge. Die Seiten des Vierseits, in Bezug auf welches das Gestänge symmetrisch ist, sind gleichlang und schließen miteinander gleiche Winkel ein. In Figur 15 sind die acht um den Symmetriemittelpunkt herumliegenden Würfel einer zu dem Gestänge gehörigen Raumeinteilung gezeichnet. Die Würfel sind von der in Figur 12 skizzierten und auf S. 182 beschriebenen Art:

---

[1]) R. Sauer, Die Raumeinteilungen, welche von Ebenen erzeugt werden, von denen je vier sich in einem Punkt schneiden. Sitzungsb. d. bayer. Akad. d. Wiss., math.-nat. Abt., 1925, p. 46 bzw. p. 49 ff.

Zwei Systeme von Kanten sind geradlinig, ebenso sämtliche Hauptdiagonalen. In Figur 15 sind wiederum die geraden Linien ausgezogen, die aus Raumkurven 4. Ordnung 1. Spezies bestehenden
krummlinigen Würfelkanten sind gestrichelt. Das Gebilde hat
zwei Symmetrieebenen durch je zwei Gegenecken des windschiefen
Vierseits, in Bezug auf welches die Anordnung symmetrisch ist.
Die von den in den Symmetrieebenen liegenden Würfelecken
ausgehenden krummen Kanten sind aus Symmetriegründen nicht
Raumkurven 4. Ordnung, sondern arten in Kegelschnitte aus,
welche in den Symmetrieebenen verlaufen.

Das gesamte Gestänge, von dem in Figur 15 nur die acht
um den Mittelpunkt herum liegenden Würfel dargestellt sind, kann
durch eine endliche Anzahl von geraden Linien zum Abschluß
gebracht werden. Es wird in seiner Gesamtheit in denkbar weitest-
maschiger Form durch Figur 16 veranschaulicht[1]).

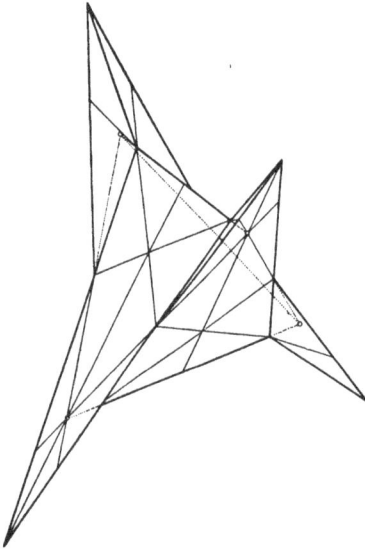

Figur 16.

Die in diesem Paragraphen
untersuchten Geradengestänge
haben wir ursprünglich aufgefaßt als die vier Systeme von
Diagonalen und als zwei Systeme von geradlinigen Kanten
zerschränkter Würfelgefüge.

Im Verlaufe der Unter-
suchungen ergab sich dann eine
naturgemäßere Deutung, indem
wir die Raumeinteilung ins Auge
faßten, welche durch die vier
Systeme von Ebenen, die in
dem Gestänge enthalten sind,
bewerkstelligt wird. Die Elemente dieser Raumeinteilung
sind Oktaeder mit im allgemeinen windschiefen Gegen-

---

[1]) Figur 16 ist entnommen aus der früheren Arbeit „Die Raumeinteilungen, welche durch Ebenen erzeugt werden usw." Sitzungsbericht vom
13. Juni 1925, S 51; Figur 13 und 14 sind entnommen aus der wiederholt
zitierten Arbeit „Über dreifache Geradenanordnungen in der Ebene usw."
Sitzungsbericht vom 12. Juli 1924, S. 146 und 149.

kanten und Tetraeder. Die Anordnung der Polyeder ist die näm-
liche wie im regulären Falle, wenn nämlich alle Oktaeder und
Tetraeder regulär und kongruent sind. Es liegen also um jeden
Knotenpunkt sechs Oktaeder und acht Tetraeder herum, an jeder
Kante treffen zwei Oktaeder und zwei Tetraeder zusammen, jedes
Seitendreieck trennt ein Oktaeder von einem Tetraeder.

Schließlich weisen wir noch auf eine letzte mit dem Gestänge
anschaulich verknüpfte Raumeinteilung hin:

In dem Gestänge sind drei Systeme von Regelflächen 2. Grades
enthalten, welche in dem zugehörigen Tetraeder-Oktaeder-Gefüge
als Diagonalflächen durch die Oktaedergegenkanten erscheinen.
Alle diese Regelflächen 2. Grades, welche bekanntlich einer Schar
von Flächen 2. Klasse entnommen sind, schneiden sich zu je dreien
in den Knotenpunkten des Gestänges. Dadurch entsteht eine Einteilung des Raumes in achteckige Sechsflächner (vgl. Figur 17).

Die Seitenflächen der Sechsflächner werden
von Regelflächen 2. Grades gebildet und die
Diagonalen in den Seitenflächen sind gerade
Linien. Die Kanten der Sechsflächner sind Raum-
kurven 4. Ordnung 1. Spezies. Die geraden
Linien sind wiederum ausgezogen, die krummen
Linien gestrichelt.

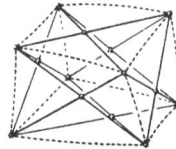

Figur 17.

In diesem Zusammenhange kann das Gestänge aufgefaßt werden als Zerschränkung eines regulären Würfelgefüges derart, daß
die sechs Systeme der Diagonalen in den Seitenquadraten der
Würfel geradlinig bleiben, während die Hauptdiagonalen und
Kanten in krumme Linien deformiert werden.

Besonders bemerkenswert ist die zuletzt beschriebene Raumerfüllung deswegen, weil die Flächen jeder beliebigen Schar von
Flächen 2. Klasse so angeordnet werden können, daß sie ein zerschränktes Würfelgefüge der beschriebenen Art bilden.

§ 6.
Die Geradenanordnungen mit je sieben sich schneidenden Geraden.

Nachdem wir die zerschränkten Würfelgefüge untersucht
haben, bei denen außer den vier Systemen von Hauptdiagonalen
noch zwei Systeme von Kanten geradlinig sind, wenden wir uns
jetzt zu den Würfelgefügen, bei denen neben den Hauptdiago-

nalen sämtliche drei Systeme von Würfelkanten aus geraden Linien bestehen. Wir kommen damit zu dem dritten in der Einleitung besprochenen Problem (Frage c) zurück (vgl. S. 137 und Figur 1 c).

Bereits auf S. 138 haben wir einige unmittelbar anschauliche Eigenschaften dieser Gestänge mit je sieben sich schneidenden Geraden angegeben. Insbesondere haben wir erkannt, daß die sechs Systeme der Würfeldiagonalflächen zu Ebenen ausgeartet sind. Mit dem Gestänge ist also in gegenseitig eindeutiger Beziehung eine Ebenenanordnung verknüpft, bei der in jedem Knotenpunkt sechs Ebenen zusammentreffen. Das vollständige Schnittliniensystem der Ebenenanordnung ergibt das Gestänge der zu je sieben sich schneidenden Geraden.

Bei den in § 5 behandelten Gestängen mit je sechs sich schneidenden Geraden sind sämtliche Knotenpunkte und Geraden miteinander gleichberechtigt. Bei den hier zur Rede stehenden Gestängen sind die Knotenpunkte ebenfalls alle gleichwertig, dagegen müssen wir zwei grundsätzlich verschiedene Arten von Geraden auseinander halten, die Würfeldiagonalen und die Würfelkanten. In jeder Würfelkante treffen zwei mit dem Gestänge verknüpfte Ebenen zusammen, während in jeder Würfeldiagonale sich drei Ebenen schneiden. In jeder der sechs sich schneidenden Ebenen liegen je drei der von dem betreffenden Knotenpunkt ausgehenden Geraden, nämlich jeweils zwei Würfeldiagonalen und eine Würfelkante. Die gesamte Geradenanordnung geht von einem halbregulären Grundtypus aus, wie schon in der Einleitung auseinander gesetzt wurde.

Statt nun die Untersuchung des Gestänges direkt zu betreiben, erörtern wir zunächst die mit dem Gestänge verknüpften Ebenenanordnungen. Dadurch, daß wir die allgemeinsten Ebenenanordnungen der verlangten Art auffinden, gewinnen wir in dem vollständigen System der Schnittlinien dieser Ebenen die allgemeinsten gesuchten Gestänge.

In § 5 sind die Ebenenanordnungen behandelt, von denen je vier Ebenen sich in einem Punkte schneiden und welche dadurch ein Tetraeder-Oktaeder-Gefüge erzeugen. Unter diesen Gebilden müssen die gesuchten spezielleren Ebenengefüge, vorausgesetzt, daß sie überhaupt existieren, enthalten sein. In der Tat sieht man, wenn man die verschiedenen Ausartungsmöglichkeiten der

Tetraeder-Oktaeder-Gefüge der Reihe nach betrachtet, daß der folgende besondere Fall der Tetraeder-Oktaeder-Gefüge als einziger zu den gesuchten Anordnungen mit je sechs sich schneidenden Ebenen führt:

Die umhüllende Developpable 4. Klasse 1. Spezies ist in ein windschiefes Vierseit $ABCD$ ausgeartet[1]). Das Tetraeder-Oktaeder-Gefüge hat dann sehr spezielle Eigenschaften: Die Kanten eines jedes Oktaeders des Gefüges lassen sich jeweils zu einem windschiefen und zwei ebenen Vierseiten zusammenfassen. Unter den drei Systemen der Diagonalflächen durch die Oktaedergegenkanten ist zunächst das ausgeartete Büschel von Flächen 2. Ordnung enthalten, welches das windschiefe Vierseit $ABCD$ als Grundkurve besitzt. Die übrigen Diagonalflächen arten in die Ebenen zweier Büschel aus, deren Achsen mit dem windschiefen Vierseit die Kanten eines Tetraeders bilden.

Die vier Büschel der Seitenebenen und die beiden Büschel der Diagonalebenen des Tetraeder-Oktaeder-Gefüges ergeben eine Ebenenanordnung mit je sechs sich schneidenden Ebenen, welche alle verlangten Eigenschaften besitzt und die allgemeinste Ebenenanordnung der gewünschten Art ist. Die Gesamtheit der Schnittlinien stellt das gesuchte Gestänge dar.

(*Zusatz:* Die Tatsache, daß die sechs Ebenenbüschel durch die Kanten eines Tetraeders den allgemeinsten Typus einer Ebenenanordnung mit je sechs sich in einem Punkt schneidenden Ebenen ergeben, wurde bei der früheren Untersuchung der Tetraeder-Oktaeder-Gefüge übersehen.)

Bei der im vorangehenden beschriebenen Erzeugungsweise sind die Kanten AB, BC, CD, DA des Tetraeders $ABCD$ und die Ebenenbüschel durch diese Kanten bevorzugt. Tatsächlich sind alle sechs Ebenenbüschel für das schließlich entstandene Gebilde gleichberechtigt: Die von einem Knotenpunkt ausgehenden sechs Ebenen sind die sechs Ebenen durch die Kanten des Tetraeders $ABCD$, die sieben in dem Knotenpunkt sich schneidenden Geraden sind die vier Verbindungslinien mit den Tetraedereck-

---

[1]) R. Sauer, Die Raumeinteilungen, welche durch Ebenen erzeugt werden, von denen je vier sich in einem Punkt schneiden. Sitzungsb. d. bayer. Akad. d. Wiss., math.-naturw. Abt., 1925, p. 55, II.

punkten A, B, C, D und die drei Geraden, welche den betreffenden Knotenpunkt mit je zwei Gegenkanten des Tetraeders $ABCD$ verbinden.

Das gesamte Gebilde kann aufgefaßt werden als der Inbegriff von drei Tetraeder-Oktaeder-Gefügen. Jedes dieser drei Polyedergefüge hat als umhüllende Developpable eines der drei von den Kanten des Tetraeders $ABCD$ gebildeten windschiefen Vierseite.

Das vorliegende Gestänge der zu je sieben sich schneidenden Geraden und die drei damit verknüpften Polyedergefüge haben die Ebenen des Tetraeders $ABCD$ zu Häufungsebenen. Das Gestänge kann also nicht durch eine endliche Anzahl gerader Linien zum Abschluß gebracht werden. Die Häufungsebenen teilen den Raum in acht Gebiete ein, welche alle bis auf eine beliebig schmale Umgebung der Häufungsebenen von dem Gestänge ausgefüllt werden können. Alle in dem Gestänge enthaltenen Ebenen tragen von den Geraden des Gestänges gebildete Dreiecksnetze, deren Umhüllende in drei nicht in gerader Linie liegende Punkte zerfällt (vgl. S. 153 und Figur 5). Das hier untersuchte Gestänge geht aus dem in Figur 16, S. 190 dargestellten Gefüge durch einen Grenzprozeß hervor, bei dem die Rückkehrkante der umhüllenden Developpablen in ein windschiefes Vierseit ausartet.

Legt man als Tetraeder der Häufungsebenen ein reguläres Tetraeder zugrunde und geht von dem Tetraederschwerpunkt als Anfangsknotenpunkt aus, so hat das entstehende Gestänge natürlich die Symmetrieeigenschaften des regulären Tetraeders.

Die Strahlenkongruenzen, aus denen die Geraden des Gestänges herausgegriffen sind, bestehen zunächst aus vier Strahlenbündeln durch die Eckpunkte des Tetraeders der Häufungsebenen. Die diesen Bündeln entnommenen Geraden des Gestänges sind die Hauptdiagonalen in den mit dem Gestänge verknüpften Würfelgefügen. Die Kanten des Würfelgefüges gehören zu drei linearen Kongruenzen, welche je zwei Gegenkanten des Tetraeders der Häufungsebenen zu Brennlinien haben.

Die hier behandelten Gestänge repräsentieren nur eine teilweise Zerschränkung, weil die Würfeldiagonalen nach wie vor Strahlenbündel bilden. Allerdings liegen die Scheitel dieser Bündel nicht mehr in einer Ebene wie im regulären Falle.

Die Diagonalflächen durch die windschiefen Oktaedergegenkanten in den drei zu dem Gestänge gehörigen Tetraeder-Oktaeder-Gefügen ergeben die in dem Gestänge enthaltenen Regelflächen 2. Grades. Alle diese Flächen bilden drei spezielle Büschel,
welche die drei windschiefen Vierseite, die von den Kanten des
Tetraeders der Häufungsebenen gebildet werden, zu Grundkurven
haben. In den mit dem Gestänge verknüpften Würfelgefügen erscheinen die hier besprochenen Regelflächen 2. Grades als die
drei Systeme der Seitenflächen. Es ist unmittelbar ersichtlich,
daß für diese Würfelgefüge die Aussagen des Satzes 9, S. 172
nicht mehr gültig sind.

Alle in diesem Paragraphen besprochenen Gestänge können
bei passender Wahl der Maschenweite projektiv aufeinander bezogen werden. Dabei entsprechen sich stets die Tetraeder der
Häufungsebenen. Läßt man die Projektivität dadurch ausarten,
daß das Tetraeder der Häufungsebenen allmählich in eine Ebene
zusammenklappt, so ergeben sich die zu dem nicht zerschränkten
Gestänge der Kanten und Hauptdiagonalen eines regulären Würfelgefüges kollinearen Gebilde. Dabei werden die in dem Gestänge
enthaltenen ebenen Dreiecksnetze kollinear zu dem regulären Dreiecksnetz der gleichseitigen kongruenten Dreiecke.

Die zerschränkten Gestänge der zu je sieben sich schneidenden Geraden bilden ein Zwischenglied zwischen den in § 5 besprochenen Gestängen, welche als Verallgemeinerungen der allgemeinen ebenen Dreiecksnetze aufgefaßt werden können, und den
zu den regulären Würfelgefügen gehörenden nicht zerschränkten
Gestängen mit je sieben sich schneidenden Geraden, welche den
ebenen Möbiusschen Netzen analog sind. Es ist bemerkenswert,
daß im Raume ein derartiger Übergangsfall existiert, zu dem ein
Analogon in der Ebene nicht angegeben werden kann; untersucht man nämlich in der Ebene Geradenanordnungen mit mehr
als drei sich schneidenden Geraden, so kommt man unmittelbar
zum Möbiusschen Netz, während im Raume die Gestänge mit mehr
als sechs sich schneidenden Geraden im allgemeinen noch nicht
den zum regulären kollinearen Fall ergeben.

In Figur 18 sind siebenundzwanzig zerschränkte „Würfel"
dargestellt, welche zusammen einen größeren zerschränkten „Würfel"
aufbauen und zu einem Gestänge mit je sieben sich schneidenden

Geraden gehören. Die sämtlichen Kanten sind ausgezogen. Von den Raumdiagonalen der Würfel, welche hier auch geradlinig sind, haben wir nur die vier im Mittelpunkt M des innersten Würfels zusammentreffenden Geraden strichpunktiert eingezeichnet, ferner noch eine beliebige weitere Diagonalgerade XY. Die vierte, fünfte und sechste von M auslaufende Gerade des Gestänges ist jeweils bis zu den benachbarten Knotenpunkten angegeben. Die Tatsache, daß in jedem Knotenpunkt sieben Gerade zusammentreffen, ist also in der Figur nur für den Punkt M anschaulich gemacht, kann aber an der Zeichnung für alle übrigen Knotenpunkte leicht nachgeprüft werden. Das Tetraeder der Häufungsebenen ist regulär und hat M als Mittelpunkt.

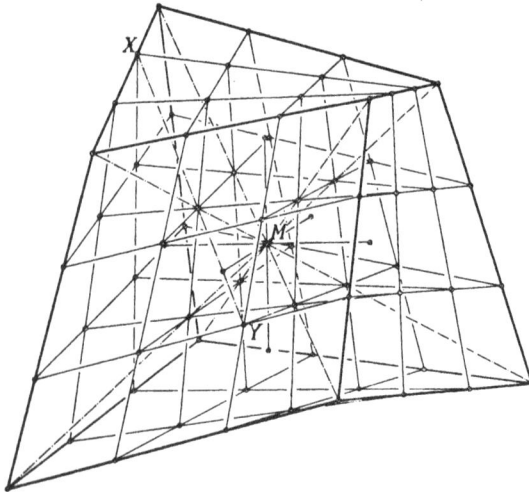

Figur 18.

(*Bemerkung*: Die Diagonalkurven der Dreiecksnetze, welche von den in diesem Paragraphen besprochenen Gestängen gebildet werden, stellen eine merkwürdige Konfiguration von Kegelschnitten dar derart, daß in jedem Knotenpunkt 18 Kegelschnitte zusammentreffen.)

Zu den Gestängen der zu je sieben sich schneidenden Geraden gehören, wie wir gesehen haben, drei spezielle Tetraeder-Oktaeder-Gefüge, welche von jeweils vier aus den sechs mit dem Gestänge verknüpften Ebenenbüscheln erzeugt werden. Wir be-

trachten jetzt noch die Raumeinteilung, welche durch sämtliche
sechs Ebenenbüschel zusammengenommen hervorgerufen wird:

Die Zusammenhangsverhältnisse sind die nämlichen wie bei
der auf S. 163 beschriebenen Raumeinteilung, welche die sechs
Systeme von Regelflächen 2. Grades bewerkstelligen, die zu einem
Gestänge mit je vier sich schneidenden Geraden gehören. Anstelle
der Regelflächen 2. Grades treten jetzt lauter Ebenen und die
Elemente der Raumeinteilung sind eigentliche Tetraeder mit lauter
geradlinigen Kanten und ebenen Seitenflächen. Durch Übertragung der auf S. 164 festgestellten Beziehungen gewinnen wir
unmittelbar folgendes Ergebnis:

> Die mit dem Gestänge der zu je sieben sich schnei-
> denden Geraden gehörigen sechs Ebenenbüschel be-
> werkstelligen eine Raumeinteilung in lauter Tetra-
> eder. Um jeden Knotenpunkt liegen 24 Tetraeder
> herum. Jeweils vier Kanten der Tetraeder sind je
> sechs, die beiden übrigen Kanten je vier Tetraedern
> gemeinsam.

Das hier erwähnte Tetraedergefüge stellt das anschaulichste
und unmittelbarste Analogon zu den ebenen Dreiecksnetzen dar,
indem anstelle der Dreiecke Tetraeder gesetzt werden. Ausdrücklich sei darauf hingewiesen, daß bei dieser nächstliegenden Übertragung auf den Raum der allgemeine Charakter der Anordnung,
wie er bei den allgemeinen ebenen Dreiecksnetzen vorhanden ist,
in hohem Maße eingeschränkt werden muß.

Geht man von den hier behandelten Gestängen mit je sieben
sich schneidenden Geraden noch weiter, indem man fordert, daß
in jedem Knotenpunkt mehr als sieben Gerade zusammentreffen,
so muß das Tetraeder der Häufungsebenen ausarten, d. h. in eine
Ebene zusammenklappen und es ergibt sich das räumliche Analogon des Möbiusschen Netzes.

Schlussbemerkung.

In der vorliegenden Arbeit sind alle diejenigen Gestänge
untersucht worden, welche aus einem regulären oder halbregulären Grundtypus durch Zerschränkung hervorgehen. Natürlich
kann man in sehr mannigfaltiger Weise Geradenanordnungen

definieren, welche keinen regulären oder halbregulären Grundtypus besitzen. Von dieser Art sind die zu Beginn des § 5 erwähnten Gestänge mit je fünf sich schneidenden Geraden. Beispielsweise kann man auch Geradenanordnungen mit je vier sich
schneidenden Geraden angeben, welche nicht auf einen regulären
oder halbregulären Typus zurückgeführt werden können. Um
ein solches Gestänge zu gewinnen, braucht man nur zu den
drei Systemen der geradlinigen Kanten eines Würfelgefüges als
viertes System solche Gerade dazu zu nehmen, welche die „Mittelpunkte" und Ecken nicht benachbarter „Würfel" in gesetz-
mäßiger Weise verbinden. Man kann zeigen, daß auch diese
Gestänge ebenso wie die in § 2 untersuchten Geradenanordnungen
wesentlich mit der Theorie der Strahlensysteme (4,2) verknüpft sind.

Über Sclerocephalus Häuseri Goldfuss.

Von F. Broili.

Mit 2 Tafeln und 9 Figuren im Text.

Vorgetragen in der Sitzung am 6. März 1926.

Den hier beschriebenen prächtigen Stegocephalen-Rest verdankt die bayerische Staatssammlung für Paläontologie und historische Geologie Herrn Paul Guthörl, welcher denselben in grau-
schwarzen Schiefertonen der oberen Kuseler Schichten (mittl.
Unter-Rotliegendes) in der Nähe von St. Wendel im jetzigen
Saargebiet entdeckte. Auch an dieser Stelle sei Herrn Guthörl
der beste Dank zum Ausdruck gebracht.

Die nähere Umgebung von St. Wendel hat bereits einen
schönen Fund in dem durch W. von Branco[1]) als Weissia bavarica beschriebenen Batrachier aus den unteren Kuseler Schichten von Ohmbach = unterstes Unterrotliegendes (bayerische Pfalz) geliefert, und weitere Reste großer Stegocephalen
wurden durch L. v. Ammon,[2]) Goldfuss[3]) und H. v. Meyer[4]) von
Lauterecken und Heimkirchen in der nördlichen Rheinpfalz wohl
alle aus den oberen Kuseler Schichten des mittleren Unter-
Rotliegenden der Wissenschaft mitgeteilt. v. Ammon stellt

---

[1]) W. Branco, Weissia bavarica g. n. sp. n. ein neuer Stegocephale
aus dem Unteren Rotliegenden. Jahrb. d. k. pr. geol. Landesanstalt und Bergakademie 1886, S. 22 mit 1 Tafel.

[2]) Ammon L. v., Die permischen Amphibien der Rheinpfalz. München,
F. Straub, 1889. Mit 5 Tafeln.

[3]) Goldfuss, Beitr. zur vorweltl. Fauna des Steinkohlengebirges. Her-
ausgegeben vom naturhistor. Ver. f. d. pr. Rheinland, S. 13, 1847, T. 4, F. 1—3.

[4]) Meyer H. v., Reptilien aus der Steinkohlenformation in Deutschland. Paläontographica VI, 1858, S. 212, T. XV., Fig. 9.

diese letztgenannten Funde zu Sclerocephalus Häuseri Goldfuss und ebenso vereinigt er auch die von Branco aufgestellte
Gattung Weissia mit Sclerocephalus; obwohl er es für möglich
hält, daß das Branco'sche Individuum identisch ist mit Sclerocephalus Häuseri, so behält er doch mangels genügender Beweise
die von Branco gegebene Art: bavaricus bei, zumal Sclerocephalus
Häuseri aus einem viel höheren Schichtkomplex stammt, der von
dem Ohmbacher-Wolfsteiner Kalkflötz — in ihm wurde Sclerocephalus bavaricus gefunden — durch eine Reihe mächtiger Ablagerungen getrennt ist.

Unser Stegocephale liegt auf dem Rücken und zeigt dem
Beschauer die Körperunterseite von der Schnauzenspitze bis weit
in die Rumpfregion. Die Knochen haben eine tiefschwarze, glän-
zende Färbung und heben sich so doch recht deutlich von dem
dunkelgrauen Muttergestein ab. Ein Versuch, auch die Dorsal-
seite freizulegen, mußte von unserem Herrn Oberpräparator
Spang nach der ausgezeichnet gelungenen Präparierung der Unter-
seite wegen Brüchigkeit des Gesteins leider aufgegeben werden.

Der Schädel.

Die beiden bei der Einbettung des Tieres noch in enger Verbindung mit dem Schädel gewesenen Unterkieferäste haben diese
vermutlich unter dem Druck der nachfolgenden Sedimente verloren, und sind exarticuliert, schräg auf ihre Außenseite gelegt
und etwas nach rückwärts geschoben worden, sodaß die praemaxillare Zahnreihe sichtbar wird. Die schwachen Elemente der Gau-
menregion sind fest an das Schädeldach angepreßt.

Die allgemeine Form des Schädels ist gerundet dreieckig.

Die Augen sind im Verhältnis zur Größe des Schädels klein
und haben ihre Lage beim Beginn der hinteren Schädelhälfte,
sie sind von rundlicher Gestalt, immerhin aber etwas länger wie
breit; so beträgt der Längsdurchmesser des rechten Auges 2,4 cm
und sein Querdurchmesser 1,9 cm, jener des linken 2,4 cm bzw.
1,8 cm; ihre gegenseitige Entfernung mißt 2,2 cm, ist also grö-

---

[1]) Herrn Oberbergdirektor Dr. O. M. Reis verdanke ich die Angaben bezüglich des Alters der bisher bekannten pfälzischen Stegocephalen;
ich möchte ihm auch an dieser Stelle meinen herzlichsten Dank aussprechen!

ßer als der Augenquerdurchmesser. Wir haben also hier Verhältnisse, wie sie H. v. Meyer[1]) für Sclerocephalus Häuseri und noch
mehr Branco[2]) für Sclerocephalus bavaricus angeben.

Die länglich ovalen Choanen sind nur in ihrer inneren Begrenzung freigelegt, ihr Außenrand wird beiderseits vom Unterkiefer überdeckt; ihr Längsdurchmesser beträgt 1,6 cm, ihre gegenseitige Entfernung 3,3 cm, ihr Abstand vom Augenvorderrand 2,7 cm.

Einen großen Raum beanspruchen die Gaumengruben
(fenestrae palatinales), deren rückwärtige und laterale Begrenzung
beiderseits durch das Pterygoid bezw. das Palatinum deutlich zu
sehen ist, während ihr Abschluß nach vorn durch die unscharfe
Begrenzungslinie des Vomer weniger klar erkennbar ist; ihre
mediale Begrenzung zeigt sich nur in ihrer rückwärtigen Hälfte,
soweit das Parasphenoid erhalten ist.

Von der Gaumengrube durch das Pterygoid getrennt liegt
hinten und außen die Gaumenschläfengrube (fenestra basi-
temporalis), deren vordere, mediale und rückwärtige Umrahmung
durch das Pterygoid bezw. durch das Quadratum jederseits sich
gut hervorhebt, ihre laterale Einfassung wird durch den Unterkiefer verdeckt.

Von den Knochen der Schädelunterseite fällt in erster Linie
das Parasphenoid auf. Die Exoccipitalia werden, wenn sie
überhaupt verknöchert waren, vom Kehlbrustpanzer, der seine
Lage wohl in der Hauptsache unverändert beibehalten hat, überdeckt. Das Parasphenoid beginnt als breite, vierseitige, in der Mitte
leicht eingesenkte und am Hinterrand eingebuchtete Platte hinter
den Gaumengruben. Dieselbe besitzt eine größte Breite von 3,1 cm
und mißt in der Mittellinie 1 cm. Ihrem Vorderrand median aufgelagert ruht der Processus cultriformis noch auf, welcher
abgebrochen und etwas nach rückwärts geschoben ist. Derselbe,
welcher an seinem Hinterrand noch von den vordersten Ausläufern der Spitze des etwas beschädigten Episternums erreicht wird,
setzt in einer Breite von 0,3 cm ein, nach ungefähr $^1\!/_2$ cm durchsetzt ihn ein Querbruch. Der Processus cultriformis verschmä-

---

[1]) l. c. S. 213, hier beträgt die Länge der Augenhöhle 0,014, die Breite
0,013, der gegenseitige Abstand 0,019.

[2]) l. c. S. 23, Augenlänge 2,9 bzw. 3,2, Augenbreite 2,7 bzw. 2,9,
gegenseitiger Abstand 3,3 cm.

lert sich bei seinem Verlauf nach vorne allmählich bis zu einer Breite von kaum 0,2 cm, um sich dann ebenso stetig wieder bis 0,9 cm zu verbreitern. Diese Verbreiterung wird etwa vor dem hinteren Winkel des linken Auges erreicht, gegen welches das Parasphenoid abgedrängt ist. Dasselbe ist bis dahin 3 cm lang; sein vorderes, den Anschluß mit dem Vomer vermittelndes Stück ist abgebrochen.

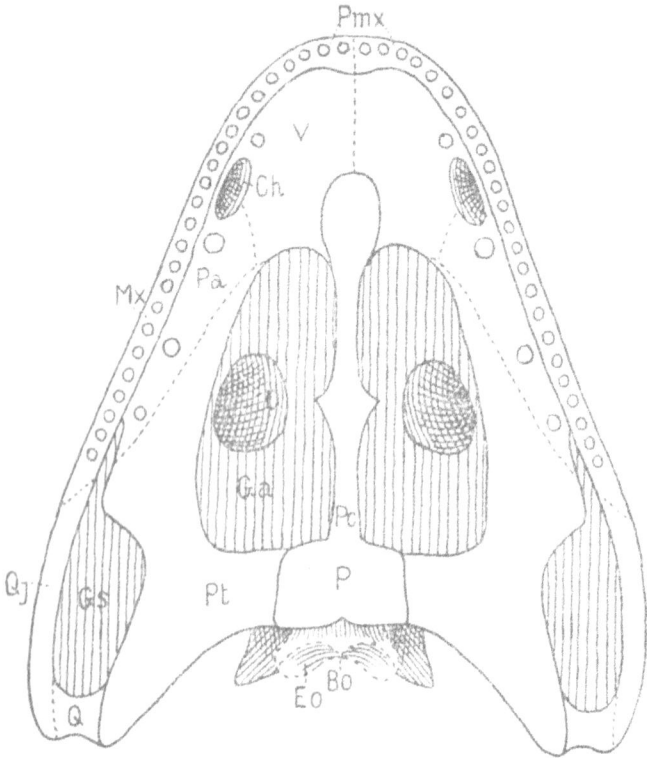

Fig. 1.

Sclerocephalus Häuseri Goldf. aus den oberen Kuseler Schichten — Mittl. Unterrotliegendes (Unt. Perm.) von St. Wendel.

Rekonstruktion der Schädelunterseite. Der Occipitalabschnitt ist von Gaudry's Actinodon genommen. Mx Maxillare, Pmx Praemaxillare, Pa Palatin, Pt Pterygoid, P Parasphenoid, Pc Processus cultriformis, Bo Basioccipitale, Eo Exoccipitale, Q Quadratum, Qj Quadratojugale, V Vomer, Ch Choane, O Auge, Ga Gaumengrube, Gs Gaumenschläfengrube.

Längs der rechten Seite des Processus cultriformis des Parasphenoids bemerkt man einen weiteren unpaaren, langgestreckten Knochen. Derselbe ist ein stabförmiges, in der Mitte etwas

verbreitertes Gebilde, das in engster Verbindung mit dem Schädeldach steht; dieser Knochen ist sehr schwach, er beginnt mit
verbrochenem Hinterende ungefähr in der Höhe des Endes des
hinteren Processus cultriformis und ist aus der Mittellinie etwas
nach rechts geschoben, wo er in der Nähe des vorderen Augen-
winkels sein Ende erreicht. Sein beschädigtes Hinterende mißt
0,4 cm, seine größte Breite 0,6 cm und der undeutlich begrenzte
Vorderrand wieder fast 0,4 cm; der rückwärtige Teil dieses Elementes ist von mehreren Sprüngen durchsetzt, der vordere läßt
eine feine Längsriefung erkennen. Hinsichtlich der Deutung dieses
Knochens, welcher 3,7 cm lang ist, habe ich keine Sicherheit, ob derselbe der fehlende Teil des Processus cultriformis oder aber das Sphenethmoid ist. In der Länge würde
er ungefähr der Lücke zwischen dem abgebrochenen Ende des
Parasphenoids und dem vorderen erhaltenen Teil der Gaumen-
seite entsprechen, aber er ist bedeutend schmäler als der abgebrochene Vorderrand des Processus cultriformis des Parasphenoids,
auch scheint der Knochen selbst nicht so stark zu sein, wie der
des Parasphenoids, außerdem liegt er tiefer und, wie schon gesagt,
in engster Verbindung mit dem Schädeldach. Nachdem sonst
keinerlei größere Verschiebungen der einzelnen Elemente erfolgt
sind, vielmehr der erhaltene Teil des Skeletts ganz intakt ist und
nur durch Druck etwas gelitten hat, sodaß auf eine rasche Einbettung nach dem Tode geschlossen werden darf, erscheint es
nicht sehr wahrscheinlich, daß der abgebrochene Rest des Processus cultriformis soweit nach rückwärts, in die Tiefe und neben
den rückwärtigen Teil des Parasphenoids verlagert wurde; vielmehr
scheint es möglich, daß dieses fehlende Stück an der nicht vorhandenen Gegenplatte sich erhalten hat. Falls diese Annahme
korrekt sein sollte, würde dann dieser fragliche Rest kaum anders
als ein verknöchertes Sphenethmoid zu deuten sein, zumal ein
solches bereits verschiedentlich z. B. bei Eryops[1]) und Capito-
saurus[2]) u. a. festgestellt wurde.

Recht gut ist die Erhaltung der beiden Pterygoidea. Das

---

[1]) Broom R., Studies on the Permian Temnospondylous Stegocephalians of North America. Bull. Americ. Mus. Nat. Hist. 32. (Art. 38/1913. S. 585).

[2]) Watson D. M. S., The structure, evolution und origin of the Amphibia. Philos. transact. R. Soc. London. B., Vol. 209, 1919, S. 23.

Pterygoid grenzt wie gewöhnlich an das Parasphenoid, es wendet
sich als breite Platte, die nach hinten und abwärts steil geneigt
ist, nach auswärts und bildet auf diese Weise mit dem Paraspe-
noid die rückwärtige Begrenzung der Gaumengrube. Dann erfolgt die Gabelung des Pterygoids, der hintere Flügel zieht in
gleicher steiler Stellung nach außen und rückwärts, um die Verbindung mit dem Quadratum zu erreichen, dessen Innenseite es
sich auflegt. Eine sichere Sutur gegen das Quadratum ist weder
rechts noch links zu sehen. Dagegen scheint eine besonders
links scharf hervortretende Kante das Einsetzen des Quadratum
zu bedeuten. Auch die übrige Region dieses letzteren Elementes
ist durchaus nicht deutlich erkennbar, doch möchte ich mit Sicherheit annehmen, daß das Quadratum nicht knorpelig, sondern verknöchert war; auf der linken Seite glaube ich seine ungefähre
Grenze gegen das Quadratojugale sehen zu können. Der vordere
Flügel des Pterygoid wendet sich nach außen und vorn — im
Gegensatz zum steil gestellten hinteren Flügel ist er von diesem
horizontal abgesetzt —, um sich mit dem Transversum oder Pa-
latium zu vereinigen. Suturen, welche ein selbständiges Transversum erkennen ließen, sind nicht feststellbar, da der feine Ton-
schlamm sich nicht von der Knochenoberfläche entfernen ließ, ohne
dieselbe zu gefährden. Was den Verlauf des Pterygoid selbst
anbelangt, so möchte ich ein spitzes Auslaufen an dem vorderen
Augenwinkel für wahrscheinlich halten; am rechtsseitigen Pterygoid glaube ich auch seine Grenze gegen das Palatin mit Unter-
brechungen verfolgen zu können.

Das Palatinum bildet den hinteren Rand der inneren Nasenöffnung, seine Grenze gegen den Vomer ist auf der rechten Seite
undeutlich zu sehen. Hinter der Nasenöffnung erhebt sich ein
relativ großer Zahn, auf dem linken Palatin werden noch zwei
weitere (— falls der hintere nicht auf einem Transversum steht —)
sichtbar; der vordere, der kleiner ist wie der Choanenzahn, ist
von diesem 2 cm, der hintere und kleinste der ganzen Reihe von
diesem 1 cm entfernt. Auf der rechten Seite werden die beiden
letzteren Zähne von dem Unterkiefer verdeckt, welcher auch links
hart bis an diese Zahnreihe herangeschoben ist.

Die beiden Vomer werden noch zum größten Teil von einer
dünnen Lage von Matrix bedeckt, jedes trägt einen Zahn, welcher

dicht am Vorderrand der inneren Nasenöffnung steht, jener der rechten Seite wird noch teilweise vom Unterkiefer bedeckt. In den Vomerhinterrand greift der Processus cultriformis des Parasphenoids zungenförmig ein, beim Versuch, das Muttergestein an dieser Stelle freizulegen, zersplitterte die schwache Knochenlage und konnte nur teilweise wieder zusammengekittet werden, sodaß die Grenzen des Processus cultriformis im Vomer nur mehr teilweise zu sehen sind. Auch der Hinterrand der beiden Vomer gegen die Gaumengrube ist beschädigt. Ihre Grenzen gegen die Maxillaria bzw. Praemaxillaria sind durch die Unterkiefer unsichtbar gemacht.

Die Praemaxillaria und vielleicht noch ein kleines Stück der Maxillaria werden in der vor den Unterkieferresten liegenden gut erhaltenen Zahnreihe sichtbar. Es handelt sich um 19 Zähne von mittlerer und gleicher Größe, die fast alle in einem Abstande, der ihrem Durchmesser entspricht, von einander entfernt sind; eine Ausnahme davon macht das linke Praemaxillare, wo sie etwas näher aufeinander gerückt sind. Diese Erscheinung dürfte durch Ersatzzähne veranlaßt sein. Ein Dünnschliff durch ein Zahnfragment zeigte, daß die Zähne labyrinthodont sind.

Credner[1]) hat bei seiner als Sclerocephalus labyrinthicus beschriebenen Form sowohl am Innenrand des vorderen Flügels des Pterygoid wie am Vomer zahlreiche kleine Hechelzähne beobachten können. Ebenso werden solche von Ammon[2]) auf dem Pterygoid seines Sclerocephalus Häuseri beschrieben und abgebildet. An dem hier vorliegenden Stück verbietet der Belag mit Matrix am Vomer eine solche Feststellung, dagegen glaube ich am Innenrand des linken vorderen Flügels des Pterygoids eine Anzahl solcher kleiner Chagrinzähnchen zu sehen.

In der Gaumenschläfengrube und dem Raum, der von dem vorderen Abschnitt des Processus cultriformis eingenommen werden sollte, zeigen sich etliche Elemente des Schädeldaches von ihrer Unterteite; sie lassen sich durch ihre Suturen mehr oder weniger deutlich bestimmen.

---

1) H. Credner, Die Stegocephalen und Saurier aus dem Rotliegenden des Plauen'schen Grundes bei Dresden. X. Sclerocephalus labyrinthicus H. B. Geinitz spec. H. Credner emend. Zeitschr. d. Deutsch. Geol. Gesellschaft 1893, S. 664, T. 30, Fig. 3, Taf. 31, Fig. 2.
2) v. Ammon, l. c. S. 50, T. II, Fig. 6.

Es sind dies der größte Teil der Nasalia, die Frontalia und der vordere Teil der Parietalia, ferner die beiden Praefrontalia, Postfrontalia und Postorbitalia, sowie Teile der Squamosa und Jugalia.

Der Unterkiefer.

Wie schon erwähnt, liegen die beiden Unterkieferäste exarticuliert schräg auf ihrer Außenseite und zeigen auf diese Weise ihre Innenfläche; sie sind etwas nach rückwärts geschoben. Ihre knorpelige Verbindung in der Symphyse muß ursprünglich recht fest gewesen sein, da an dieser Stelle keinerlei Verschiebung der beiden Äste erfolgt ist. Von den Zähnen ist nichts zu sehen. Durch den Gebirgsdruck haben die dünnen Knochen der Kieferinnenhälften stark gelitten. An dem linken Kiefer scheinen nur jene der vorderen Kieferinnenhälfte erhalten zu sein, der rückwärtige Teil dieses Astes dürfte zum größten Teil lediglich die Innenseite der äußeren Kieferwand darstellen. Was den rechten Kieferast anlangt, so ist seine Oberfläche von zahlreichen Sprüngen durchzogen, sodaß sich der Verlauf etwaiger Knochennähte nirgends mit völliger Sicherheit weiter verfolgen ließ. Immerhin ist ein deutlich hervortretendes Coronoid (Complementare) zu beobachten. Die übrigen Elemente dürften Splenialia, möglicherweise auch das eine oder andere der „Coronoide" sein, wie sie von Williston[1]) bei Trimerorhachis beschrieben wurden. Ungefähr an der nämlichen Stelle des Kieferunterrandes, wo Williston bei seinem Trimerorhachis das „vordere Meckel'sche Foramen" abbildet, ist auch hier ein deutlicher Durchbruch zu sehen, dessen Umrahmung abgesehen von einem Stückchen des Unterrandes sich intakt erhalten hat. Das hintere Ende dieses Kieferastes dürfte von Angulare und Supra-angulare — man glaubt die nach dem Unterrande zwischen beiden verlaufende Sutur zu erkennen — eingenommen werden. Gegen die Region der Articulare zu erlaubt der Erhaltungszustand keine weiteren Beobachtungen.

Die Länge des rechten Unterkiefers bis zur Mitte der Symphyse beträgt 16,2 cm.

---

[1]) Williston S. W., The primitive structure of the mandible in Amphibians and Reptiles. Journal of Geology, Vol. 21, Nr. 7, 1913.

Der Brustschultergürtel.

Der Brustschultergürtel des vorliegenden Stückes dürfte wohl den am besten erhaltenen von allen bekannten europäischen Labyrinthodonten darstellen. Die ursprüngliche Lage desselben zum Schädel hat durch den Fossilisationsprozess kaum eine wesentliche Verschiebung erlitten.

Das Episternum und die beiden Claviculae greifen mit dem gerundeten Vorderrand ihres cranialen Abschnittes auf den Schädel über, insofern sie den Hinterrand des Parasphenoids noch berühren bezw. mit dem Episternum dieses Element teilweise bedecken; auf diese Weise bilden diese drei Knochen gleichzeitig eine Schutzvorrichtung für das Hinterhaupt und die Kiemen, falls diese persistiert haben sollten.

Das Episternum, das mittlere Element des „Kehlbrustpanzers", ist ein flacher, unpaarer Knochen, welcher, soweit er sichtbar ist, einen rautenförmigen Umriß besitzt. Der mittlere ebene Teil dieser Platte trägt die den meisten Labyrinthodonten eigentümliche, charakteristische Skulptur in Gestalt wulstiger, durch grubige Vertiefungen von einander getrennter Leistchen und Höcker, die vom Mittelpunkt der Platte nach den Seiten unregelmäßig strahlig verlaufen. Gegen den caudalen, nur unmerklich abfallenden Plattenabschnitt erfolgt eine immer stärker werdende Abschwächung der Skulptur. Die letztere bricht unvermittelt ab an den beiden vorderen stark abgeschrägten Lateralwänden des Episternums, auf welche sich die beiden Claviculae, die beiderseits etwas abgeglitten sind und dadurch die Beobachtung möglich machen, hinauflegen.

Das Episternum ist 8 cm lang, seine größte sichtbare Breite — in der Höhe des Hinterrandes der Clavicula — 4 cm.

Die paarig entwickelte Clavicula ist ein winkelig gebogenes Skelettstück; der stark verbreiterte vordere Teil derselben legt sich mit seinem medialen Rand auf den abgeschrägten glatten vorderen Lateral-Rand des Episternums. Ursprünglich dürfte die Spitze dieses flügelähnlichen, gegen die Mitte leicht abgedachten Knochens in der Mittellinie vor dem Episternum die entsprechende Spitze der gegenseitigen Clavicula erreicht haben. Auch die Clavicula weist Ornamentierung auf; sie nimmt von

dem hinteren Außenrand ihren Ausgang und geht aus gröberem
Maschenwerk allmählich in medialwärts gerichtete und schwächer
werdende Leistchen über. Der gerade, abgeflachte Hinterrand
dieses Teiles der Clavicula mißt 3 cm, ihr medialer Rand 5 cm.
Von dem hinteren Außeneck dieses vorderen Abschnittes der
Clavicula nahezu in einem rechten Winkel abgesetzt, ist ein kur-
zer, dornartiger, nach hinten und oben gerichteter Fortsatz, wel-
cher sich von außen auf das Cleithrum auflegt. An der linken
Körperhälfte läßt sich dies deutlich beobachten, während rechts das
Cleithrum sich über den Dorn der Clavicula herausgeschoben hat.
Dieser winkelig abgesetzte Dorn erreicht eine Länge von 1,2 cm.

Das Cleithrum ist an unserem Schultergürtel ein sehr an-
sehnliches, wesentliches Element. Sein unterer Teil ist ein kräftiger Stab, der eng dem Innenrand des dornartigen, kurzen, nach
hinten gerichteten Fortsatzes der Clavicula angelagert beginnt
und sich gleichzeitig dem Vorderrand der Scapula, der er folgt,
lose auflegt. Das obere Ende des Cleithrums ist unter starker
Verbreiterung derart nach rückwärts gebogen, daß es den oberen
Teil der Scapula fast ganz verdeckt. Durch diese letzte Eigenschaft gewinnt es große Ähnlichkeit mit dem Cleithrum von Cacops,[1]) besonders aber von Eryops,[2]) das als solches von mir

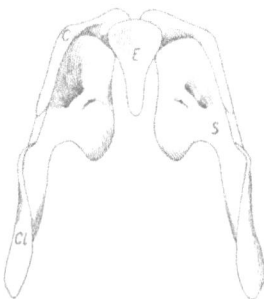

Fig. 2.	Fig. 3.
Cacops aspidephorus Williston. Schulter-gürtel aus dem unteren Perm von Sey-mour Co. Texas. In ¹/₃ nat. Größe. Nach Williston.	Desgl. Scapula-Coracoid mit Cleithrum und Clavicula von außen. In ¹/₃ nat. Größe. Nach Williston.

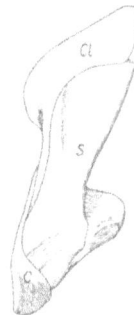

---

[1]) Williston S. W., Cacops, Desmospondylus, new genera of Permian Vertebrates. Bull. Geol. Soc. of America, Vol. 21, 1910, S. 169, T. 10 u. 11.

[2]) Broili F., Ein Beitrag zur Kenntnis von Eryops megacephalus.
Paläontographica, 46. Bd., 1899, S. 82.

zum ersten Male auf Grund der vorausgehenden Arbeiten von Gegenbauer[1]) und G. Bauer[2]) gedeutet und später in besseren Exemplaren von Case[3]) und Williston[4]) abgebildet wurde.

Erklärung zu den Textfiguren 2—8.

E Episternum, C Clavicula, Cl Cleithrum, S Scapula bezw. Scapula-Coracoid, Co Coracoid, Pco Praecoracoid, Ss Supra-Scapula, Gl. Cavitas glenoidalis.

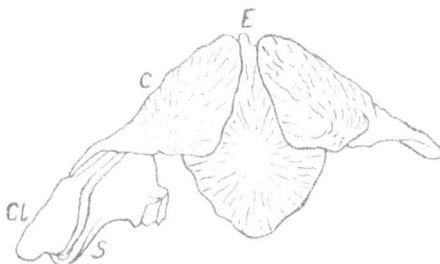

Fig. 4.

Actinodon Frossardi Gaudry. Unteres Perm von Autun, Frankreich. Schultergürtel. Unteransicht; nach Gaudry-Thevenin In 1/2 nat Größe.

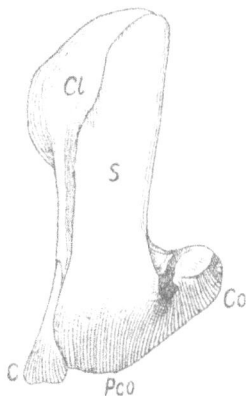

Fig. 5.

Eryops. Unteres Perm von Texas. Scapula-Coracoid mit Cleithrum und Clavicula von außen. Nach Williston. In 1/6 nat Größe.

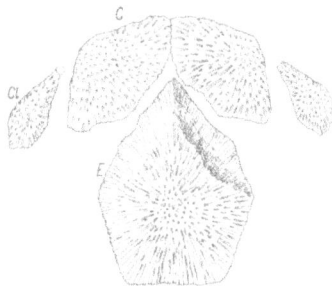

Fig. 6.

Diceratosaurus punctatolineatus Cope aus dem productiv. Carbon von Linton. Ohio. Schultergürtel. Unteransicht nach Jaekel. In 4/3 Größe.

---

[1]) Gegenbauer K., Clavicula und Cleithrum. Morpholog. Jahrbuch, 23. Bd.

[2]) Bauer G., The Stegocephali. Anat. Anz. XI, 1896, S. 665.

[3]) Case E. C., Revision of the Amphibia and Pisces of the Permian of North America. Carnegie Inst. of Washington, Nr. 146, 1911, S. 100, T. 9.

[4]) Williston S. W., Synopsis of the Americ. Permo—carbonif. Tetrapoda. Contribut. from Walker Mus., Vol. I, Nr. 9, Chicago, 1916, S. 202, Fig. 40.

Wie bei Cacops[1]), Actinodon[2]) und Eryops zeigt auch das Cleithrum unserer Form, von einer kurzen, dem Außenrande parallelen Längsleiste im oberen Teil abgesehen, keinerlei Skulptur im Gegensatz zu Diceratosaurus[3]) und Archegosaurus, an dessen Clei-

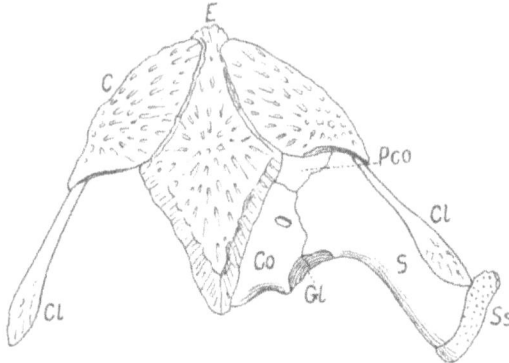

Fig. 7.
Archegosaurus Decheni Goldf. aus dem unteren Perm von Lebach bei Saarbrücken. Schultergürtel. Unteransicht nach Jaekel. Etwa ¹/₄ nat Größe.

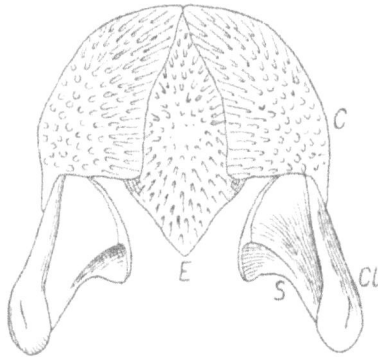

Fig. 8.
Sclerocephalus Häuseri Goldf. aus dem Perm von St. Wendel, Saargebiet　Schultergürtel. Unteransicht unseres Exemplares. In ²/₅ nat. Größe.

[1]) Williston S. W., Cacops, Desmospondylus, new genera of Permian Vertebrates. Bull. Geol. Soc. of America, Vol. 21, 1910, S. 269. T. 10 u. 11.
[2]) Gaudry A., L'Actinodon. Nouv. Archiv. du Muséum d'Histoire naturelle. Paris 1887, S. 16, Fig. 3.
Thevenin A., Les plus anciens Quadrupèdes de France. Annal. d. Paléontologie, V. 1910, S. 34, Fig. 20 A.
[3]) Jaekel O., Über Ceraterpeton, Diceratosaurus und Diplocaulus. N. Jahrb. f. Mineral. Geol. und Paläontologie 1903 I, S. 119, T. V.

thrum Jaekel[1]) bei der letzten von ihm gegebenen Rekonstruktion dieser Gattung die gleiche grubige Ornamentierung wie an Episternum und Clavicula zur Darstellung bringt.

Obige Längsleiste am Cleithrum war wohl für Muskeln bestimmt, und die Annahme Watson's,[2]) daß der stark vergrößerte obere Teil des Cleithrums bei den Rhachitomen von funktioneller Bedeutung war und wahrscheinlich Veranlassung gab für den Ursprung des scapularen Teiles des Deltoideus, gewinnt dadurch an Beweiskraft. Gegenüber dem Cleithrum des zeitlich jüngeren Archegosaurus (Lebacher Schichten) ist das von unserem Sclerocephalus viel kräftiger entwickelt.

Unser Cleithrum erreicht eine Länge von 5 cm und an seiner dorsalen Verbreiterung eine Breite von 1,5 cm.

Scapula-Coracoid. Dieses Stück des primären Schultergürtels ist ein relativ ansehnlicher Knochen, der wie sonst[3]) keine sichere Spuren von Suturen aufweist und schon deshalb Zweifel entstehen läßt, ob außer der Scapula noch andere Komponenten an seiner Zusammensetzung beteiligt sind. Es ist eine relativ flache Knochenplatte, deren ventraler Abschnitt stark verbreitert ist. Der dorsale Teil wird auf der rechten Körperhälfte vom Cleithrum, links außerdem noch vom Humerus bedeckt, er dürfte gegenüber dem mittleren Abschnitt des Knochens nicht wesentlich breiter gewesen sein. Dem Vorderrand legt sich das Cleithrum auf; der Hinterrand ist stark konkav und teilt sich ventralwärts ungefähr beim Beginn seines letzten Drittels, um die fossa supraglenoidalis einzuschließen, in deren Grund ich an der linken Scapula nur ein foramen supraglenoidalis beobachten zu können glaube. Die linke Scapula hat an dieser Stelle durch Druck gelitten und läßt infolgedessen eine Beobachtung nicht zu. Außerdem läßt

---

[1]) Jaekel O., Die Wirbeltierfunde aus dem Keuper von Halberstadt. Paläontologische Zeitschr. II, Heft 1, 1915, Fig. 12, S. 111.

Bei den früheren von Jaekel gegebenen Rekonstruktionen des Schultergürtels von Archegosaurus fehlt die grubige Ornamentierung am Cleithrum. (Über die Klassen der Tetrapoden. Zool. Anzeiger 34. 1909, S. 203, Fig. c und: Die Wirbeltiere etc. Bornträger 1911, S. 108, Fig. 121). Die Suturen am Scapula-Coracoid der jüngsten Figur sind vermutlich eingezeichnet.

[2]) Watson D. M. S., The evolution of the tetrapod shoulder-girdle and forelimb. Journal of Anatomy, Vol. 52, Oct. 1917, S. 4.

[3]) Watson, ibid, S. 4.

sich feststellen, daß der Hinterrand sich gegen die cavitas glenoidalis zu immer mehr verdickt.

Der Ventralrand des Knochens ist beiderseits gut zu erkennen, derselbe ist nicht glatt wie der Knochenhinterrand, sondern gerauht, woraus zu schließen ist, daß mit ihm noch knorpelige Teile der Coracoidea in Verbindung gestanden sind. Die Lage der Cavitas glenoidalis läßt sich infolgedessen nicht mehr konstatieren. Ihr Beginn ist vielleicht in dem einspringenden Stück des Ventralrandes zu suchen, welches durch den oberen Ast des die fossa supraglenoidalis begrenzenden Hinterrandes gebildet wird.

Fig. 9.

Eryops. Unteres Perm. Brier Creek bone bed. Texas. Schultergürtel, Außen- und Innenansicht eines jugendlichen Tieres. Die punktierte Linie an der Außenansicht gibt den Umriß eines ausgewachsenen Schultergürtels. Nach Watson. In ¹/₃ nat. Größe.

Die Verknöcherung ist also hier etwas weiter vorgeschritten wie bei jener Scapula eines jungen Eryops, welche Watson[1]) beschreibt und abbildet, deren Dorsalabschnitt hinsichtlich der Ossification gegenüber dem unseres Stückes zurücksteht, während am ventralen Abschnitt ungefähr die nämlichen Verhältnisse herrschen, nur daß hier die Verknöcherung am Vorderrand weiter ventralwärts greift, sodaß die Vermutung erweckt wird, daß es sich dabei um einen größeren Komplex der „Praecoracoids" handeln

---

¹) Watson D. M. S., On the structure, evolution and origin of the Amphibia. The „orders" Rhachitomi and Stereospondyli. Philos. Transact. R. Soc. Lond. Ser. B, Vol. 209, 1919, S. 8/9, Fig. 1.

könne. Ein Foramen innerhalb dieses Komplexes ist aber nicht festzustellen.

Die größte Länge von Scapula - ? Coracoid — auf der rechten Seite gemessen — beträgt 5,4 cm, seine größte Breite im Ventralabschnitt 3,3 cm.

Die Vorderextremität.

Der Humerus. Im Gegensatz zu dem schlecht erhaltenen rechten Oberarm ist jener der linken Seite besser konserviert, obwohl auch er durch Druck stark gelitten hat. Infolge dieses Umstandes ist das Maß der ursprünglichen Drehung seines distalen Abschnittes um den proximalen, das bei anderen Gattungen einen Winkel von 90° erreichen kann, nicht mehr feststellbar; daß aber eine Drehung bei intaktem Zustand vorhanden war, geht aus den Brüchen hervor, welche seine mittlere, eingeschnürte Partie, in der sich die Drehung vollzieht, in großer Zahl durchsetzen. Im übrigen teilt unser Humerus das bezeichnende Merkmal der mit ihm gleichalterigen Labyrinthodonten: die starke Verbreiterung seines proximalen und distalen Abschnittes.

Sowohl das Caput humeri als auch die Gelenkfläche für Radius und Ulna sind nicht verknöchert, sie waren knorpelig. Wie an der Scapula, weist die rauhe Oberfläche des proximalen und distalen Endes der Scapula auf starken Belag mit Knorpel hin; ein Foramen ist nicht ausgebildet. Unser Humerus ist ein ungemein stämmiger, gedrungener Knochen, der darin eine auffallende, überraschende Ähnlichkeit mit jenem von Trimerorhachis aus dem Perm von Texas aufweist.[1] Auch hinsichtlich des Nichtverknöcherns der Gelenkflächen besteht bei beiden Formen Übereinstimmung. Denselben gedrungenen Bau und ein ähnliches

---

[1] Williston S. W., Cacops, Desmospondylus, new genera of Permian Vertebrates. Bull. Geolog. Soc. of America, Vol. 21, 1910, S. 272, T. 15, Fig. 6.

Case E. C., Revision of the Amphibia and Pisces of the Permian of North America. Carnegie Institut. of Washington, Publ. Nr. 146, 1911, S. 110/11, Fig. 42.

Williston S. W., Trimerorhachis, a Permian temnospondyl! Amphibian. Journal of Geology., Vol. 23, 1915, S. 252. Fig. 5, F, S. 254, Fig. 6, C. D.

Williston S. W., The skeleton of Trimerorhachis. Journ. of Geology, Vol. 24, 1916, S. 294, Fig. 2.

Stadium der Nichtverknöcherung hat auch der Humerus von Archegosaurus aufzuweisen.[1])

Der Humerus erreicht eine Länge von nur 4 cm, die größte
Breite im proximalen Abschnitt beträgt 2 cm, im distalen 2,2 cm·
Beiderseits ist der Unterarm derart erhalten geblieben, daß
sich der näher am Humerus liegende Radius distal über die weiter weg gerückte Ulna legt, welche Erscheinung wohl auf dem
zeitlich verschieden erfolgten Zerfall der die einzelnen Elemente
der Extremitäten zusammenhaltenden Bänder beruht. Auch bei
Radius und Ulna sind die Gelenkenden unverknöchert geblieben.

Der Radius ist ein 2,5 cm langer, in der Mitte eingeschnürter
stämmiger Knochen, mit verbreitertem Proximal- und Distal-Ab-
schnitt; seine proximale Endfläche mißt ebenso viel wie die distale,
nämlich 1 cm.

Obwohl die Ulna mit einer Länge von 2,6 cm kaum merklich
länger ist wie der Radius, erscheint sie im Vergleich mit diesem
doch größer, was durch ihre relative Schlankheit bedingt ist; sie
besitzt einen leicht gekrümmten, schlanken Schaft, welcher sich
distal nur schwach (0,6 cm), proximal stärker (bis auf 0,9 cm)
verbreitert. Die übrigen Reste der Vorderextremität, links ist es
ein ? Metacarpale, rechts mehrere durcheinander geworfene ? Meta-
carpalia und Phalangen, sind sehr schlecht erhalten und lassen
keine sichere Beobachtung zu.

Rippen.

Auf beiden Seiten des Rumpfes werden die distalen Enden
von Rippen sichtbar, von welchen links sich 12 zählen lassen;
sie sind kräftige, schwach gekrümmte Knochen, welche nach den
Bruchstellen der vorderen zu schließen, die im Gegensatz zu den
rückwärtigen, unverdrückt sind, nicht hohl gewesen zu sein scheinen. Diese distalen Abschnitte lassen einen rundlichen Querschnitt
erkennen, proximalwärts dürfte aber, wie das rechts zu sehen
ist, wenigstens in der vorderen Partie des Rumpfes eine rasche
Verbreiterung[2]) eingetreten sein.

---

[1]) Zittel-Broili, Grundzüge der Paläontologie. II Vertebrata, 4. Aufl.,
1923, S. 192/193, Fig. 298a.

[2]) Ammon L. v., Die permischen Amphibien der Rheinpfalz. München,
Straub, 1889, S. 62, T. 1 und 2.

Das Gastralskelett.

Das Gastralskelett, der Bauchpanzer, zeigt sich an unserem Fund in ganz ausgezeichneter Schönheit. Lückenlos legt sich derselbe eng an das Episternum an und schützt auf diese Weise mit dem Kehlbrustapparat zusammen die Ventralseite in Wirklichkeit wie ein Panzer. Derselbe besteht aus kräftigen Knochenstäbchen von Pfriemen- oder Spindelform, welche besonders in der Brustgegend gelegentlich knötchenartige Anschwellungen, wie sie die Knochen des Kehlbrustpanzers auszeichnen, erkennen lassen; ihr lebhafter Glanz läßt auf einen Schmelzbelag schließen. In der rückwärtigen linken Rumpfpartie zeigt außerdem eine größere Zahl der Stäbchen eine in der Sagittalrichtung verlaufende feine Längsriefung, die möglicherweise auf Abnützung zurückzuführen ist, zumal der Schmelzbelag darauf hinweist, daß diese Verknöcherungen direkt die Körperoberfläche bildeten.

Die Stäbchen sind in Strängen angeordnet und legen sich dicht an- und aufeinander. Die Stellung dieser Stränge zum Rumpfe in den verschiedenen Körperregionen ist, wie H. v. Meyer bei Archegosaurus[1]) und Credner[2]) bei seinen grundlegenden Untersuchungen bei Branchiosaurus zeigte, eine verschiedene. Die Stränge der „Brustflur" convergieren nach hinten und einwärts, jene der „Bauchflur" divergieren nach hinten und auswärts. Die Grenze beider Fluren liegt in der Mittellinie 1,6 cm hinter der Spitze des Episternums, an welchem Knotenpunkte sich die verschiedenen Strangsysteme treffen. Die beiderseits des Knotenpunktes entstehenden Zwickel werden von kürzeren Strängen eingenommen, welche medianwärts konvergieren und infolgedessen an dem ersten nach außen laufenden Strang der Bauchflur abstoßen. Diese an unserem Stück gemachten Beobachtungen bilden eine Ergänzung zu dem von Ammon untersuchten Exemplar,[3]) an dem in der Hauptsache nur die Brustflur des Gastralskeletts sich erhalten hat.

---

[1]) Meyer H. v., Reptilien der Steinkohlenformation in Deutschland. Paläontographica VI, 1856—58, S. 121, T. 17, 18, 22 usw.

[2]) Credner H., Die Stegocephalen aus dem Rotl. des Plauen'schen Grundes bei Dresden. VI. Die Entwicklungsgeschichte von Branchiosaurus amblystomus. Zeitschr. d. Deutsch. geol. Gesellsch. 1886, S. 628, T. 19. X. Sclerocephalus labyrinthicus. ibid. 1893, S. 682, T. 36 und 32.

[3]) v. Ammon, l. c. S. 72, T. III.

Durch den Wechsel der Streichrichtung der Stränge
in der Bauchflur gegenüber der Brustflur ist innerhalb
der Panzerung des Rumpfes gegenüber der starren, vom
Kehlbrustpanzer geschützten vorderen Körperregion für
den rückwärtigen Teil ein gewisses Maß von Beweg-
lichkeit möglich gemacht.

Von Interesse ist die Erscheinung, daß in der Mittellinie der
Bauchflur gelegentlich eine Verschmelzung zweier hier aneinander stoßender Stäbchen zu einem winkelig gebogenen
Mittelstück erfolgt und damit der Zustand im Gastralskelett bereits erreicht wird, welcher bei den Sauropsiden, denen ein
solches zukommt, die Regel ist.[1])

Der vom Gastralskelett bedeckte Teil des Körpers mißt in
der Mittellinie 12 cm bei einer durschnittlichen Breite von 7 cm.

Maße.

Eine Reihe von Maßen wurde bei der Beschreibung der einzelnen Skeletteile gegeben.

Länge des ganzen Skelettes von der Schnauzen- spitze bis zum abgebrochenen Teil des Rumpfes .	33 cm,
Länge des Schädels von der Schnauzenspitze in der Mittellinie bis zum Hinterrand des Parasphenoids .	12 cm,
Breite des Schädels über die Quadratregion . . .	12 cm,
„ „ „ „ „ Mitte der beiden Augen	ca. 10 cm,
„ „ „ „ „ „ „ Choanen . .	ca. 6 cm,
Breite des Rumpfes über die Mitte des Episternums	ca. 9 cm.
(Der Betrag ist um 0,5 cm gekürzt, weil die rechte Clavicula abgeglitten ist).	
Breite des Rumpfes an der Bruchstelle	8 cm.

Aus diesen Maßen geht hervor, daß der Rumpf an der Brust-
schultergegend nur wenig breiter war als an der hinteren erhaltenen Rumpfgegend. Auch der Schädel war im Verhältnis zum
Rumpf nicht zu breit; er erscheint nur breiter, da die beiderseitigen Unterkieferäste exarticuliert und seitlich neben den Schädel
gelegt sind.

---

[1]) Döderlein L., Das Gastralskelett (Bauchrippen oder Parasternum
in phylogenetischer Beziehung. Abhandlung. der Senkenberg. naturforsch.
Gesellsch., Bd. 26.

Schluss.

Hinsichtlich der systematischen Stellung unseres Fundes glaube ich richtig zu gehen, wenn ich denselben mit der von Ammon[1]) als Sclerocephalus Häuseri Goldf. aus schwarzen Schiefertonen des oberen Unterrotliegenden aus der Nähe von Lauterecken in der Rheinpfalz beschriebenen Form auf Grund der weitgehenden Ähnlichkeit in der Form und Struktur des Kehlbrustpanzers und des übereinstimmenden Gastralskeletts identifiziere. Die einzige Differenz, die besteht, ist der Größenunterschied; so beträgt die Länge bezw. die Breite des Episternums bei dem Skelett von Lauterecken 15,3 cm bezw. 8 cm, während unser Stück von St. Wendel diesen Maßen nur eine Länge von 8 cm und eine Breite von 4 cm gegenüberstellen kann. Das Skelett von Lauterecken gehört also einem größeren Individuum der Art an.

Eine andere Frage ist die, ob die Identifizierung des Stückes mit Sclerocephalus Häuseri Goldf. durch v. Ammon korrekt ist, welchen Bedenken auch Watson[2]) Raum gibt.

Bei dem Original von Scl. Häuseri von H. v. Meyer[3]) handelt es sich um jenen ursprünglich von Goldfuss als Fisch beschriebenen Rest aus schwarzen Schiefertonen des oberen Unterrotliegenden, der in der Nähe von Heimkirchen, nördlich von Kaiserslautern in der Rheinpfalz gefunden wurde. Es ist ein verdrückter, im übrigen aber ziemlich vollständiger Schädel, welcher von der Oberseite sichtbar ist, auf dessen Ähnlichkeit mit Archegosaurus latirostris H. v. Meyer ausdrücklich aufmerksam macht. Von dem Stücke v. Ammon's ist nur der rückwärtige, hinter den Augen gelegene Abschnitt des Schädels erhalten. Die Augenregion selbst und der vordere Teil sind verloren gegangen. Daß es sich dabei um einen Vertreter der Gattung Sclerocephalus handelt, dürfte wohl auf Grund der Ähnlichkeit in der Anordnung und

---

[1]) Ammon L. v., Die permischen Amphibien der Rheinpfalz. München, F. Straub, 1889, S. 48 etc., T. I—III.

[2]) Watson D. M. S., The structure, evolution and origin of Amphibia. The orders Rhachitomi and Stereospondyli. Philos. Transact. R. Soc. London, Ser. B, Vol. 209, 1919, S. 4.

[1]) H. v. Meyer, Reptilien aus der Steinkohlenformation in Deutschland. Paläontographica VI, 1856—58, S. 212, T. XV., Fig. 9.

Skulptur der erhaltenen Knochen mit jenen von Sclerocephalus Häuseri und Sclerocephalus (Weissia) bavaricus Branco[1]), welche Form nach Ammon wohl generisch synonym mit Sclerocephalus ist, sicher sein. Schon aus dem Grunde, daß Sclerocephalus bavaricus aus einem viel tieferen Horizont stammt, als der Fund v. Ammon's, teile ich mit diesem Autor die Anschauung, daß es sich um verschiedene Arten handelt, außerdem greift das Supratemporale des Ammon'schen Exemplars, nach den Abbildungen zu schließen, viel weiter nach rückwärts als bei Sclerocephalus bavaricus.

Für die Identifizierung mit Sclerocephalus Häuseri durch v. Ammon spricht in erster Linie das wohl annähernd gleiche geologische Alter und die ähnliche Skulptierung der Knochen. Trotz dieser dürftigen Beweismittel bin ich geneigt, die Ammon'schen Bestimmungen einstweilen anzuerkennen und aus den oben angeführten Gründen betrachte ich unseren Stegocephalen als zu der gleichen Art gehörig wie das Stück v. Ammon's.

Daß die Reste, welche Credner[2]) aus dem Oberen Unterrotliegenden (Lebacher Schichten) des Plauen'schen Grundes als „Sclerocephalus" labyrinthicus beschreibt und abbildet, nicht zu Sclerocephalus gehören, vielmehr für sie der alte von Geinitz aufgestellte Name Onchiodon wieder eingeführt werden muß, hat Watson[3]) auf Grund des abweichend gebauten Schultergürtels überzeugend nachgewiesen. Unter diesen Umständen erscheint es mir zweifelhaft, ob die von mir[4]) aus dem obersten Carbon von Nürschan als Sclerocephalus Credneri beschriebenen Stegocephalenschädel wirklich zu dieser Gattung und nicht zu Onchiodon oder einer anderen Gattung gehören. In Anbetracht des unzureichenden

---

[1]) Branco W., Weissia bavarica g. n. sp. n., ein neuer Stegocephale aus dem unteren Rotliegenden. Jahrb. d. k. pr. geol. Landesanstalt und Bergakademie, 1886, S. 22 etc.

[2]) Credner H., Die Stegocephalen und Saurier aus dem Rotliegenden des Plauen'schen Grundes bei Dresden. 10. Sclerocephalus labyrinthicus, H. B. Geinitz. Zeitschr. d. deutsch. geol. Gesellsch. 1893, S. 639, T. 30—33.

[3]) Watson D. M. S., The structure, evolution and origin of the Amphibia etc. l. c. S. 4 und 5.

[4]) Broili F., Über Sclerocephalus aus der Gaskohle von Nürschan und das Alter dieser Ablagerungen. Jahr. d. k. k. Geol. Reichsanstalt 1908, Bd. 58, S. 49 etc., T. I.

Materials erscheint es aber zweckmäßiger, die Reste einstweilen mit Vorbehalt bei Sclerocephalus zu belassen, als unsichere Schlüsse darauf zu begründen.

Auf die Beziehungen der Gattung Sclerocephalus zu anderen Labyrinthodonten haben Branca,[1]) v. Ammon,[2]) ich[3]) und später Watson[4]) hingewiesen, sodaß es sich erübrigt, nochmals darauf einzugehen. Lediglich ihre Stellung zu Actinodon aus dem unteren Perm Frankreichs sei in diesem Zusammenhang nochmals berührt. Wie ich oben angeführt habe, hat bereits H. v. Meyer die weitgehende Ähnlichkeit von Sclerocephalus Häuseri mit Archegosaurus latirostris betont, sodaß er im Zweifel über die Selbständigkeit der Gattung war.[5]) Fritsch hat diese Zweifel geteilt und Archegosaurus latirostris direkt mit Sclerocephalus vereint.[6]) Im Gegensatz dazu hat Gaudry[7]) an der Hand von Vergleichsmaterial Archegosaurus latirostris zu seinem Actinodon gestellt, Branca[8]) sowie Lydekker[9]) sind ihm darin gefolgt, und Thevenin[10]) kommt in seiner schönen Arbeit zu einem ähnlichen, sich auf alle drei Foramen beziehenden Urteil: „Quant à Actinodon Frossardi, il est probablement identique à certains Archegosaurus latirostris de la Prusse rhénane; il est bien voisin de Sclerocephalus labyrinthicus de Saxe et très proche parent de S. (Weissia) bavarica Branco; des pièces plus parfaites que celle dont on dispose actuellement permetteront sans doute de reconnaître l'identité de ces genres sinon de ces espèces."

Auch ich möchte mich der Meinung, welche ebenso Watson[11]) teilt, daß „Archegosaurus latirostris" zu Actinodon zu stellen sei,

[1]) Branca, l. c., S. 29.
[2]) v. Ammon, l. c., S. 51 etc.
[3]) Broili, l. c., S. 52.
[4]) Watson, l. c., S. 4 etc.
[5]) H. v. Meyer, l. c., S. 215.
[6]) Fritsch A., Fauna der Gaskohle und der Kalksteine der Permformation Böhmens I. Prag 1883, S. 65.
[7]) Bull. d. l. Soc. géol. de France, sér. 2, 25, 1868, S. 576/77.
[8]) Branca, l. c., S. 35.
[9]) Lydekker R., Catalogue of the fossil Reptilia and Amphibia in the British Museum (Natural History), Part. 4. London 1890, S. 184.
[10]) Thevenin A., Les plus anciens Quadrupèdes de France. Annales de Paléontologie V, 1910, S. 28.
[11]) Watson, l. c., S. 6.

anschließen. Was Sclerocephalus bavaricus und insbesondere unseren Sclerocephalus Häuseri anbetrifft, so stellt er eine Actinodon
nahe verwandte Form dar. Diese Verwandtschaft kommt namentlich in der Verbreiterung des mittleren Teiles des Parasphenoids zum Ausdruck, die für unsere Form bezeichnend ist
und welche Thevenin[1]) auch bei Actinodon ausdrücklich konsta-
tiert: „Le parasphénoide présente un élargissement dans sa partie
moyenne comme dans le crâne d'Eryops." Der hauptsächlichste
Unterschied besteht in der abweichenden Gestalt des
Episternums, welches sowohl bei Actinodon als auch bei dem
Original v. Ammon's und dem hier untersuchten Exemplare von
Sclerocephalus Häuseri bekannt ist. Bei Actinodon ist das Episternum eine vierseitige Platte mit rückwärts gerun'deten
Seiten, bei Sclerocephalus Häuseri hingegen ist es ein lang-
gestreckter, rhombischer, rückwärts spitz auslaufender
Knochen.

Aus all dem geht hervor, daß Watson[2]) das Richtige
getroffen hat, wenn er Sclerocephalus zu seiner Familie
der Actinodontidae stellt.

Gelegentlich der Besprechung der Vorderextremität wurde
auf die große Ähnlichkeit des Humerus unseres Sclerocephalus
Häuseri hinsichtlich der Gestalt sowie der stämmigen, gedrungenen
Form und des Nichtverknöcherns der Gelenkflächen mit jenem der

---

[1]) Thevenin, l. c., S. 18/19, T. 4, Fig. 4. Was die Verbreiterung des
Parasphenoids von Eryops betrifft, auf welche Thevenin in Bezug auf meine
Rekonstruktion des Schädels in der Paläontographica (46, 1889, T. VIII,
Fig. 1) hinweist, so will Broom (Studies on the Permian Temnospondylous
Stegocephalians of North America, Bull. Americ. Mus. Nat. Hist., Vol. 32, Art.
38, 1913, S. 580, Fig. 12, 14 und 16.) diese Verbreiterung, nach seiner Figur
zu schließen, in der Hauptsache dem Sphenethmoid zusprechen, doch glaube
ich, daß, wenn er einen weiteren Schnitt zwischen B und C seiner Figur 14
an der Stelle der größten Verbreiterung gelegt hätte, derselbe auch
das sich auf das Sphenethmoid dicht auflegende Parasphenoid getroffen hätte.
Äußerlich — ich habe die Münchner Exemplare darauf nochmals nachgeprüft — kann man jedenfalls keine Grenze zwischen Paraphe-
noid und Sphenethmoid erkennen, und der Knochen erweckt
ganz den Eindruck, als wenn es sich um einen Komplex handelt; erst durch die Schnitte Brooms hat es sich erwiesen, daß es sich um
2 Schädelelemente handelt.

[2]) Watson, l. c., S. 64.

Gattung Trimerorhachis aus dem amerikanischen Perm hingewiesen. S. W. Williston[1]) ist nun auf Grund dieser Beschaffenheit des Humerus sowie einer Reihe anderer Merkmale, vor allem der Beschaffenheit des Beckens geneigt, Trimerorhachis als einen durchaus aquatischen Stegocephalen zu betrachten, welchem eine Bewegung am Lande nicht mehr möglich war. Da die meisten der von Williston für seine Anschauung geltend gemachten Eigentümlichkeiten sich an unserem Rest nicht beobachten lassen, ist bezüglich dieser biologischen Frage Zurückhaltung geboten. Immerhin ist dabei von Interesse, daß in nächster Nähe unseres Labyrinthodonten von Herrn Guthörl in den schwarzen Schiefern der oberen Kuseler Schichten eine Fischrest gefunden wurde, daß es sich also um limmische Sedimente handelt, in denen Sclerocephalus Häuseri eingebettet wurde.

Die beiden schönen Photographien der Skelettreste hat Herr Geheimrat L. Döderlein angefertigt; es sei ihm auch an dieser Stelle mein bester Dank zum Ausdruck gebracht!

_____

[1]) Williston S. W., Trimerorhachis, a Permian Temnospondyl. Amphibian. Journal of Geology 23, 1915, S. 247 etc. The skeleton of Trimerorhachis, ibid., 24, 1916, S. 296.

Tafel-Erklärung.

Tafel I.

Sclerocephalus Häuseri Goldf. aus den ob. Kuseler Schichten = Mittleres Unterrotliegendes (Unteres Perm) von St. Wendel. Der ganze Skelettrest in ca. $^3/_5$ natürlicher Größe. Die Photographie ist kaum retouchiert. E Episternum, C Clavicula, Cl Cleithrum, S Scapula-Coracoid, H Humerus (die Punktierung rührt von der Präparation durch die Nadel her), R Radius, U Ulna, Ri Rippen.

G1 Brustflur, G2 Bauchflur des Gastralskeletts, bei × Verschmelzung zweier median aneinander stoßenden Stäbchen zu einem winkelig gebogenen Mittelstück (nicht retouchiert!).

Tafel II.

Desgleichen der Schädel in nahezu natürlicher Größe. Ch Choane, O Augen, Ga Gaumengrube, Gs Gaumenschläfengrube, P Parasphenoid, Pc Processus cultriformis desselben, Sp ? Sphenethmoid, ? fehlender Teil des Processus cultriformis, Pt Pterygoid, Pa Palatinum, V Vomer. 1—4 Zähne auf Vomer und Palatin, Qu Quadratum, U die beiden Unterkieferäste, Co Coronoid, M vorderes Meckel'sches Foramen.

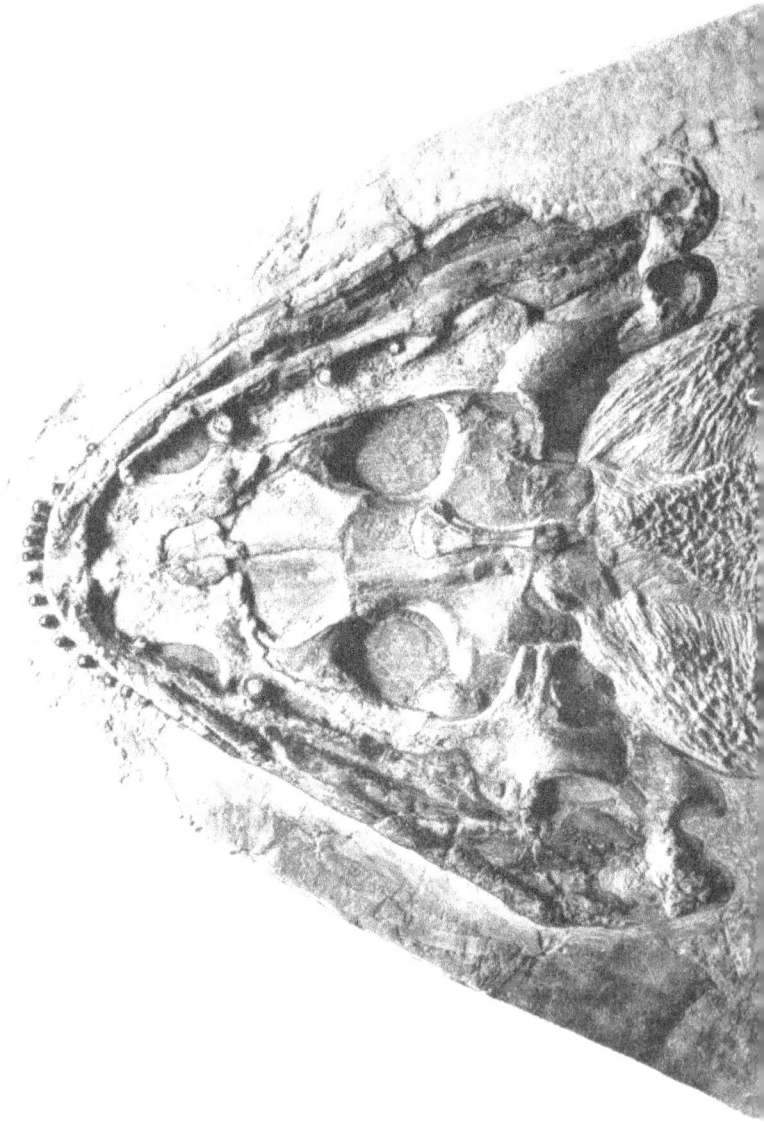

F. Broili, Über Sclerocephalus Häuseri.

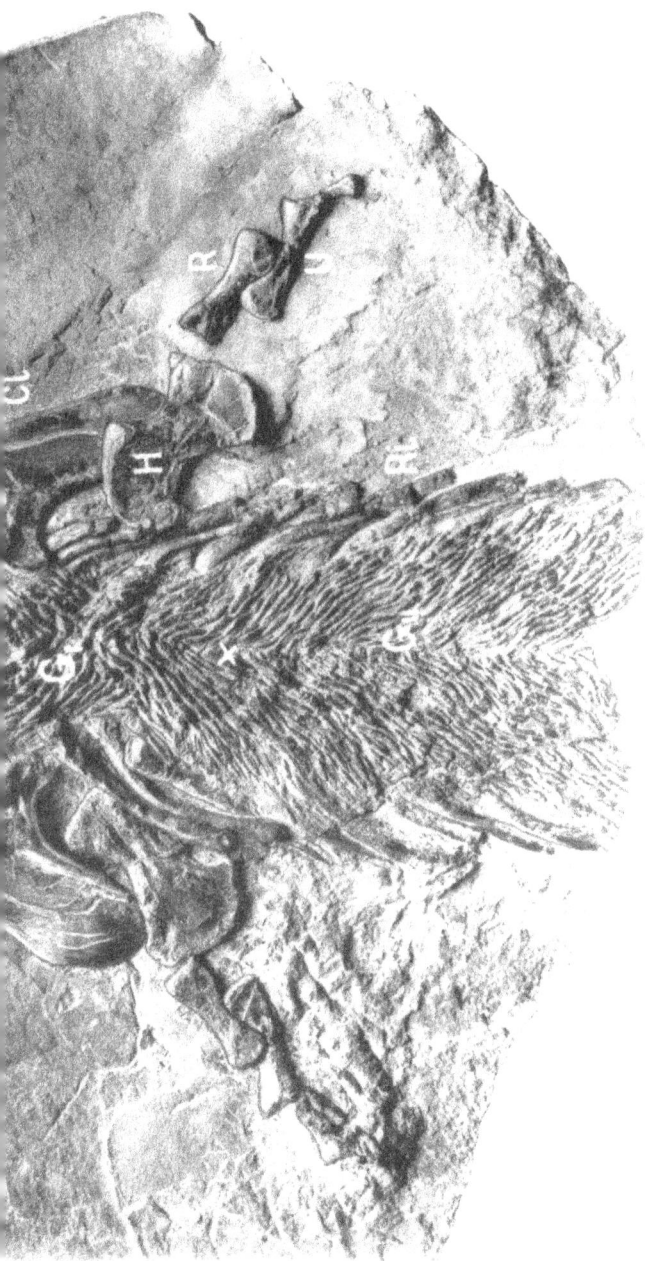

Lichtdruck: J. B. Obernetter, München.

Sitzungsb. d. math.-naturw. Abt. Jahrg. 1926.

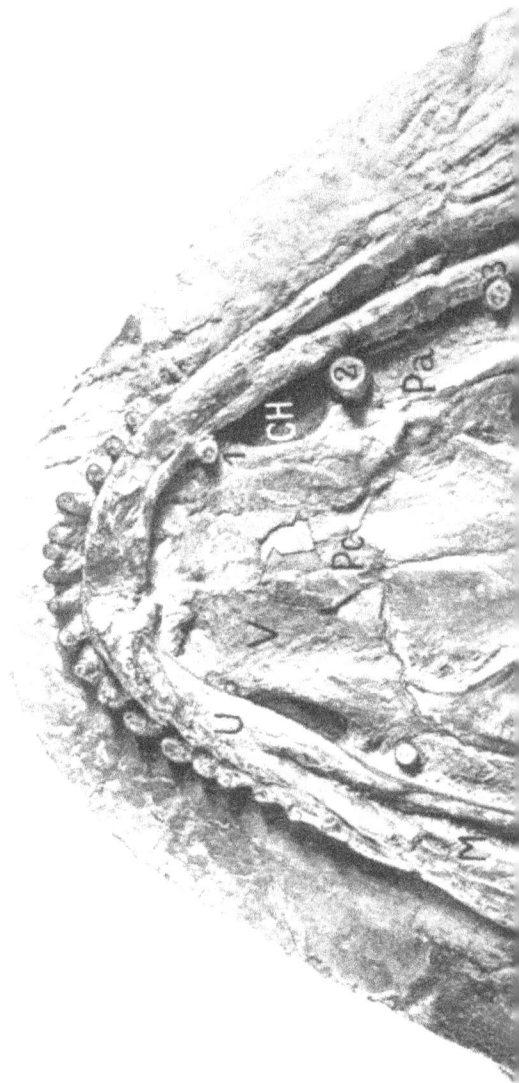

F. Broili, *Über Sclerocephalus Häuseri.*

Taf. II.

Sitzungsb. d. math.-naturw. Abt. **Jahrg.** 1926.

Lichtdruck: J. B. Obernetter, München.

Inhalt.

Akademische Buchdruckerei F. Straub in München.

www.ingramcontent.com/pod-product-compliance
Lightning Source LLC
Chambersburg PA
CBHW031437180326
41458CB00002B/574